U0207368

国家重点研发计划（National Key R&D Program of China）资助
"绿色建筑及建筑工业化"重点专项
工业化建筑检测与评价关键技术（2016YFC0701800）
工业化建筑质量验收方法及标准体系（2016YFC0701805）

Guidebook for Quality Acceptance of
Assembled Buildings with Concrete Structure

装配式混凝土建筑
施工质量验收指南

陶　里◎主编

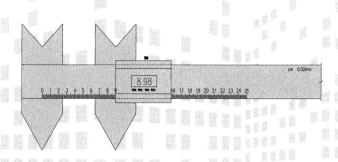

中国建筑工业出版社

图书在版编目（CIP）数据

装配式混凝土建筑施工质量验收指南/陶里主编 . —北京：中国建筑工业出版社，2019.12
ISBN 978-7-112-24480-5

Ⅰ.①装…　Ⅱ.①陶…　Ⅲ.①装配式混凝土结构–混凝土施工–工程质量–工程验收–指南　Ⅳ.①TU755-62

中国版本图书馆 CIP 数据核字（2019）第 272267 号

责任编辑：胡　毅
责任校对：王　瑞

装配式混凝土建筑施工质量验收指南
陶　里　主编
＊
中国建筑工业出版社出版、发行（北京海淀三里河路9号）
各地新华书店、建筑书店经销
北京光大印艺文化发展有限公司制版
北京中科印刷有限公司印刷
＊
开本：787×1092毫米　1/16　印张：15¼　字数：336千字
2019年12月第一版　2019年12月第一次印刷
定价：68.00 元
ISBN 978-7-112-24480-5
（34981）

内容提要

本书是"十三五"国家重点研发计划"绿色建筑及建筑工业化"重点专项之下的"工业化建筑检测与评价关键技术"（编号：2016YFC0701800）、"工业化建筑质量验收方法及标准体系"（编号：2016YFC0701805）课题及其子课题的研究成果总结，全面和系统地阐述了装配式混凝土建筑施工环节的质量控制和验收方法，主要内容包括：预制构件进场验收、整体厨卫部品进场验收、灌浆套筒节点施工质量验收、浆锚搭接节点施工质量验收、叠合板施工质量验收、结构施工质量验收、整体厨卫施工质量验收、围护结构施工质量验收、装修工程施工质量验收、设备安装工程施工质量验收、节能工程验收。

本书可供政府部门、设计单位、施工单位、检测机构等与装配式混凝土建筑施工、质量控制相关的单位及人员使用。

编委会

前　言

　　中共中央国务院在关于《进一步加强城市规划建设管理工作的若干意见》（国发〔2016〕6 号）中要求大力推广装配式建筑，"力争用 10 年左右时间，使装配式建筑占新建建筑的比例达到 30%"，以装配式为主的施工方式成为我国建筑业发展的重要方向，建筑工业化成为建筑业转变发展方式的突破口和切入点，成为绿色建筑的主要发展途径之一。

　　2016 年我国颁布的"国民经济和社会发展第十三个五年规划纲要"明确指出：要"提高建筑技术水平、安全标准和工程质量，推广装配式建筑和钢结构建筑"。但是，由于建造方式的改变，工业化建筑的基础性研究与工程实践不足，质量检测和验收技术还有许多亟需创新与完善的内容。

　　为此，2016 年国家设立重点研发计划项目"工业化建筑检测与评价关键技术"（2016YFC0701800），其中的课题之一为"工业化建筑质量验收方法及标准体系"（2016YFC0701805），课题牵头单位为中国建筑科学研究院有限公司，主要参加单位为四川省建筑科学研究院、中建科技集团有限公司、东莞市万科建筑技术研究有限公司等，主要研究预制构件及部品进场验收方法及设备，预制构件结合面施工质量检测及验收方法，灌浆套筒、浆锚连接节点施工质量验收方法，叠合板施工质量验收方法，汇总装配式混凝土建筑装修、电气、给排水等分部工程验收要求。课题应用概率统计学原理，研究基于预制构件及部品质量水平的差异化抽样方法，开发预制构件进场检验专用设备，提出以坐标定位方法计算套筒及插筋的位置偏差，提出套筒、插筋垂直度的检测技术和验收指标，通过试验得到不同粗糙度处理方式对预制构件结合面力学性能影响的规律，提出粗糙度的检测及验收方法；课题开展试验研究，得到灌浆缺陷、钢筋偏心、浆料流动性、施工扰动等质量因素对套筒灌浆及浆锚连接力学性能的影响以及验收评定要求，探索应用 X 射线技术检测套筒试件灌浆缺陷，提出平行构件验收方法，用于灌浆套筒、浆锚连接节点现场施工质量验收；课题通过叠合板实荷试验，得到各类结合面处理方式及叠合缺陷等对叠合楼板受力性能影响的规律，提出叠合楼板结合面施工质量的现场检测方法及评价指标。本课题还应用超声断层检测扫描仪、阵列式冲击回波仪、三维激光扫描仪等国外先进设备，提高验收精度和效率，提出适合我国国情的质量验收方法，为工业化建筑质量和安全提供保障。

本书是"十三五"国家重点研发计划项目"工业化建筑检测与评价关键技术"（2016YFC0701800）的系列成果之一，总结了工业化建筑质量验收方法课题研究背景和取得的主要成果，可供政府部门、设计单位、检测机构等与装配式混凝土建筑施工、质量验收相关的单位及人员使用。

本书共分 12 章：

第 1 章，概述，介绍了装配式混凝土建筑的发展状况，叙述了本项"十三五"课题的研究背景和调研情况。

第 2 章，针对预制构件进场验收，开发了专用验收设备，研究灌浆套筒及预留插筋位置和垂直度的现场检测技术，提出套筒及插筋位置的坐标定位法，推导计算公式并开发相应程序，快速计算套筒及插筋位置偏差，用于检验预制构件吊装前可配性是否合格；进行预制墙、柱及叠合楼板结合面劈裂及双剪试验，根据试验结果比较并分析冲毛、拉毛、压花、压痕、自然面等粗糙度处理方式的性能特点，提出构件粗糙度现场检测方法和验收要求。

第 3 章，介绍了整体厨卫部品进场验收的检查项目及要求，引入了基于产品质量水平的抽样方法。

第 4 章、第 5 章，介绍了装配式混凝土结构灌浆套筒、浆锚搭接节点施工质量验收的方法，考虑灌浆缺陷、钢筋偏心、浆料流动性及施工扰动等因素进行一系列试件及构件试验，确定各类质量因素对结构性能的影响，建立验收指标体系，探索 X 射线法识别试件灌浆缺陷的技术，提出平行构件法用于节点施工质量的现场验收。

第 6 章，进行 3.3m、4.2m 两种跨度叠合板的结构性能实荷检验，考虑冲毛、拉毛、压痕等结合面粗糙度处理方式及叠合面结合不良等情况，分析各类质量因素对叠合板结构性能的影响，提出叠合板结合面浇筑质量的现场检验方法和验收评价指标。

第 7 章～第 9 章，根据现行相关规范，汇总安装后的结构、整体厨卫、围护结构施工质量的验收项目、方法和验收指标。

第 10 章～第 12 章，根据现行相关规范，汇总装饰装修、电气、给排水及采暖、节能分部工程施工质量的验收项目、方法和验收指标。

本书由中国建筑科学研究院有限公司教授级高级工程师陶里主编，在编写过程中得到单位领导和同事们的大力支持，他们对本书的技术问题给出了指导。上海市建筑科学研究院（集团）有限公司李向民研究员、江苏省建筑科学研究院蒋宇研究员、苏州科逸住宅设备股份有限公司李海洋高级工程师、北京天助瑞邦影像设备有限公司谢莹高级工程师、北京榆构有限公司张宁高级工程师为本书提供了有价值的技术资料，在此对他们致以衷心的感谢。

限于作者的知识水平，书中难免由不妥之处，敬请广大读者批评指正。

编者

2019 年 3 月于北京

目 录

第1章 概述

　　装配式混凝土建筑是建筑工业化的重要体系之一，其概念萌芽于20世纪初的欧洲，第二次世界大战后的住房紧缺和劳动力缺乏促进了预制装配式建筑的迅速发展。经过数十年的演进，发达国家的预制装配式混凝土建筑在整个建筑领域已占有相当大的比例，在俄罗斯和日本都超过了50%，在欧洲约占40%，在美国约占35%。

　　20世纪80年代，预制混凝土建筑在我国工业与民用建筑领域有着较为广泛的应用。20世纪90年代后期，预制混凝土建筑逐渐被现浇混凝土建筑所替代，经历了一个发展相对缓慢的低谷阶段。目前，我国既有装配式混凝土建筑的比例不足5%。进入21世纪，由于劳动力成本的不断增长和国家对节能、环保以及绿色经济的重视，预制装配式混凝土建筑迎来了新的发展机遇。

　　近年来，随着城市化推进和新农村建设，中国每年竣工的城乡建筑总面积约20亿 m^2，其中城镇住宅建筑总面积超过6亿 m^2，大量采用钢筋混凝土结构体系。长期以来，我国混凝土建筑主要采用现场施工的传统生产方式，工业化程度低、建筑材料损耗相对严重、建筑垃圾量大以及建筑全生命周期能耗高。这与国家的节能减排、保护环境的政策不协调。

　　预制装配式混凝土建筑的结构构件在工厂集中生产，具有工业化程度高、现场施工噪声及污染小、施工效率高、工期短、产品质量易于管控、建筑材料利用率高等优点，工业化生产使得废水、废料的控制和再生利用容易实现，有利于促进建筑业健康高效发展，提升建筑工程质量和安全，实现建筑产业转型升级和建筑产业现代化，符合国家"四节一环保"的绿色发展要求。

　　国家和各级地方政府正大力推动预制装配式混凝土建筑的研究和应用，陆续出台各类利好政策。2014年1月1日，《绿色建筑行动方案》（国发办〔2014〕1号）要求"推广适合工业化生产的预制装配式混凝土结构、钢结构等建筑体系，加快发展建设工程的预制和装配技术，提高建筑工业化技术集成水平"。

　　2013年8月，上海市政府出台《关于本市进一步推进装配式建筑发展的若干意见》（沪府办〔2013〕52号），要求各区县政府住宅供地面积总量中装配式住宅面积不少于20%，2014年不少于25%，2015年不少于30%。2014年10月27日，北京市住房和城乡建设委员会出台《关于加强装配式混凝土结构产业化住宅工程质量管理的通知》（京建法〔2014〕16号），要求在推进结构产业化的同时要保证工程质量。

　　根据我国规范《装配式混凝土结构技术规程》（JGJ 1—2014）相关规定，预制装配式混凝土结构可以分为装配式框架结构和装配式剪力墙结构。预制装配式混凝土框架结构一般由预制柱、预制梁、预制楼板和非承重墙板组成，采用等效现浇节点或者装配式节点进行组合。预制装配式剪力墙结构最早出现的是装配式大板结构，20世纪90年代美日联合开展的

PRESSS(Press Seismic Structure Systems)项目提出后张无粘结预应力的装配式剪力墙结构。目前，国内的主要装配式接头体系包括预制钢筋混凝土叠合剪力墙结构和全预制装配整体式剪力墙结构等。

预制装配式结构的钢筋连接方式包括套筒灌浆连接、锚浆连接和机械连接。套筒挤压接头、锥螺纹接头、镦粗直螺纹接头、滚轧直螺纹接头和熔融金属填充接头等在我国建筑工程领域应用广泛，《钢筋机械连接技术规程》（JGJ 107—2016）中对相应的连接方法有详细规定。浆锚连接技术是传统的连接方式，主要依靠灌浆料剪切强度将钢筋应力传递至混凝土。灌浆套筒连接技术是将连接钢筋插入金属套筒内部，再灌注高强灌浆料，通过灌浆料与套筒壁的粘结以及灌浆料与钢筋的粘结传递应力。《钢筋连接用套筒灌浆料》（JG/T 408—2013）对灌浆料的性能参数包括流动性、抗压强度、竖向膨胀率和氯离子含量等进行了详细的规定；《钢筋连接用灌浆套筒》（JG/T 398—2012）对套筒的相关参数、分类、型号、形状尺寸以及力学性能等进行了详细规定。《钢筋套筒灌浆连接应用技术规程》（JGJ 355—2015）规定，灌浆应密实饱满，在出浆口出浆后再持续压浆。《装配式混凝土结构技术规程》（JGJ 1—2014）规定，装配式框架结构当房屋高度大于12m或者层数超过3层时，钢筋宜采用套筒灌浆连接；装配式剪力墙结构一级抗震等级剪力墙以及二、三级抗震等级剪力墙的底部加强部位，剪力墙的边缘构件竖向钢筋宜采用套筒灌浆连接。浆锚连接是一种具有中国特色的节点连接方式，主要用于剪力墙竖向钢筋的连接，上下楼层节点连接钢筋在结构中呈搭接状态，钢筋直径一般小于20mm，在预制构件中采用波纹管成孔，施工安装时将下部楼层构件插筋伸入上部楼层构件预留孔内，再灌注高强浆锚料，通过浆锚料与预留孔壁的粘结以及浆锚料与钢筋的粘结传递应力。

装配式建筑中推荐采用整体厨卫，整体厨卫是将居室中的厨房、卫浴间提取出来进行工厂化、标准化、规模化生产，现场产业化安装的一系列产品，具有加工精确度高以及后期维修改造便捷等特点，使其在产业竞争中具有极大的优势。整体卫浴间由壁板、顶板、防水盘构成整体框架，配套功能洁具及配件，经工厂组装或现场组装形成具有淋浴、盆浴、洗浴、便溺、储存等卫浴功能的整体空间。整体厨房是将工厂生产的厨房结构、家具、设备进行整体布置和安装而组合成的厨房形式。

本书依托"十三五"国家重点研发计划课题"工业化建筑质量验收方法及标准体系"（2016YFC0701805）开展的相关研究，主要包括预制构件及厨卫部品进场验收方法，灌浆套筒、浆锚连接、叠合板的节点质量验收方法，结合面质量验收方法，装修、电气、给排水等分部工程的质量验收要点。

第2章　预制构件进场验收

2.1　预制构件进场验收的现状

新型工业化建筑的特点是采用灌浆套筒连接受力钢筋，需要连接的墙、柱、梁等预制构件都设置多个套筒和插筋，施工安装时将一个构件的插筋插入相邻构件对应套筒中，再灌注高强灌浆料即可完成构件的连接施工。这种连接方式性能可靠、工艺简单、施工快捷、节约人力，体现了工业化建筑的特点和优势，但对构件制作及安装的精度要求明显高于传统的现浇结构。

根据设计及工艺要求，采用灌浆套筒连接的装配式结构，竖向相邻的预制柱、墙构件底部和顶部分别设置一组套筒和一组插筋，每组数量一般为 10 个左右，相应构件的套筒和插筋要求数量相同、位置对应。因套筒内壁与钢筋外表面的间隙狭小，一般为 5 ~ 6mm，施工安装时要确保每根插筋都能准确伸入相应套筒，即使只有一个位置的套筒与插筋存在较大偏差，都将会导致构件整体无法正常安装，影响施工进度。所以对预制构件的可装配性检查是验收的重点，是确保预制构件顺利安装的必要条件之一。预制构件厂对套筒位置的安装十分重视，大多数采用专用橡胶塞精确固定于模板上，再将橡胶塞插入套筒，实现套筒的定位，如图 2-1 所示。

图2-1　套筒定位方法

构件在混凝土浇筑、振捣过程中，因放样误差、橡胶塞变形等原因会导致套筒位置产生偏差，曾有施工人员在构件不能正常安装时，采取截断或弯折插筋等违规手段，对结构安全造成严重隐患。图 2-2 是典型的预制墙板套筒及插筋布置图，图 2-3 是典型的预制柱套筒及

（a）预制墙板套筒布置

（b）预制墙板插筋布置

图2-2　预制墙板套筒及插筋布置

（a）预制柱套筒布置

（b）预制柱插筋布置

图2-3　预制柱套筒及插筋布置

插筋布置图。

目前对套筒及插筋中心距离的进场验收通常采用卷尺测量，需肉眼估测套筒及插筋的中心位置，不能实现自动对中，测量精度较低，误差达2～3mm，工作效率不高，且不能反映相邻构件一组套筒及插筋的整体偏差情况。有些工程采用工装模板进行现场检查，精度较高，但仅适用于固定墙型，通用性不强。工装模板方法适用于施工单位的现场质量控制，对位置偏差等不能定量检测，无法填写相关验收记录，不适用于对预制构件进场验收。

为保证构件安装质量，现行规范对套筒及插筋中心位置的偏差有明确要求，《混凝土结构工程施工质量验收规范》（GB 50204—2015）规定，预埋套筒中心线位置的允许偏差为2mm，预留插筋中心线位置的允许偏差为5mm；《钢筋套筒灌浆连接应用技术规程》（JGJ 355—2015）规定，灌浆套筒、外露钢筋中心位置的允许偏差为+2、0mm；《装配式混凝土建筑技术》（GB/T 51231—2016）规定，预埋套筒中心线位置的允许偏差为2mm，预留插筋中心线位置的允许偏差为3mm；可以看出《钢筋套筒灌浆连接应用技术规程》的要求相对严格。

预制构件运输至施工现场时应由监理、施工人员进行进场验收，验收合格后方可吊装施工。如果套筒与插筋中心位置偏差超过规范允许值，应进行修整。如修整后仍不能保证构件正常安装，则该构件不能进行吊装。

2.2　研究内容

预制构件进场验收的研究内容包括：

（1）研究预制构件进场验收方法，开发专用进场验收设备，提高验收精度及工作效率；

（2）研究坐标定位法，推导计算公式，计算套筒及插筋的位置偏差；

（3）研究粗糙度检测方法，采用灌砂法得到的结合面灌砂平均深度，对结合面粗糙度进行量化评价，针对预制装配式构件特点的现状，分别采用拉毛、冲毛、自然面、钢板压花、钢筋压痕等方式制作试件，对结合面混凝土进行劈裂抗拉和剪切试验研究，通过试验分析比较各种粗糙面处理方式对结合面性能的影响；

（4）对不同粗糙面处理方式提出现场检测和验收方法。

2.3　套筒及插筋中心距测量

目前对套筒及插筋位置的检查没有专用验收工具，普遍采用卷尺测量，导致测量误差较大，一般在 2mm 左右，不适于预制构件的高精度要求，验收规范未规定具体检查要求，测量结果不能反映套筒及插筋的整体偏差情况，有时会造成验收合格的构件也不能正常安装。有些工程采用工装模板进行现场检查，属于施工单位质量控制方法，但不能准确定量，无法完成验收资料的填写，不适用于预制构件进场验收。

（a）设备外观

2.3.1　中心距卡尺

为提高预制构件进场验收测量精度，"工业化建筑质量验收方法及标准体系"课题组（以下简称课题组）开发研制了 JG1 型中心距卡尺，专门用于套筒、插筋中心线位置测量，设备外观如图 2-4 所示。

JG1 型中心距卡尺采用数显读数，有效测量长度为 650mm，读数精度可

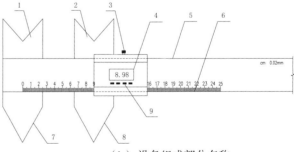

（b）设备组成部分名称

图 2-4　JG1 型中心距卡尺

1—主尺凹口；2—游标尺凹口；3—紧固螺钉；4—数显屏幕；
5—尺身；6—光栅刻度；7—主尺锥塞；8—游标尺锥塞；
9—数显开关

达 0.02mm，精度比传统的卷尺测量提高 50 ～ 100 倍，通过锥塞和凹口可对套筒和插筋测试部位进行自动对中，操作简单、读数快捷，可满足插筋与套筒中心位置的测量要求。

2.3.2 使用步骤

JG1 型中心距卡尺的使用步骤如下：

（1）选择需要测量距离的两个套筒，清理孔内杂物，将尺身与套筒轴线保持垂直，调整游标尺位置，使主尺锥塞和游标尺锥塞分别插入两个套筒内部，施加适当压力，使锥塞外缘与套筒内壁贴合紧密，实现测点的自动对中，从液晶屏上读数并记录数据。采用相同步骤逐一测量其他套筒的中心距。套筒中心距测量示意见图 2-5。

（2）选择需要测量距离的两根插筋，清理表面，设备开机、归零，将尺身与插筋轴线保持垂直，调整游标尺位置，使主尺凹口和游标尺凹口分别卡住两根插筋，施加适当压力，使凹口内缘与插筋表面顶紧，实现测点的自动对中，从液晶屏上读数并记录数据。采用相同步骤逐一测量其他插筋的中心距。插筋中心距测量示意见图 2-6。套筒及插筋中心距的实际测量见图 2-7 和图 2-8。

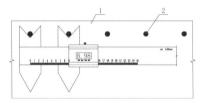

图2-6　插筋中心距测量示意

1—下层构件；2—插筋

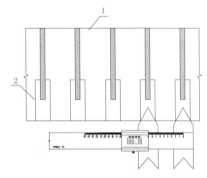

图2-5　套筒中心距测量示意

1—上层构件；2—套筒

图2-7　套筒中心距实际测量

图2-8　插筋中心距实际测量

2.4　坐标定位法

常见的预制构件灌浆套筒、插筋的布置形式如图 2-9 所示。

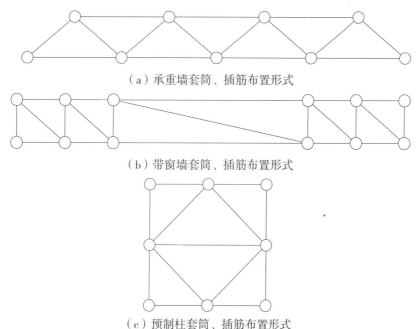

（a）承重墙套筒、插筋布置形式

（b）带窗墙套筒、插筋布置形式

（c）预制柱套筒、插筋布置形式

图2-9　预制构件灌浆套筒、插筋的布置形式

根据平面几何原理，已知三角形的各条边长，就可以唯一确定三角形的形状，通过计算可以得到三角形的顶点坐标，无论灌浆套筒和插筋的布置形式如何，总会归结到多个三角形的组合问题。课题组利用此原理开发的 JG1 型中心距卡尺，提出了套筒和插筋中心位置的坐标定位方法。测量一组套筒及插筋的中心距，可以得到每个测点中心线位置的相对坐标，可以整体反映相应构件所有套筒及插筋中心位置的偏差情况，可用于预制构件的进场验收。

获得定位坐标可采用几何作图法和公式计算法两种方法。两种方法首先都需要测量套筒中心距离 a、b、c、$\cdots$ 及插筋中心距离 a'、b'、c'、$\cdots$ 图 2-10 表示预制墙套筒位置及编号，图 2-11 表示预制墙插筋位置及编号。

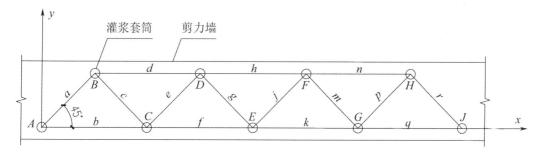

图2-10　预制墙套筒位置及编号

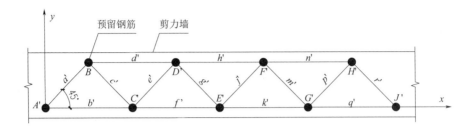

图2-11　预制墙插筋位置及编号

2.4.1　几何作图法

几何作图法使用绘图软件，设定坐标原点位置及 x、y 轴，以 A 点为原点及圆心，距离 b 为半径，与 x 轴交点即为 C 点，再分别以 A、C 点为圆心，距离 a、c 为半径做弧，两弧交点即为 B 点，再分别以 B、C 点为圆心，距离 d、e 为半径做弧，两弧交点即为 D 点，以此类推，可分别绘制出 E、F、G'……各点位置。设 A 点相对坐标为（0，0），即可得到 B、C、D'……点的相对坐标（x_B，y_B）、（x_C，y_C）、（x_D，y_D）……

同理，采用绘图软件可以得到 B'、C'、D' 点的相对坐标（$x_{B'}$，$y_{B'}$）、（$x_{C'}$，$y_{C'}$）、（$x_{D'}$，$y_{D'}$）……应用式（2-1），可得到套筒及相应插筋的中心位置偏差。

$$l_{i-i'} = \sqrt{(x_i - x_{i'})^2 + (y_i - y_{i'})^2} \qquad (2-1)$$

2.4.2　公式计算法

利用左下角的三角形水平边为 x 轴、左下角点为坐标原点（0，0）建立平面直角坐标系，测量该三角形的各条边长，可计算得出左下角三角形的三个点坐标。按从左到右的顺序，对其余三角形依次计算，每个三角形计算均已知两个点坐标（x_A，y_A）、（x_B，y_B）和三边长度 a、b、c，需要计算出第三点坐标（x_C，y_C）。通过分析发现，在 A、B 两点的坐标相同、三角形三边长度 a、b、c 均相同的情况下，C 点位于 AB 线段的"上方"或"下方"时，计算出的 C 点坐标不同，见

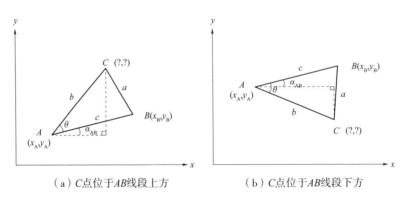

（a）C 点位于 AB 线段上方　　　　　（b）C 点位于 AB 线段下方

图2-12　C 点位置情况

图 2-12。因此，如果要准确计算出 C 点的位置，仅有 A、B 两点的坐标和三边的长度是不够的，还需要增加一个关于"方位"的参数。如果需要通过编写计算机程序来计算 C 点，则必须再给计算机输入一个方位参数，让程序接收该参数后自动识别，从而得出正确且唯一的 C 点坐标。

设三角形 A 点（依据从左到右的计算顺序，一般为靠左边的点）为第一基准点，另一个已知坐标的点 B 为第二基准点（$x_B \geqslant x_A$），从第一基准点到第二基准点的向量为 $\overrightarrow{AB}$，从第二基准点 B 到待求点 C 的向量为 $\overrightarrow{AC}$，C 点位于 AB 线段上方时，向量 $\overrightarrow{BC}$ 逆时针旋转，C 点位于 AB 线段下方时，向量 $\overrightarrow{BC}$ 顺时针旋转，见图 2-13。在计算程序中，可以将该参数类型设置为一个枚举类型，用 0 和 1 代表"逆时针旋转"和"顺时针旋转"。

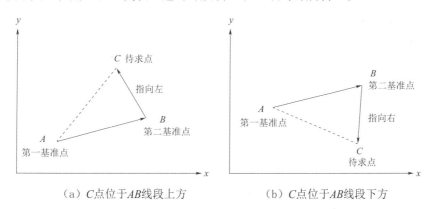

（a）C 点位于 AB 线段上方　　　　（b）C 点位于 AB 线段下方

图2-13　C 点相对向量方向

套筒、插筋位置坐标的通用计算公式为：

$$x_C = x_A + b\cos\left[\cos^{-1}\left(\frac{b^2 + c^2 - a^2}{2bc}\right) \pm \tan^{-1}\frac{y_B - y_A}{x_A - x_B}\right] \qquad (2-2)$$

$$y_C = y_A \pm b\sin\left[\cos^{-1}\left(\frac{b^2 + c^2 - a^2}{2bc}\right) + \tan^{-1}\frac{y_B - y_A}{x_A - x_B}\right] \qquad (2-3)$$

式中：x_C，y_C——待求点 C 的坐标；

　　　x_A，y_A——第一基准点 A 的坐标；

　　　x_B，y_B——第二基准点 B 的坐标；

　　　a——A 点对边的长度；

　　　b——B 点对边的长度；

　　　c——C 点对边的长度。

向量 $\overrightarrow{BC}$ 逆时针旋转时取" + "号，顺时针旋转时取"－"号。

同理，当计算方向改为从右向左的计算顺序时，靠右的点为第一基准点 A，另一个已知坐标的点 B 在 A 点的左边（$x_B \leqslant x_A$），此时套筒、插筋位置坐标的通用计算公式为：

$$x_C = x_A - b\cos\left[\pm\cos^{-1}\left(\frac{b^2 + c^2 - a^2}{2bc}\right) + \tan^{-1}\frac{y_B - y_A}{x_A - x_B}\right] \qquad (2-4)$$

$$y_C = y_A + b\sin\left[\pm\cos^{-1}\left(\frac{b^2+c^2-a^2}{2bc}\right) + \tan^{-1}\frac{y_B - y_A}{x_A - x_B}\right] \tag{2-5}$$

向量 $\overrightarrow{BC}$ 逆时针旋转时取 "–" 号，顺时针旋转时取 "+" 号。

综上所述，通过两点坐标、三边长度及向量 $\overrightarrow{BC}$ 的旋转方向，可以计算出待求点 C 的坐标，即：

$$(x_C,y_C)=f(x_A,y_A,x_C,y_C,a,b,c,\overrightarrow{BC}方向) \tag{2-6}$$

根据各测点距离，利用公式（2-6）可以依次计算出套筒 B、C、D、……中心位置坐标 (x_B, y_B)、(x_C, y_C)、(x_D, y_D)……同理，计算出插筋 B'、C'、D'……中心位置坐标 $(x_{B'}, y_{B'})$、$(x_{C'}, y_{C'})$、$(x_{D'}, y_{D'})$……针对图 2-10、图 2-11 所示墙体，其套筒和插筋位置坐标计算过程如下：

$$(x_A,y_A)=(0，0);$$
$$(x_C,y_C)=(b，0);$$
$$(x_B, y_B)=f(x_A, y_A, x_C, y_C, a, b, c, \overrightarrow{CB}方向);$$
$$(x_D, y_D)=f(x_B, y_B, x_C, y_C, c, d, e, \overrightarrow{CD}方向);$$
$$(x_E, y_E)=f(x_C, y_C, x_D, y_D, e, f, g, \overrightarrow{DE}方向);$$
$$(x_F, y_F)=f(x_D, y_D, x_E, y_E, g, h, j, \overrightarrow{EF}方向);$$
$$(x_G, y_G)=f(x_E, y_E, x_F, y_F, j, k, m, \overrightarrow{FG}方向);$$
$$(x_H, y_H)=f(x_F, y_F, x_G, y_G, m, n, p, \overrightarrow{GH}方向);$$
$$(x_J, y_J)=f(x_G, y_G, x_H, y_H, p, q, r, \overrightarrow{HJ}方向)。$$

再应用式（2-1），可得到套筒与插筋的中心位置偏差。

为便于坐标定位法在验收中的使用，课题组根据推导的公式开发了计算软件，软件界面包含 3 种常见的套筒、插筋布置形式，如图 2-14 所示；点击需计算的布置形式可进入数据输入界面，见图 2-15；按照图例要求逐一输入套筒、插筋中心距，点击计算后即可得到套筒、插筋平面坐标及位置偏差，如图 2-16 所示。

对如图 2-10、图 2-11 所示布置的一组预制墙套筒和插筋间距进行测量，测量结果见表 2-1。

根据测量结果，采用坐标定位计算公式可分别得到套筒和插筋的坐标值，计算结果见表 2-2。采用式（2-1）得到相应套筒和插筋的位置偏差，计算结果见表 2-3。应用坐标定位法计算套筒和插筋的整体坐标，逐一比较偏差量，如各点偏差量均小于 2mm，则表明套筒和插筋中心距偏差符合规范要求，构件具有可配性。为减小测量误差，对每个距离测试 3 次，取平均值。

表 2-3 中套筒、插筋位置偏差均相对于设计要求，是目前验收检查的控制指标。对实际工程而言，真正有意义的指标是套筒与相应插筋的相对位置偏差。

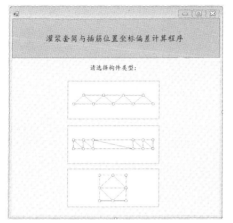

图2-14　软件界面

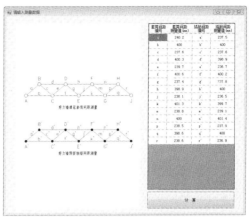

图2-15　数据输入界面

点位	套筒坐标x	套筒坐标y	插筋坐标x	插筋坐标y	坐标偏差
A	0.00	0.00	0.00	0.00	0.00
B	201.55	130.66	199.94	128.18	2.96
C	400.00	0.00	400.00	0.00	0.00
D	601.85	129.28	598.84	128.41	3.13
E	800.60	-0.56	800.20	1.90	2.49
F	1000.75	128.40	998.84	130.25	2.66
G	1201.90	-0.30	1199.89	0.85	2.31
H	1400.74	131.40	1400.23	129.15	2.31
J	1600.50	0.92	1599.89	1.64	0.94

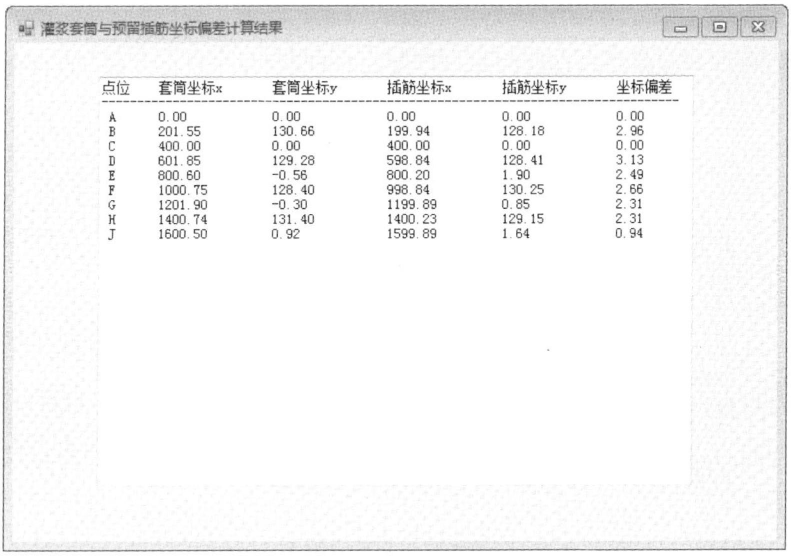

图2-16　计算结果

表 2-1　预制墙套筒和插筋间距　（mm）

套筒实测间距		插筋实测间距		设计要求	
a	240.2	a'	237.5	a_0	238.5
b	400.0	b'	400.0	b_0	400.0
c	237.6	c'	237.6	c_0	238.5
d	400.3	d'	398.9	d_0	400.0
e	239.7	e'	236.7	e_0	238.5
f	400.6	f'	400.2	f_0	400.0
g	237.4	g'	237.8	g_0	238.5

续表

套筒实测间距		插筋实测间距		设计要求	
h	398.9	h'	400.0	h_0	400.0
j	238.1	j'	236.5	j_0	238.5
k	401.3	k'	399.7	k_0	400.0
m	238.8	m'	239.1	m_0	238.5
n	400.0	n'	401.4	n_0	400.0
p	238.5	p'	237.9	p_0	238.5
q	398.6	q'	400.0	q_0	400.0
r	238.6	r'	236.9	r_0	238.5

表 2-2 预制墙套筒和插筋坐标计算结果　　　　　　　　　（mm）

套筒坐标		插筋坐标		设计要求	
A	(0.0, 0.0)	A'	(0.0, 0.0)	A_0	(0.0, 0.0)
B	(201.6, 130.7)	B'	(199.9, 128.2)	B_0	(200.0, 129.9)
C	(400.0, 0.0)	C'	(400.0, 0.0)	C_0	(400.0, 0.0)
D	(601.9, 129.3)	D'	(598.8, 128.4)	D_0	(600.0, 129.9)
E	(800.6, −0.6)	E'	(800.2, 1.9)	E_0	(800.0, 0.0)
F	(1000.8, 128.4)	F'	(998.8, 130.3)	F_0	(1000.0, 129.9)
G	(1201.9, −0.3)	G'	(1199.9, 0.9)	G_0	(1200.0, 0.0)
H	(1400.8, 131.4)	H'	(1400.3, 129.2)	H_0	(1400.0, 129.9)
J	(1600.5, 1.0)	J'	(1599.9, 1.7)	J_0	(1600.0, 0.0)

表 2-3 预制墙套筒和插筋位置偏差　　　　　　　　　（mm）

套筒位置偏差		插筋位置偏差		套筒与插筋间距	
A_0-A	0.0	A_0-A'	0.0	$A-A'$	0.0
B_0-B	1.7	B_0-B'	1.8	$B-B'$	3.0
C_0-C	0.0	C_0-C'	0.0	$C-C'$	0.0
D_0-D	2.0	D_0-D'	1.9	$D-D'$	3.1
E_0-E	0.8	E_0-E'	1.9	$E-E'$	2.5
F_0-F	1.7	F_0-F'	1.2	$F-F'$	2.7
G_0-G	1.9	G_0-G'	0.9	$G-G'$	2.3
H_0-H	1.6	H_0-H'	0.8	$H-H'$	2.3
J_0-J	1.0	J_0-J'	1.7	$J-J'$	1.0

为验证计算公式的准确性，采用 CAD 作图法对计算公式的系统误差进行校核。套筒和插筋的测量结果取表 2-1 中的数据，比较结果见表 2-4。

表 2-4　公式法与几何作图法坐标计算结果　　　　　　　　　　(mm)

点位	公式法计算结果		几何作图法结果	
	套筒坐标 x, y	插筋坐标 x, y	套筒坐标 x, y	插筋坐标 x, y
A	0.0, 0.0	0.0, 0.0	0.0, 0.0	0.0, 0.0
B	201.6, 130.7	199.9, 128.2	201.6, 130.7	199.9, 128.2
C	400.0, 0.0	400.0, 0.0	400.0, 0.0	400.0, 0.0
D	601.9, 129.3	598.8, 128.4	601.9, 129.3	598.8, 128.4
E	800.6, −0.6	800.2, 1.9	800.6, −0.6	800.2, 1.9
F	1000.8, 128.4	998.8, 130.3	1000.8, 128.4	998.8, 130.3
G	1201.9, −0.3	1199.9, 0.9	1201.9, −0.3	1199.9, 0.9
H	1400.8, 131.4	1400.3, 129.2	1400.8, 131.4	1400.3, 129.2
J	1600.5, 1.0	1599.9, 1.7	1600.5, 1.0	1599.9, 1.7

经多次试算，计算公式的系统误差很小，在 0.5mm 以内，可以满足工程验收要求。

2.5　套筒及插筋垂直度测量

预制构件上的一组套筒和插筋保持准确的垂直度是保证构件顺利安装的必要条件之一，套筒在构件厂预埋并浇筑在构件中，一旦成型就很难再调整垂直度。目前构件厂在钢筋绑扎期间，将套筒与箍筋固定，灌浆套筒安装情况见图 2-17。大部分情况下套筒固定得比较牢固，但如果混凝土振捣时使套筒发生位移，则会导致套筒倾斜，严重时会影响构件的安装及结构施工质量。

图2-17　灌浆套筒安装情况

图2-18　数显角度尺

现行验收规范没有针对套筒及插筋垂直度的具体规定，这是预制构件进场验收中应当增加的项目。对套筒及插筋垂直度的检测可采用数显角度尺，见图2-18。数显角度尺包括两个尺身，尺身间可以相对旋转，在尺身交界处设有数显器，可以测量及显示两个尺身的相对角度。套筒垂直度检测时将一个尺身插入套筒，贴紧套筒内壁，另一个尺身贴紧构件外表面，则可快速测量套筒垂直度，见图2-19。数显角度尺还可用于测量插筋垂直度，检测时将一个尺身贴紧插筋侧面，另一个尺身贴紧构件外表面，则可快速测量插筋垂直度，见图2-20。套筒及插筋垂直度现场测量分别见图2-21及图2-22。

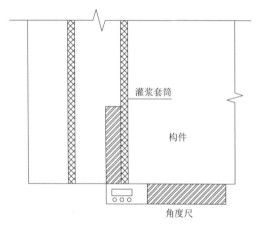

图2-19　套筒垂直度检测方法

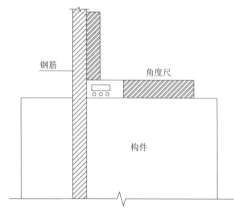

图2-20　插筋垂直度检测方法

图2-21　套筒垂直度现场测量

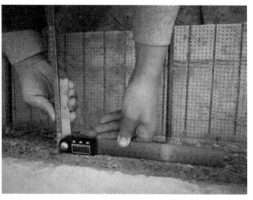

图2-22　插筋垂直度现场测量

套筒垂直度的允许偏差可通过计算得到，如图 2-23 所示，在实际工程中因套筒倾斜导致插筋上端接触到套筒内壁即认为达到套筒垂直度的最大允许偏差。套筒垂直度的允许偏差与套筒类型、插筋直径及插筋锚固长度有关，插筋直径、锚固长度越大则套筒垂直度的允许偏差越小，套筒垂直度允许偏差见表 2-5，套筒最大倾斜角 θ=arctan（a/L）。

预制构件在运输过程中需对外露插筋进行保护，构件进场后应对插筋中心位置及垂直度进行验收，对倾斜较大的插筋可以采用工具进行调整处理，经过处理的插筋垂直度偏差在 1° 范围内认为合格。

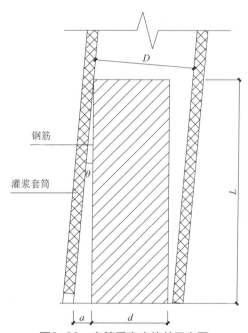

图2-23 套筒垂直度偏差示意图

θ—套筒倾斜角度；d—插筋直径；
a—套筒与插筋的间隙；D—套筒内径；L—插筋锚固长度

表2-5 套筒垂直度允许偏差

套筒类型	钢筋直径 d（mm）	锚固长度 L（mm）	套筒与插筋间隙 a（mm）	倾斜角度 θ（°）	归并（°）
半灌浆套筒	12	96	5	3	2
	14	112	5	3	
	16	128	5	2	
	18	144	5	2	
	20	160	5	2	
	22	176	5	2	

续表

套筒类型	钢筋直径 d（mm）	锚固长度 L（mm）	套筒与插筋间隙 a（mm）	倾斜角度 θ（°）	归并（°）
半灌浆套筒	25	200	5	1	1
	28	224	5	1	
	32	256	5	1	
	36	288	5	1	
	40	320	5	1	
全灌浆套筒	12	96	6	3	3
	14	112	6	3	
	16	128	6	3	
	18	144	6	2	2
	20	160	6	2	
	22	176	6	2	
	25	200	6	2	
	28	224	8	2	
	32	256	8.5	2	
	36	288	9	2	
	40	320	10	2	

2.6 结合面粗糙度质量验收

混凝土结构加固处理过程中经常面临新旧混凝土的结合问题，很多学者和工程师也在这方面做了大量的试验研究并应用于实际工程，给出了一些混凝土加固过程中结合面的处理和量化方法，常用的物理处理方法有高压水射法、喷砂（丸）法、人工凿毛法、气锤凿毛法、机械切削法等，化学处理方法有酸侵蚀法等；粗糙度的量化方法有灌砂法、粗糙度测定仪法、分数维度法、硅粉堆落法、基于三维扫描技术的数字图像法等。这些方法在预制装配式构件粗糙面的处理与检测方面有一定的借鉴意义。

与加固构件不同，预制装配式构件是在浇筑成型过程中制作粗糙面，更容易实现规范化施工，其难度较加固处理降低了很多。但目前还没有规范给出较理想的处理方法和明确的验收指标。类似于加固处理中新、老混凝土粘结面破坏形态，叠合构件的叠合面也主要发生以下三种破坏形式：垂直于叠合面的受拉破坏、沿叠合面的剪切滑移破坏以及在叠合面同时存在受拉和剪切的破坏。对预制构件结合面处理，目前比较常用的是键槽、冲毛、拉毛和印花四种方式。

键槽处理主要用于预制柱底面、预制梁端面、预制墙侧面等部位，采用专门模具一次成型，键槽尺寸、深度、位置按照设计要求确定，以方形、条形为主，深度一般为 10 ~ 20mm，有些部位也采用键槽、冲毛组合处理方式。

冲毛处理主要用于预制墙侧面、预制梁顶面处理，一般事先在模板上涂刷缓凝剂，构件出模后用高压水枪冲刷，将表面水泥浆清洗掉，露出粗骨料，粗骨料露出 1/2 粒径左右为宜。冲毛处理效率高、效果好，但因增加一道工序，提高了生产成本，且会产生少量废水。

拉毛处理主要用于预制叠合板，可采用机械拉毛和人工拉毛两种方式，在混凝土初凝前对叠合面拉划出沟槽，目前大多数构件厂采用自制齿状铁耙的人工拉毛方式。拉毛处理操作简单、效率高，但各单位制作的铁耙形态各异，沟槽间距宽窄不一，沟槽深度受操作人员力度影响较大，差异性比较明显。

印花处理主要用于墙、柱底面及预制叠合板侧边的处理，通常在模板、模具上使用印花钢模板一次成型，不需后期处理，印花的形状、间距、深度可以根据要求加工制作。印花处理方式成本低、质量一致，便于工厂化生产，但印花深度较大时会造成脱模困难。

2.6.1 粗糙度的量化及评价

结合面粗糙程度的量化指标可以参考机械行业相关标准，根据《产品几何技术规范（GPS）表面结构轮廓法术语、定义及表面结构参数》（GB/T 3505—2009），主要用轮廓作为表征粗糙度的参数，包括轮廓算数平均偏差 R_a、轮廓最大高度 R_z 以及轮廓单元的平均宽度 R_{sm}。

轮廓算数平均偏差 R_a（幅度参数）：在取样长度内，被测实际轮廓上各点至轮廓中线距离绝对值的平均值，见式（2-7）。

$$R_a = \frac{1}{lr} \int_0^{lr} |z(x)| \, dx \ \text{或} \ R_a = \frac{1}{n} \sum_{i=1}^{n} |z(x_i)| \quad (2-7)$$

轮廓最大高度 R_z（幅度参数）：在取样长度内，被评定轮廓的最大轮廓峰高 R_p 与最大轮廓谷深 R_v 之和的高度，见式（2-8）。峰顶线和谷底线平行于中线且分别通过轮廓最高点和最低点。

$$R_z = R_p + R_v \quad (2-8)$$

轮廓单元的平均宽度 R_{sm}（间距参数）：在一个取样长度范围内所有轮廓单元的宽度 X_{si} 的平均值，见式（2-9）。

$$R_{sm} = \frac{1}{m} \sum_{i=1}^{m} X_{si} \quad (2-9)$$

《混凝土结构设计规范》（GB 50010—2010）第 9.5.7 条和《装配式混凝土结构技术规程》（JGJ 1—2014）第 6.5.5 条规定：预制构件与后浇混凝土、灌浆料、坐浆料的结合面应设置粗糙面、键槽，粗糙面的面积不宜小于结合面的 80%，预制板的粗糙面凹凸深度不应小于 4mm，预制梁、柱及墙端的粗糙面凹凸深度不应小于 6mm。

美国混凝土协会（American Concrete Institute，简称 ACI）规范中的 ACI318-11 对结合面

考虑了 3 种情况，分别为整体浇筑、凹凸深度 6mm 和未进行处理，结合面受剪性能与粗糙度成型特征有关。

欧洲规范 EN（European Norm，简称 EN）中的 EN1992-1-1 和模式规范 MC（Model Code，简称 MC）中 MC2010 将粗糙面分为非常光滑、光滑、粗糙和非常粗糙 4 个等级，其中非常光滑是指钢、塑料和特殊处理的木模表面，其粗糙度很小；光滑是指混凝土压光或自然振捣后未进一步处理的表面，平均粗糙度小于 1.5mm；粗糙是指采用喷砂或凿毛的表面，平均粗糙度大于 1.5mm；非常粗糙是指采用拉毛、冲毛处理的表面，平均粗糙度大于 3mm。

2.6.2 常用的粗糙度检测方法

1）灌砂法

用一定面积内结合面灌砂量的平均深度表示，在测试范围的结合面周边设置围挡，向内部灌注标准砂，用板尺等工具去除多余的砂，直至砂面与结合面最高处齐平，收集此时的标准砂并测量体积，通过式（2-10）计算可得灌砂平均深度。

$$Y=V/S \qquad\qquad (2-10)$$

式中：Y——灌砂平均深度；

V——标准砂体积；

S——测试范围的面积。

灌砂法简单易行，但无法表达结合面的局部不均匀性，也无法测试非水平构件的粗糙度。

2）粗糙度仪法

在测试范围的结合面沿某一边长方向布置 n 条测试线，各条测试线的间距为 a_i，用粗糙度仪的触针沿结合面的一条测试线移动，可以得到一条凹凸曲线，以曲线最高点为基准画一条平行于横截面的直线，该直线与曲线所围成的面积为 A_i，n 个截面所围的体积 $V=A_1 \times a_1+A_2 \times a_2+\cdots+A_n \times a_n$，结合面凹凸平均深度可表示为：

$$Y=V/S \qquad\qquad (2-11)$$

式中：Y——结合面平均深度；

V——计算的体积；

S——测试范围的面积。

粗糙度仪法不适于大面积的测试，实际工程中基准点不易确定，不适合实际工程应用。

3）分数维度法

该方法认为结合面的轨迹属于分数维度结构，可以用分数维度值来定量描述粗糙度。该方法可以对结合面的整体波纹度和局部不规则性进行综合描述，但测试时也要确定一个相对基准点，需要采用专门的设备且测试理论十分复杂，操作不便，不适合实际工程应用。

2.6.3 粗糙面处理方式

图 2-24 给出了常见的 6 种粗糙面形式，分别为拉毛、冲毛、自然面、钢板印花、钢筋压痕和点状压痕。拉毛沟槽间距为 30mm；钢筋压痕的中心间距为钢筋直径的 2.5 倍。各种粗糙面形式的灌砂法换算平均深度见表 2-6。

自然面虽然具有较大的换算深度，但表面粗糙度分布很不均匀，用灌砂法有一定的局限性，得到的结合面强度分布有很大的不确定性。钢板印花的表面一般比较光整，换算深度最小。钢筋压痕得到的换算深度大于其他方式。

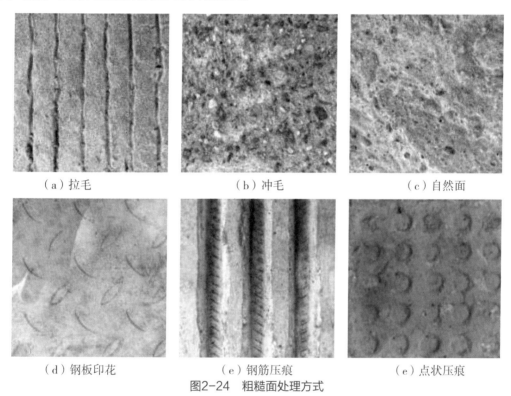

（a）拉毛　　　　　　　　　（b）冲毛　　　　　　　　　（c）自然面

（d）钢板印花　　　　　　　（e）钢筋压痕　　　　　　　（e）点状压痕

图2-24　粗糙面处理方式

表2-6　灌砂法换算平均深度　　　　　　　　　　（mm）

处理方式	拉毛	冲毛	自然面	钢板压花	钢筋压痕		
					$\phi 8$ 钢筋	$\phi 10$ 钢筋	$\phi 12$ 钢筋
换算深度	0.58	0.73	0.80	0.25	2.08	3.17	4.71

2.6.4 结合面劈裂抗拉试验

为模拟构件结合面实际施工情况，课题组浇筑了 4 个尺寸为 600mm×600mm×2160mm 的混凝土试件，每个试件分两次浇筑，模板如图 2-25 所示。预制部分设计强度为 C30，尺寸为 450mm×600mm×2000mm，将结合面分别采用拉毛、冲毛、自然面、钢板压花和钢筋压痕 5

种工艺进行处理，压痕模具使用直径为 $\phi 8$、$\phi 10$、$\phi 12$ 的带肋钢筋，如图 2-26 所示。待混凝土强度达到设计要求后，采用灌砂法测量结合面换算深度平均值，之后再浇筑 150mm 厚混凝土结合层，形成试验构件。

图2-25　试件模板图

（a）冲毛试件　　　　　　（b）拉毛试件　　　　　　（c）自然面试件

图2-26　粗糙面处理方式

　　结合面的力学性能主要由强度较低的预制部分控制，后浇筑混凝土强度的提高对结合面强度有一定提升作用，但增加幅度很小，规范要求后浇筑混凝土强度等级不低于预制部分且不低于 C25。本次试验后浇筑混凝土强度等级为 C40，高于预制部分。待强度达到设计要求后采用取芯法制作劈裂试件，见图 2-27。根据拉毛方向分为横向拉毛试件和纵向拉毛试件。芯样直径 100mm，实际钻入深度 ≥ 120mm，取芯过程中保持结合面位于芯样直径位置，每种粗糙面处理方式的试件为 20 个，原状混凝土对比试件为 20 个。

图2-27　试件取芯

同条件试块抗压强度试验结果见表 2-7，工业化生产的混凝土普遍存在强度储备，因此实际强度高于设计值，这在实际工程中也普遍存在。

表2-7　混凝土同条件试块抗压强度　　　　　　　　　（MPa）

预制部分	混凝土强度	后浇部分	混凝土强度
冲毛	33.4	冲毛	45.2
拉毛	35.5	拉毛	43.3
钢板压花	36.1	钢板压花	47.6
$\phi 8$ 钢筋压痕	30.8	$\phi 8$ 钢筋压痕	39.8
$\phi 10$ 钢筋压痕	32.9	$\phi 10$ 钢筋压痕	42.3
$\phi 12$ 钢筋压痕	35.8	$\phi 12$ 钢筋压痕	46.1

将芯样锯切成高径比为 1:1 的试件，如图 2-28 所示。依据《普通混凝土力学性能试验方法标准》（GB50081—2002）和《钻芯法检测混凝土强度技术规程》（JGJ/T 384—2016）进行试验，加载示意见图 2-29。

试验前沿结合面标出劈裂面位置，并用游标卡尺测量结合面尺寸。在试验机上下压板与试件之间垫以圆弧形垫块和垫条各一条，接触面与标记的劈裂面重合。加荷应均匀连续，加荷速度取每秒钟 0.05 ~ 0.08MPa。

结合面劈裂抗拉强度可按下式计算：

$$F_{t,cor}=0.637\beta_t F_1/A_t \qquad (2-12)$$

式中：$F_{t,cor}$——芯样试件劈裂抗拉强度（MPa），精确至 0.01MPa；

　　　β_t——换算系数，取 0.95；

　　　F_1——试件破坏荷载（N）；

A_t——试件劈裂面面积（mm^2）。

在取样过程中自然面试件有 6 个开裂破坏，钢板压花试件全部开裂破坏，试件破坏情况见图 2-30 ~ 图 2-37。

图2-28　处理后的芯样

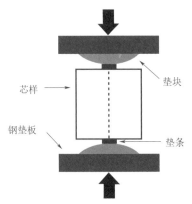

图2-29　加载示意

图2-30　冲毛试件破坏状态

图2-31　拉毛试件破坏状态

图2-32　自然振捣试件破坏状态

图2-33　钢板压花试件破坏状态

图2-34 φ8钢筋压痕试件破坏状态

图2-35 φ10钢筋压痕试件破坏状态

图2-36 φ12钢筋压痕试件破坏状态

图2-37 整浇混凝土试件破坏状态

为了消除不同批次混凝土造成的强度差异，以各试件预制层混凝土劈裂抗拉强度平均值作为相对值1进行归一化处理，来研究各类结合面的劈裂抗拉强度，得到结合面混凝土劈裂抗拉强度等效系数，试验结果见表2-8。

表2-8 结合面劈裂抗拉强度等效系数

处理方式	换算深度（mm）	等效系数			标准差	变异系数
		最小值	最大值	平均值		
冲毛	0.58	0.71	1.08	0.88	0.33	0.12
横向拉毛	0.73	0.39	0.71	0.54	0.30	0.16
纵向拉毛	0.73	0.29	0.60	0.41	0.29	0.21
自然面	0.80	0.00	0.61	0.28	0.57	0.82
钢板压花	0.25	0	0	0	0	0
φ8 钢筋压痕	2.08	0.47	0.74	0.57	0.21	0.11
φ10 钢筋压痕	3.17	0.56	0.83	0.74	0.22	0.09
φ12 钢筋压痕	4.71	0.76	1.14	0.94	0.38	0.12

按图2-38示例方法绘制试验结果箱形图，可以得到结合面劈裂抗拉强度并比较每组数据的平均值、中位数、尾长、分布区间、偏态等信息，各类粗糙面处理方式的结合面劈裂抗拉强度等效系数箱形图与灌砂法换算深度的对比结果见图2-39。

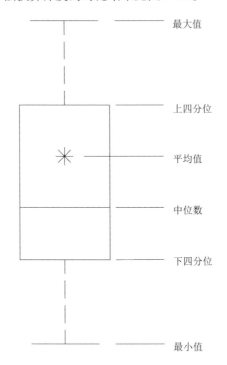

图2-38 箱形图示例

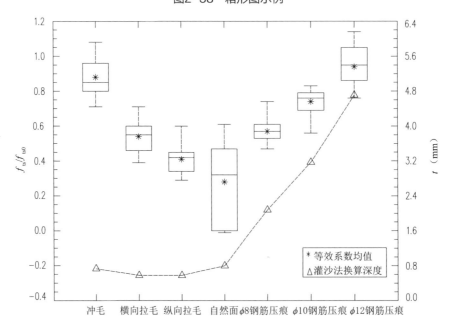

图2-39 劈裂抗拉强度试验方法对比结果

根据试验结果可知，试件结合面劈裂抗拉强度与粗糙面处理方式直接相关，例如冲毛、横向拉毛、纵向拉毛灌砂法换算深度接近，但因处理方式不同，导致劈裂抗拉强度有较大差异，冲毛试件的劈裂抗拉强度平均值可达整体混凝土的 88%，而拉毛试件的劈裂抗拉强度平均值为整体混凝土的 41% ~ 54%。钢筋压痕试件劈裂抗拉强度平均值随灌砂法换算深度增大而线性增大。

冲毛粗糙面的结合性能较好，试件均沿结合面处破坏，破坏面处硬化的水泥浆体交错咬合，在结合面处被拉断，少量粗骨料断裂。冲毛结合面劈裂抗拉强度平均值可达到整体浇筑混凝土的 88%。

对于拉毛试件，均从结合面处破坏，破坏面基本保持结合前的表面形态，少量的沟槽中残留有水泥浆体，横向拉毛和纵向拉毛结合性能有所差异，劈裂抗拉强度平均值分别达到整体浇筑混凝土的 54% 和 41%，且强度分布均匀，数据波动较小。横向拉毛比纵向拉毛效果好，结合面的劈裂抗拉强度平均值可提高 13% 左右。

自然面试件破坏形态不一，对于破坏荷载较小的试件，破坏面基本保持结合前的平整形态，部分劈裂抗拉强度较大的试件破坏面离开结合面。但自然面试件性能很不均匀，取芯过程中有 6 个芯样直接断裂，即结合面没有很好地粘结，取芯扰动就足以造成破坏。自然面处理方式的劈裂抗拉强度平均值达到整体浇筑混凝土的 28%，数据离散性最大。

在规范没有明确要求的情况下，部分构件厂采用钢板印花处理方式，但这种结合面过于光滑，试件均在取芯过程中发生破坏，即结合面不能有效连接，结合效果最差。

对 $\phi 8$、$\phi 10$、$\phi 12$ 钢筋压痕试件，随着压痕钢筋直径的增大，相应的劈裂抗拉强度等效系数从 57% 增加到 94%，劈裂抗拉强度明显提高。破坏形态方面，当采用 $\phi 8$ 和 $\phi 10$ 钢筋压痕时，破坏面总是发生在混凝土浇筑接合面，破坏面基本保持结合前的凹凸形态；采用 $\phi 12$ 钢筋压痕则不同，破坏面基本为平面，结合层的骨料与水泥浆填满预制层的钢筋凹痕，说明两次浇筑的混凝土结合性能较好，可以共同工作。

因此，预制构件粗糙面优先选择冲毛或 $\phi 12$ 钢筋压痕处理方式，采用拉毛时优先选用横向拉毛处理方式。

2.6.5 结合面剪切试验

课题组制作了混凝土试件进行剪切试验，试件示意见图 2-40，加载示意见图 2-41。先浇及后浇部分混凝土强度设计值为 C30，同条件试块抗压强度试验结果见表 2-9。根据前期试验结果，钢板压花结合效果较差，不进行试验，故共进行冲毛、横向拉毛、纵向拉毛、$\phi 8$ 钢筋压痕、$\phi 10$ 钢筋压痕、$\phi 12$ 钢筋压痕和整浇混凝土共 7 种类型试件的剪切试验，每种数量 12 个。试件破坏情况见图 2-42 ~ 图 2-47。

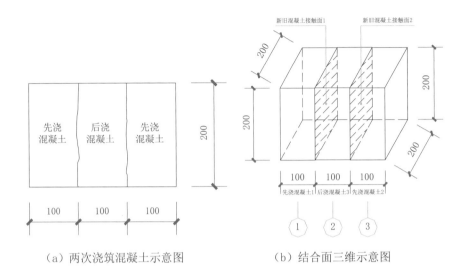

（a）两次浇筑混凝土示意图　　　　（b）结合面三维示意图

图2-40　剪切试件示意

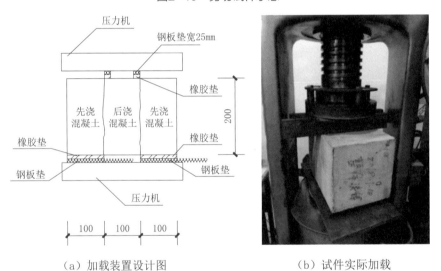

（a）加载装置设计图　　　　（b）试件实际加载

图2-41　加载示意图

表2-9　混凝土同条件试块抗压强度　　　　（MPa）

先浇部分	混凝土强度	后浇部分	混凝土强度
冲毛	34.1	冲毛	32.6
拉毛	35.6	拉毛	35.4
钢板压花	34.3	钢板压花	33.1
$\phi8$ 钢筋压痕	33.7	$\phi8$ 钢筋压痕	34.7
$\phi10$ 钢筋压痕	32.8	$\phi10$ 钢筋压痕	35.9
$\phi12$ 钢筋压痕	33.2	$\phi12$ 钢筋压痕	31.7

图2-42　冲毛试件破坏状态

图2-43　横向拉毛试件破坏状态

图2-44　纵向拉毛试件破坏状态

图2-45　自然面试件破坏状态

图2-46　ϕ8钢筋压痕试件破坏状态

图2-47　ϕ12钢筋压痕试件破坏状态

为了尽可能消除不同批次混凝土造成的强度差异并便于比较，以整浇混凝土剪切强度平均值作为相对值 1 进行归一化处理，来研究各类结合面的抗剪强度，得到结合面混凝土剪切强度等效系数，试验结果见表 2-10。

表 2-10 结合面剪切强度等效系数

处理方式	换算深度（mm）	等效系数			标准差	变异系数
		最小值	最大值	平均值		
冲毛	0.58	0.63	1.14	0.85	0.30	0.20
横向拉毛	0.73	0.40	0.75	0.56	0.20	0.21
纵向拉毛	0.73	0.19	0.62	0.35	0.21	0.35
自然面	0.80	0.04	0.46	0.19	0.20	0.59
$\phi 8$ 钢筋压痕	2.08	0.40	0.82	0.58	0.22	0.22
$\phi 10$ 钢筋压痕	3.17	0.47	1.04	0.70	0.29	0.24
$\phi 12$ 钢筋压痕	4.71	0.63	1.17	0.90	0.28	0.18

各类粗糙面处理方式的结合面抗剪强度等效系数箱形图与灌砂法换算深度的对比结果见图 2-48。

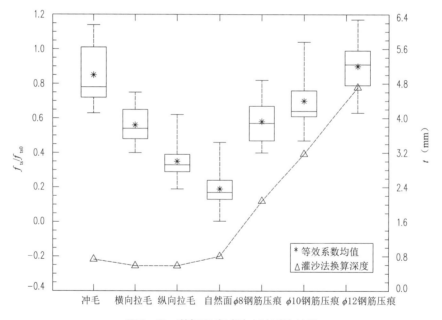

图2-48 剪切强度试验方法对比结果

根据试验结果可知，试件结合面抗剪强度与粗糙面处理方式直接相关，例如冲毛、横向拉毛、纵向拉毛灌砂法换算深度接近，但因处理方式不同，导致抗剪强度有较大差异，冲毛试件的抗剪强度平均值可达整体混凝土的 85%，而拉毛试件的抗剪强度平均值为整体浇筑混凝土的 35% ~ 56%。钢筋压痕试件抗剪强度平均值随灌砂法换算深度增大而线性增大。

冲毛粗糙面的结合性能较好，试件均沿结合面处破坏，破坏面处硬化的水泥浆体交错咬合，在结合面处被剪断。冲毛结合面抗剪强度平均值可达到整体浇筑混凝土的 85%。

对于拉毛试件，均从结合面处破坏，破坏面基本保持结合前的表面形态，少量的沟槽中残留有水泥浆体，横向拉毛和纵向拉毛结合性能有所差异，抗剪强度平均值分别达到整体浇筑混凝土的 56% 和 35%，且数据离散性较小。横向拉毛比纵向拉毛效果好，结合面的抗剪强度平均值可提高 20% 左右。

自然面试件破坏形态较为一致，数据离散性较小，抗剪强度平均值达到整体浇筑混凝土的 19%。

对 $\phi8$、$\phi10$、$\phi12$ 钢筋压痕试件，随着压痕钢筋直径的增大，相应的抗剪强度等效系数从 58% 增加到 90%，抗剪强度明显提高。

因此，结合面优先选择冲毛或 $\phi12$ 钢筋压痕处理方式，采用拉毛时优先选用横向拉毛处理方式，这与结合面劈裂抗拉试验结果一致。

2.6.6　粗糙度激光扫描检测

对结合面粗糙度可采用激光扫描法检测，检测装置见图 2-49。设备传感器具有 z 轴 0.001mm 的精度，每秒可扫描 249 个轮廓，轮廓线上点云水平（x 轴）间距约 0.2mm，数据以三维点云的形式保存。

为了在 y 轴方向获得均匀的扫描速率，将试件垂直于传感器放置在满足量程要求的试验机台座上，设定行进速率为 12.5mm/s，传感器垂直放置于距试件表面约 200mm 的位置。在扫描频率及行进速率已知的情况下，可以直接得到 y 向的扫描间距；当扫描频率未知时，可根据实际轮廓数和采集时间推算扫描间距。后期通过数据处理可以得到 y 轴数据，实现从二维到三维的扩展。

（a）试验设备　　　　　　　　　　　　　（b）试件安装

图2-49　激光扫描法测试

常用的几种粗糙面特征见表 2-11，具体形态见图 2-50，扫描后得到的三维云图见图 2-51，通过三维云图可以直观且准确地展现结合面形态，通过图像处理后可以得到任意截面的二维轮廓线，见图 2-52，导入专用软件可以得到不同位置的 z 向深度数据。

表 2-11　粗糙面特征

序号	粗糙面种类	特征说明
1	冲毛	冲毛处理
2	拉毛 –20	拉毛处理，深度 4 ~ 6mm、拉痕间距 20mm
3	拉毛 –30	拉毛处理，深度 4 ~ 6mm、拉痕间距 30mm
4	拉毛 –40	拉毛处理，深度 4 ~ 6mm、拉痕间距 40mm
5	$\phi8$ 压痕	$\phi8$ 钢筋压痕，间距 30mm
6	$\phi10$ 压痕	$\phi10$ 钢筋压痕，间距 30mm
7	$\phi12$ 压痕	$\phi12$ 钢筋压痕，间距 30mm
8	自然面	自然面，不做处理

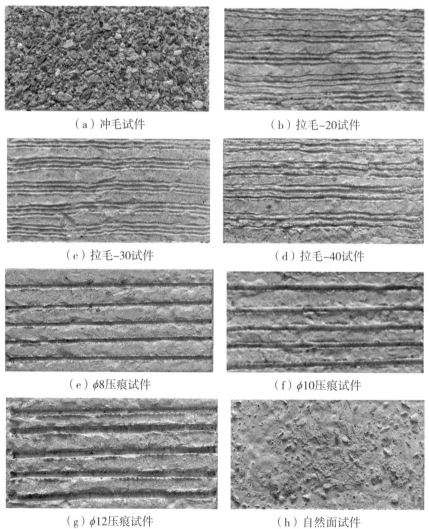

（a）冲毛试件　　　　　　　　　　（b）拉毛-20试件

（c）拉毛-30试件　　　　　　　　　（d）拉毛-40试件

（e）$\phi8$压痕试件　　　　　　　　（f）$\phi10$压痕试件

（g）$\phi12$压痕试件　　　　　　　（h）自然面试件

图2-50　粗糙面形态

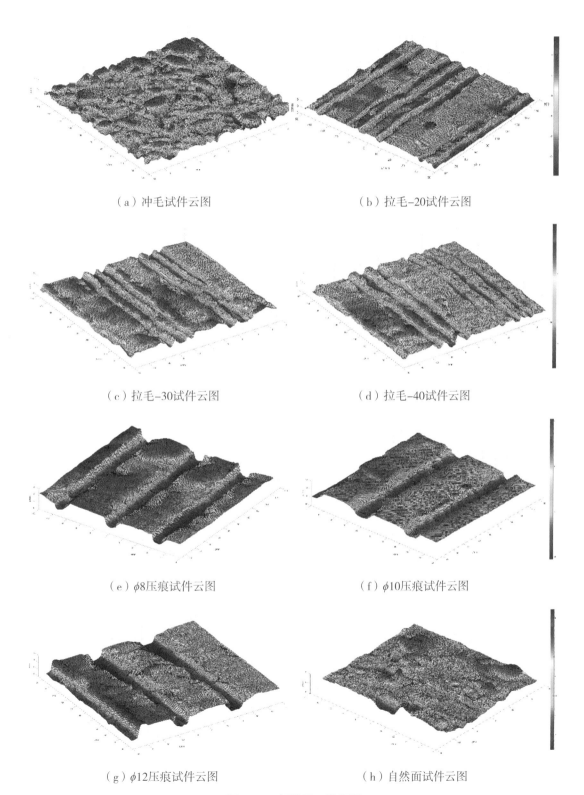

（a）冲毛试件云图　　　　　　　　　　　　（b）拉毛-20试件云图

（c）拉毛-30试件云图　　　　　　　　　　　（d）拉毛-40试件云图

（e）ϕ8压痕试件云图　　　　　　　　　　　（f）ϕ10压痕试件云图

（g）ϕ12压痕试件云图　　　　　　　　　　　（h）自然面试件云图

图2-51　粗糙面三维云图

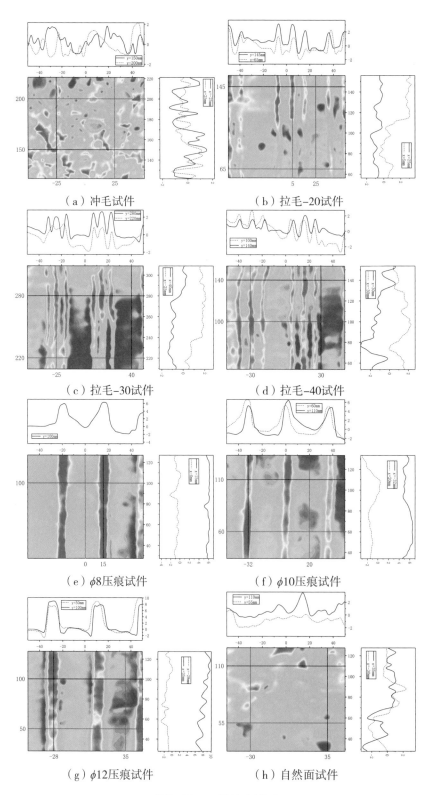

（a）冲毛试件　　　　　　　　（b）拉毛-20试件

（c）拉毛-30试件　　　　　　　（d）拉毛-40试件

（e）φ8压痕试件　　　　　　　（f）φ10压痕试件

（g）φ12压痕试件　　　　　　　（h）自然面试件

图2-52　二维轮廓线图

2.6.7　结合面粗糙度验收方法

对墙、梁、板等进场构件结合面粗糙度的质量可采用数显深度尺进行测量，深度尺测量精度高、读数快捷、价格低廉、操作简单，量程一般不小于 30mm，最小分辨率为 0.01mm，可满足预制构件粗糙度验收的要求。

测量前应检查设备是否工作正常，记录工程名称、楼层、构件名称及编号、粗糙面处理方式、验收人员等信息。

预制构件混凝土结合面粗糙度验收应符合以下规定：

（1）对预制叠合楼板，在其粗糙面上均匀划分不少于 5 个测区，每相邻两测区边缘间距不小于 50mm；测区边缘距构件外边缘不小于 20mm。

（2）对预制梁顶面、预制柱底面、预制墙端面，在其粗糙面上均匀划分不少于 3 个测区，相邻两测区边缘间距不小于 50mm，测区边缘距构件外边缘不小于 20mm。

（3）测区宜为正方形，边长不小于 300mm，根据构件尺寸，也可为长方形，测区面积不小于 0.06m^2。

（4）磨平每个测区内明显突出的棱角，保持测区内凸面基本平齐。

（5）将深度尺的测量面紧贴构件表面，保持深度尺与构件表面处于垂直状态，用深度尺的探针测量并记录结合面凹点深度。

对于拉毛方式，用卡尺测量拉毛沟槽间距，用数显深度尺测量沟槽深度。每测区选择不同的沟槽测量，得到 5 处间距，取平均值并精确至 1mm，沟槽间距平均值宜在 10 ~ 30mm 范围内。每测区选择 6 条不同的沟槽测量深度，每条沟槽沿纵向不同位置测量，得到 5 个深度数值，每测区共 30 个数据。

对于冲毛方式，用数显深度尺测量凹点深度。在测区内均匀布置 30 个测点，每测点测量凹点处的最低深度。

对于压痕方式，用卡尺测量压痕间距和宽度，用数显深度尺测量压痕深度。每测区选择不同的压痕测量得到 5 处间距，取平均值并精确至 1mm，压痕中心距平均值宜为 2d ~ 3d（d 为压痕宽度），压痕宽度宜为 8 ~ 12mm。每测区选择 6 条不同的沟槽测量深度，每条沟槽沿纵向均匀测量得到 5 个深度数值，共 30 个数据。

冲毛及拉毛粗糙面现场测量示意见图 2-53 和图 2-54。

预制构件混凝土结合面粗糙度平均值、标准差、变异系数可分别按式（2-13）、式（2-14）、式（2-15）计算：

$$\mu = \frac{\sum_{i=1}^{n} x_i}{n} \tag{2-13}$$

$$s = \sqrt{\frac{1}{n-1}\sum_{i=1}^{n}(x_i - \mu)^2} \tag{2-14}$$

$$CV=\mu/s \qquad\qquad (2-15)$$

式中：μ——粗糙度平均值（mm），精确至 0.1mm；

　　　s——粗糙度标准差（mm），精确至 0.1mm；

　　CV——粗糙度变异系数，精确至 0.1；

　　　x_i——各所测有效凹凸深度数据（mm）；

　　　n——所测有效凹凸深度总数。

图2-53　冲毛粗糙面现场测量　　　　　图2-54　拉毛粗糙面现场测量

预制板的粗糙面凹凸深度平均值不应小于 4mm，预制梁、柱及墙端的粗糙面凹凸深度平均值不应小于 6mm。拉毛沟槽间距为 10 ~ 30mm，压痕中心距为 $2d$ ~ $3d$（d 为压痕宽度）。结合面粗糙度验收指标见表 2-12。

表 2-12　粗糙度验收指标

粗糙度方式	平均深度	变异系数	平均间距
冲毛	预制板：$\mu \geqslant 4mm$ 预制墙、柱、梁： $\mu \geqslant 6mm$	$CV \leqslant 0.4$	—
拉毛	预制板：$\mu \geqslant 4mm$ 预制墙、柱、梁： $\mu \geqslant 6mm$	$CV \leqslant 0.4$	10 ~ 30mm
压痕	预制板：$\mu \geqslant 4mm$ 预制墙、柱、梁： $\mu \geqslant 6mm$	$CV \leqslant 0.4$	$2d$ ~ $3d$ （d 为压痕宽度）

粗糙度检测评定，正如其名，是一项较为"粗糙"的工作，根据试验结果，对于一般构件的结合面粗糙度，只要符合表 2-12 的验收指标就能满足正常的受力和性能要求，过度的精细检测意义不大。

2.7　饰面层粘结质量验收方法

对表面粘贴饰面砖、反打石材的预制构件，对饰面材料粘结质量采用小锤敲击全数检查，并按照《建筑工程饰面砖粘结强度检验标准》（JGJ/T 110—2017）的要求对样板试件的粘结质量进行拉拔试验。每种类型的基体上粘贴或反打不小于 $1m^2$ 的材料样板，每个样板制作一组 3 个试样，取样间距不小于 500mm。用切割锯将饰面砖、反打石材切割至基层，切割深度大于饰面层厚度。用胶粘剂将标准块粘贴在试样表面，采用专用拉拔仪对标准块施加拉力，直至饰面砖、反打石材与基材断开，记录拉力值，检测示意见图 2-55。

每组试样粘结强度平均值不小于 0.6MPa，每组允许有 1 个试样粘结强度小于 0.6MPa，但不应小于 0.4MPa。

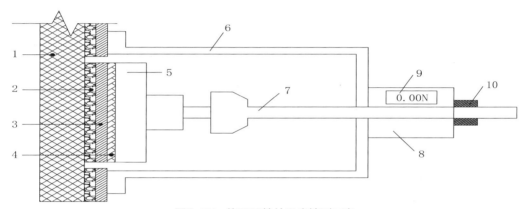

图2-55　饰面层粘结强度检测示意

1—基材；2—粘结材料；3—饰面材料；4—粘结用胶；5—标准块；
6—仪器支架；7—拉力杆；8—压力传感器；9—荷载表；10—加载装置

2.8　验收抽样方案

抽样检验是质量检查的重要手段，根据抽样样本的检测结果来推断检验批的整体质量。采用调整型的计数抽样方案有利于鼓励生产企业提高产品质量。工业化建筑施工质量验收的重要内容是对工厂生产的部品及构配件进行进场验收检验。

根据《混凝土结构工程施工质量验收规范》（GB 50204—2015），对预制构件的进场验收包括主控项目和一般项目，主控项目是指对建筑工程的安全、节能、环境保护和主要使用功能起决定性作用的项目，例如钢筋、混凝土的材料强度等；一般项目是指主控项目以外的其他项目，例如构件截面尺寸、平整度等。对一般项目中的允许偏差项目，规范规定同一类构件不超过 100 个为一批，每批应抽查构件数量的 5% 且不少于 3 个，合格点率应不小于 80%，且不得有严重缺陷。规范采用固定的抽样和合格判定比例，未考虑质量水平差异对抽样数量和合格判定的影响。

2.8.1　抽样方案

对进场构件的验收需要解决如何进行抽样和如何进行合格判定两个问题，对抽样方案的选择应考虑检验批构件的质量水平，质量好的构件均质性较好，较少的抽样数量即可代表整体质量水平，反之质量差的构件均质性不好，必须通过增加抽样数量才能确定检验批的质量水平。因此本课题提出采用基于质量水平的抽样方法。

对于抽查的构件可根据《随机数的产生及其在产品质量抽样检验中的应用程序》（GB/T 10111—2008）按简单随机抽样或分层简单随机抽样从检验批中抽取，简单随机抽样及分层简单随机抽样应符合规定，验收前对进场构件编号，按规范附录 A 的随机数表进行抽样，确定具体的抽样构件。

进场构件主控项目的质量经抽样检验均应全部合格。进场构件的一般项目，当采用调整型计数抽样检验时，允许有少量测点的测试值超过规范允许偏差，但不合格点数应小于规定值，且不得有严重缺陷。合格判定可采用《计数抽样检验程序　第1部分：按接收质量限(AQL)检索的逐批检验抽样计划》（GB/T 2828.1—2012）的方法，根据构件质量水平采用正常检验、加严检验和放宽检验的方式，根据检验批容量确定抽样检查数量及接收数 Ac，见表 2-13。

根据表 2-13，各类抽样方式的抽样率不是固定比例，而是一个区间，见图 2-56，加严检验的抽样率为 15% 左右，正常检验的抽样率为 10% 左右，放宽检验的抽样率为 5% 左右。对于某一种抽样方式，当检验容量批较小时，抽样率相对较大，当检验容量批较大时，抽样率相对较小。

表 2-13　计数抽样量与判定要求

检验批容量 N	正常检验		加严检验		放宽检验	
	抽样量 n	接收数 Ac	抽样量 n	接收数 Ac	抽收量 n	接收数 Ac
2 ~ 8	2	1	3	0	2	1
9 ~ 15	3	1	5	1	2	1
16 ~ 25	5	1	8	1	2	1
26 ~ 50	8	2	13	1	3	1
51 ~ 90	13	3	20	2	5	2
91 ~ 150	20	5	32	3	8	3
151 ~ 280	32	7	50	5	13	5
281 ~ 500	50	10	80	8	20	6
501 ~ 1200	80	14	125	12	32	8
1201 ~ 3200	125	21	200	18	50	10

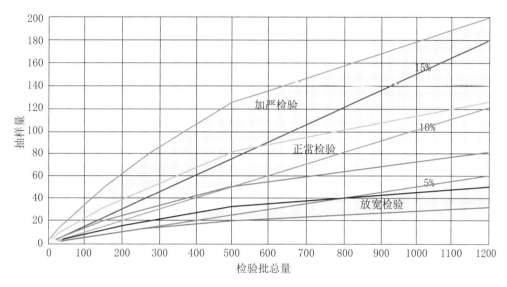

图2-56　不同抽样方式的抽样量

2.8.2　随机抽样的实施

对进场同一类型的预制构件可按以下方式实施随机抽样：

（1）对总体量或批量数量为 N 的产品进行从 1 到 N 连续编号，做到不重不漏；

（2）按照随机数生成方法获得 n 组样本编号，样本编号位于 1 到 N 之间；

（3）按生产的样本号取出相应的样本产品。

如抽样产品不便于编号时，如批量很大的小元件，经负责部门或有关检验各方同意，可以制定编号规则，在获得样本号后，按编号规则取出相应样本产品。

当批由子批或（按某个合理的准则识别的）层组成时，应使用按比例配置的分层抽样，在此情况下，各子批或各层的样本量与其大小成比例按简单随机抽样实施。此种抽样为分层随机抽样。

根据《随机数的产生及其在产品质量抽样检验中的应用程序》（GB/T 10111–2008）的方法，随机数生成方法有随机数表法、随机数骰子法、伪随机数发生器法，当随机数表法、随机数骰子法、伪随机数发生器法不便应用时，可采用扑克牌法生成的随机数进行随机抽样。

2.8.3　转移规则

进场预制构件的抽样数量应考虑构件的质量水平，根据《计数抽样检验程序　第 1 部分：按接收质量限 (AQL) 检索的逐批检验抽样计划》（GB/T 2828.1–2012）的原则，当构件质量较好且质量水平稳定时，可适当减少每批次的抽样数量；当构件质量较差且质量水平不稳定时，可适当增加每批次的抽样数量，可按下列规定执行：

（1）构件初次进场时应进行正常检验，如果连续不超过 5 批中有 2 批初次检验不合格，则从下一批检验转到加严检验。

（2）当进行加严检验时，如果连续 5 批经检验合格，则从下一批检验转到正常检验。

（3）从进行正常检验时，若满足下列条件，则从下一批检验转到放宽检验：

①连续 10 批（或更多批）初次检验合格；

②正常生产（构件及时进场）；

③主管质量部门（监理及施工质量验收人员）同意转到放宽检验。

（4）在进行放宽检验时，若出现下列任一情况，则从下一批检验转到正常检验：

①有一批放宽检验不合格；

②生产不正常（构件不能及时进场）；

③主管质量部门（监理及施工质量验收人员）认为有必要回到正常检验。

（5）当进行加严检验时，不接收批累计数达到 5 批，应暂时停止检验。直到供方为改进所提供产品或服务的质量已采取行动，且负责部门认为此行动可能有效时，才能恢复本部分的检验程序。恢复检验应从使用加严检验开始。

正常检验、放宽检验、加严检验流程见图 2-57。

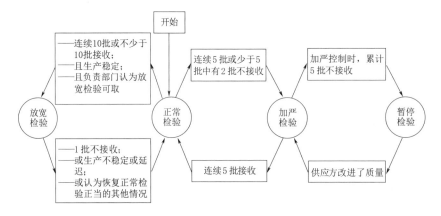

图2-57 正常检验、放宽检验、加严检验流程

2.9 验收项目及指标

预制构件进场验收主要进行资料核查、外观检查和实测实量三个方面的检查验收，对普通构件可按《混凝土结构工程施工质量验收规范》（GB 50204—2015）、《装配式混凝土结构技术规程》（JGJ 1—2014）、《装配式混凝土建筑技术标准》（GB/T 51231—2016）等规范进行验收，对规范中未规定的项目应制订专项验收方案。

2.9.1 资料核查

资料文件应与构件同步形成、采集和整理，必要的验收资料包括：

（1）预制混凝土构件采购合同；

（2）构件设计文件，深化加工图纸，设计洽商变更、交底文件；

（3）构件出厂合格证；

（4）预制构件混凝土强度试验报告；

（5）钢筋套筒工艺检验报告；

（6）灌浆料复检试验报告；

（7）合同要求的其他质量证明文件。

2.9.2　外观质量检查

为保证进场构件质量、性能达到设计及规范要求，验收时对构件外观质量应进行全数检查，现行国家规范《混凝土结构工程施工质量验收规范》（GB 50204—2015）规定：构件外观质量不应有严重缺陷，不应有影响结构性能和安装质量的尺寸偏差，预留孔和预留插筋的规格、数量和位置应符合设计要求。

预制构件进场时应由监理、施工人员进行检查验收，验收合格后方可进行吊装施工，如果构件不合格，应进行修整，如经修整仍不合格，则该构件不能吊装。预制构件外观质量检查应包括以下项目：

（1）标识完整，注明生产厂家、工程名称、楼号楼层、构件名称及编号、构件重量、生产日期、出厂验收等信息；

（2）套筒、插筋、预埋件规格、数量和位置应符合设计要求；

（3）构件表面及结合面应洁净，无浮土、油污等杂物；

（4）构件外露钢筋表面洁净，无明显锈蚀、损伤、油污及变形；

（5）套筒内壁及灌浆孔道应洁净、通畅、无堵塞，可采用通气法或光照法检查。

外观质量不应具有影响结构性能、施工安装和使用功能的缺陷，对严重缺陷应制订技术方案进行处理，对一般缺陷应修整并达到合格要求，可按表 2-14 划分外观质量的严重缺陷和一般缺陷。

表 2-14　预制构件外观缺陷分类

名称	主要现象描述	严重缺陷	一般缺陷
露筋	构件钢筋未被混凝土完全包裹而外露	纵向受力钢筋局部露筋	其他钢筋局部露筋
蜂窝	混凝土表面缺少水泥砂浆，粗骨料外露	主要受力部位有蜂窝	其他部位有少量蜂窝
孔洞	孔穴深度和长度超过保护层厚度	主要受力部位有孔洞	其他部位有少量孔洞

名称	主要现象描述	严重缺陷	一般缺陷
夹渣	夹有杂物且深度超过保护层厚度	主要受力部位有夹渣	其他部位有少量夹渣
疏松	局部不密实	主要受力部位有疏松	其他部位有少量疏松
裂缝	从表面延伸至内部的缝隙	主要受力部位有影响结构性能或使用功能的裂缝	其他部位有少量影响结构性能或使用功能的裂缝
连接缺陷	连接处混凝土缺陷及连接钢筋、连接件松动，插筋锈蚀、弯曲，套筒堵塞、偏位、灌浆孔堵塞、偏位、破损	缺陷影响结构传力性能	缺陷对结构传力性能影响较小
外形缺陷	缺棱掉角、棱角不直、翘曲不平，饰面砖松动、表面不平、砖缝不直	明显影响使用功能或装饰效果	对使用功能或装饰效果影响较小
外表缺陷	麻面、掉皮、起砂、沾污	明显影响使用功能或装饰效果	对使用功能或装饰效果影响较小

2.9.3 实测实量检查

验收检测所使用的仪器应进行计量检定或校准，并按相应规程进行操作。

检测梁、柱构件长度时，在4个侧面分别测量尺寸，每个侧面测量1个尺寸作为构件长度的代表值；采用钢卷尺测量时，两端测点对正，钢卷尺保持拉直状态后读数；采用激光测距仪测量时，保持激光束与测试面平行，两端测点对正，精确至1mm。

检测墙、板构件长度、高度时，在构件两端和中部测量3个数值，取平均值作为构件长度、高度的代表值，精确至1mm。

检测梁、柱截面宽度、高度时，在构件两端和中部测量3个数值，取平均值作为构件宽度、高度的代表值，精确至1mm。

检测墙、板厚度时，在构件中部测量3点，取平均值作为构件厚度的代表值，构件中部尺寸不能直接用卷尺测量时，可采用楼板测厚仪测量，精确至1mm。

采用靠尺和塞尺检测构件非粗糙度面的表面平整度，精确至1mm。对梁、柱构件每侧面测量1处，取最大值为构件表面平整度的代表值。对无洞口的墙、板检测6个尺位，对有洞口的墙、板检测8个尺位，每个尺位使用塞尺记录1处较大值，取所有尺位最大值为该预制墙、板表面平整度的代表值，平整度检测的尺位布置见图2-58。

对梁、柱构件在相邻两个侧面检测侧向弯曲，保持拉线张紧，用钢板尺测量中部侧向弯曲最大值，以两个侧面的较大值为构件侧向弯曲的代表值。对墙、板在构件中线位置张紧拉线，用钢板尺测量中部侧向弯曲最大值，精确至1mm。

使用调平尺测量构件翘曲，检测示意见图 2-59，首先旋转 1# 调平尺螺杆，使 $h_1=h_2$；再旋转 2# 调平尺螺杆，目测 1# 调平尺和 2# 调平尺处于同一平面内；测量 h_3、h_4 和两调平尺间的距离 L，构件翘曲值为 $L/|\dfrac{1}{h_3-h_4}|$。

构件钢筋保护层厚度可采用非破损法或局部破损法检测，非破损法检测可采用磁感仪测量，局部破损法采用局部打开保护层直接测量的方法检测。对梁、柱类构件，应对全部受力主筋进行检测，对墙、板类构件，应选取不少于 6 根受力钢筋进行检测，对每根钢筋选择 3 处不同部位测量后取平均值，精确至 1mm。

按本书 2.3 节的方法采用中心距卡尺测量套筒、浆锚孔及插筋中心线距离，精确至 0.02mm。

按本书 2.5 节的方法采用角度尺测量套筒、浆锚孔及插筋垂直度，精确至 0.01°。

预制构件进场验收的外形尺寸允许偏差见表 2-15，与预制构件粗糙面相关的允许偏差可放宽 1.5 倍。

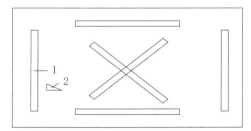
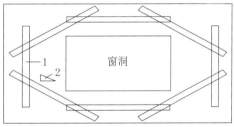

图2-58　墙、板表面平整度检测示意

1—靠尺；2—塞尺

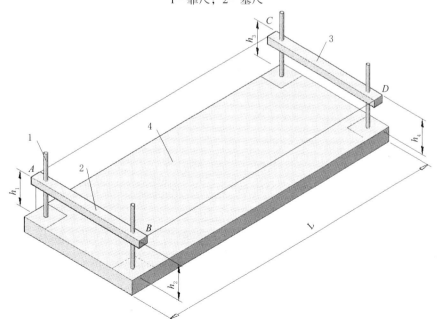

图2-59　构件翘曲检测示意

1—螺杆；2—1#调平尺；3—2#调平尺；4—构件

表 2-15　预制构件允许偏差

项目	类别		允许偏差	检验方法
长度	板、梁、柱	＜ 12m	± 5mm	钢卷尺、激光测距仪
		≥ 12m 且＜ 18m	± 10mm	
		≥ 18m	± 20mm	
	墙		± 4mm	
宽度、厚度	板、梁、柱		± 5mm	钢卷尺、楼板测厚仪
	墙		± 3mm	
对角线差	板		10mm	钢卷尺、激光测距仪
	墙、门窗洞		5mm	
表面平整度	板、梁、柱、墙内表面		5mm	2m 靠尺和塞尺
	墙外表面		3mm	
侧向弯曲	板、梁、柱		$l/750$ 且 ≤ 20mm	拉线、钢板尺
	墙		$l/1000$ 且 ≤ 20mm	
翘曲	板		$l/750$	调平尺
	墙		$l/1000$	
挠度	起拱		± 10mm	拉线、钢板尺
	下挠		0	
预留孔	中心线位置		5mm	钢卷尺
	孔尺寸		± 5mm	
预留洞	中心线位置		10mm	钢卷尺
	孔尺寸		± 10mm	
门窗洞	中心线位置		5mm	钢卷尺
	宽度、高度		± 3mm	
预埋件	中心线位置		5mm	钢卷尺
	平面高差		0，−5mm	
螺栓	中心线位置		2mm	钢卷尺
	外露长度		± 10mm，−5mm	
线盒、吊环	中心线位置		20mm	钢卷尺
	线盒平面高差		0，−10mm	
保护层厚度	梁、柱		+10mm，−7mm	卡尺、磁感仪
	墙、板		+8mm，−5mm	
半灌浆套筒	中心线位置		2mm	中心距卡尺
	平面高差		0，−5mm	钢板尺和塞尺
	垂直度	$\phi12 \sim \phi22$	2°	角度尺
		$\phi25 \sim \phi40$	1°	

续表

项目	类别		允许偏差	检验方法
全灌浆套筒	中心线位置		3mm	中心距卡尺
	平面高差		0，−5mm	钢板尺和塞尺
	垂直度	$\phi12 \sim \phi16$	3°	角度尺
		$\phi18 \sim \phi40$	2°	
套筒插筋	中心线位置		3mm	中心距卡尺
	外露长度		+5mm，0	钢卷尺
	垂直度		1°	角度尺
浆锚孔	波纹管长度		大于插筋 30mm	钢卷尺
	波纹管内径		大于插筋直径 15mm	卡尺
	中心线位置		8mm	中心距卡尺
	平面高差		0，−5mm	钢板尺和塞尺
	垂直度		1°	角度尺
浆锚插筋	中心线位置		8	中心距卡尺
	外露长度		+10mm，0	钢卷尺
	垂直度		1°	角度尺
键槽	中心线位置		5mm	钢卷尺
	尺寸		±5mm	
	深度		±5mm	
冲毛粗糙度	预制板		平均深度 ≥4mm	深度尺、卡尺
	其他构件		平均深度 ≥6mm	
拉毛粗糙度	预制板		平均深度 ≥4mm 平均间距 10 ~ 30mm	深度尺、卡尺
	其他构件		平均深度 ≥6mm 平均间距 10 ~ 30mm	
压痕粗糙度	预制板		平均深度 ≥4mm 平均间距 $2d \sim 3d$	深度尺、卡尺
	其他构件		平均深度 ≥6mm 平均间距 $2d \sim 3d$	

注：表中 l 为构件长度，d 为压痕宽度，ϕ 为套筒内插筋直径。

2.10 本章小结

1）预制构件可配性验收装置及方法

预制构件进场验收是保证装配式结构安装质量的重要环节，对预制构件之间的可配性检验是进场验收的重点。课题组开发了预制构件进场验收专用装置，可提高预制构件检验精度；研究了基于坐标定位法的套筒及插筋中心位置测量方法，编制了相应计算程序，可准确计算套筒及插筋的相对偏差，快速确定构件之间的可配性。

2）结合面粗糙度验收方法

通过试验研究得到冲毛、拉毛、钢筋压痕、钢板压花等常用粗糙度处理方式对剪切、劈裂等受力状态的性能影响，冲毛和钢筋压痕是较为理想的粗糙度处理方式，剪切、劈裂破坏荷载可达到整体浇筑混凝土的 85% 以上，而自然面和钢板压花的结合效果较差，应尽量避免使用。

3）基于质量水平的抽样方法

引入《计数抽样检验程序　第 1 部分：按接收质量限 (AQL) 检索的逐批检验抽样计划》（GB/T 2828.1—2012）的方法，对进场构件采用基于质量水平的抽样方法，根据构件质量水平采用正常检验、加严检验和放宽检验的方式，提出每种检验方式的抽样数和接收数。

4）预制构件进场验收指标体系

对现有验收规范的要求进行汇总和完善，细化了灌浆套筒、浆锚搭接构件套筒及插筋中心位置的验收方法，完善了结合面粗糙度的检验及评定方法，增加了套筒及插筋垂直度的验收要求。

第3章 整体厨卫部品进场验收

3.1 整体厨卫部品发展

工业化建筑部品是指由基本建筑材料、产品、配件等通过模数协调组合、工厂化加工，作为系统集成和技术配套整体的部件，可在施工现场进行组装，为建筑中的某一单元且满足该部位规定的一项或者几项功能要求的产品。满足建筑功能要求的装修模块化部品和集成部品，是建筑工业化发展的方向之一，可以提高建筑整体品质、提升建造技术水平，符合绿色环保、节能减排的方针政策。装修一体化的重点是整体协调建筑结构、机电管线和内装部品的装配关系，做到预先设计、专业穿插、内外兼顾、有机协调，满足内装部品标准化、易安装、可互换和易维护的要求。根据要求，尚需考虑适老化的需求。

部品体系可概括为七个部分：结构部品体系、外围维护部品体系、内装部品体系、厨卫部品体系、设备部品体系、智能化部品体系以及小区配套部品体系，其中厨卫部品体系是集成化程度最高、应用面最广的住宅部品体系之一，最能体现出住宅产业化的特征与内涵，也是本课题研究的重点。

20世纪50年代末，日本东京因承办奥运会而需在短时间内建成大规模相关配套住宅设施，而其中厨卫装修产品配置多且复杂。为缩短工期，工业生产、整体拼装的厨卫产品应势而生，日本的住宅产业化因此迈出了关键步伐。至1970年，大阪世界博览会引发宾馆建造热潮，也为整体厨卫的实践和应用反馈提供了平台，使整体厨卫从订购加工的非流通产品发展成为量产的流通产品。之后相关规范与标准的出台推进了整体厨卫部品化体系的形成。发展至20世纪70年代末，日本整体厨卫的适用范围迅速从宾馆延伸至集合住宅，其市场占有率不断提升。到90年代，整体厨卫的占比已然超过传统厨卫系统，产品体系上亦达到可实现多种风格的个性化定制阶段。到如今，日本92%以上的宾馆、医院和住宅采用了整体厨卫间，而美国、澳大利亚和欧洲等发达国家整体厨卫间的需求也在不断增长。

我国自20世纪90年代提出住宅产业化概念，明确住宅部品体系重要性后，2006年出台了《住宅整体卫浴间》（JG/T 183—2006）以明确整体卫浴间的行业标准，并在历经多年的复审之后，于2011年推出了修改后的行业标准《住宅整体卫浴间》（JG/T 183—2011）。发展至今，国内的主要整体卫浴产品大都是在日本整体卫浴产品的基础上发展而来，主要应用于公寓、连锁酒店、医院病房、学生宿舍等。

3.2 整体厨卫的特点

整体厨卫是将居室中的厨房、卫浴间提取出来进行工厂化、标准化、规模化生产，现场产业化安装的一系列产品，其具有加工精确度高以及后期维修改造便捷等特点，因而在产业竞争中具有极大的优势，其具有如下优点：

（1）干法施工，简便快捷。传统厨卫采用湿作业的方式施工，涵盖管道敷设、防水工程、贴砖等工序，工艺复杂，装修时间较长。而整体厨卫采用一体成型，干法施工，现场组装方便，安装时间较短且可即装即用。

（2）降低费用、节约成本。传统厨卫装修时间长，人工成本高，整体厨卫由于配件均为工厂生产，现场安装工序便捷，因而可极大地降低人工费用。

（3）解决技术难题、杜绝漏水。跑、冒、滴、漏是建筑之顽疾，传统厨卫则更是防水重点，一旦出现渗漏，则需将整个厨卫间拆除重装，耗时耗力。整体厨卫采用具有高防水、高绝缘、抗腐蚀、耐老化的材料，采用一体成型的专业底盘，防排水措施先进，可杜绝漏水现象。

（4）质量可靠、寿命增长。传统厨卫间墙地瓷砖容易出现开裂、空鼓、脱落等状况，普遍使用年限为 5 年左右。整体厨卫结构化组装，坚固耐用；同时，工厂化的生产方式也从根源上杜绝了现场人为因素对施工质量的影响，其使用年限可达 20 年。

（5）减少污染、环保安全。整体厨卫采用高级别环保材料，在生产、组装过程中无污染、无噪声、无粉尘、无建筑垃圾产生，更为环保健康。其次，工厂精细化生产的方式，也可减少传统卫生间粗放式建设的建筑材料浪费。

根据使用功能，整体厨房应包括洗涤、操作、炊事、储物、管井和出入六个功能模块。将功能模块分解，形成厨房部品模块，包括墙面、顶面、地面、门窗、台面、收纳、配件、设备及管线，其中的设备包括灶具、冰箱、消毒柜、烤箱、微波炉、吸油烟机、洗衣机、热水器、垃圾处理器等。

整体卫生间应包括便溺、盥洗、洗浴、洗衣、管井和出入六个功能模块。将功能模块分解，形成卫生间部品模块，包括壁板、顶板、防水盘、门窗、洁具、收纳、配件、设备及管线，其中的设备包括排风扇、洗衣机、热水器等。

整体厨卫设计时应选择通用的标准化部品，其具有统一的接口位置和便于组合的形状尺寸，通过对功能模块的选择性组合与合理化配置，可获得不同规格、不同功能的空间布局，达到减少模具种类、降低成本的目的。

传统建筑的管线普遍设置在结构中，管线的使用寿命一般为 10 ~ 15 年，远低于结构的合理使用寿命 50 ~ 70 年，一旦管线失效，将导致漏水、漏电，维修困难、成本高，这也是困扰既有建筑改造的难题。因此整体厨卫建议采用管线分离技术，设备管线与建筑物主体结构分离，敷设在地面架空层或吊顶内，墙面管线布置在结构基层与饰面层的空腔内，不在结构构件中埋设管线，以便于后期维修及更换。

整体厨卫产品部件进场后，需监理单位组织，施工安装单位和部品生产厂家参加，共同完成进场验收，并形成验收记录。验收的主要内容是材料和产品的资料核查、外观检查和实测实量检验。验收对象主要包括：顶板、壁板、防水盘、门窗、橱柜等构件，洁具、龙头、五金件、管线等配件，灯具、热水器、排风扇、吸油烟机等设备。进场验收合格后方可进行整体厨卫的安装施工。整体厨卫基本组成见表 3-1。

表 3-1　整体厨卫基本组成

名称	组成	要求
装配式构件	顶板、壁板、地板、防水盘、门窗	控制形态
功能性配件	柜体、连接件、洁具、设备、五金件、配件	控制使用功能

3.3　整体厨卫工艺流程

整体厨卫的工艺流程包含产品设计、生产制作和施工安装三个阶段，见图 3-1。

产品设计阶段主要是厨卫间选型以及结构和设备的配合设计，涵盖方案设计阶段和初步设计阶段。方案设计阶段控制要点包括根据用户需求确定厨卫间的基本使用功能和平面布局，确定干湿分离方式，确定模数化尺寸；初步设计阶段控制要点包括确定构件材料及部品尺寸、模数，确定门窗尺寸及定位，确定排水、通风方式并进行竖向设计与管道设计。

生产制作阶段是对厨卫间的主体（底盘、壁板、顶板、门）、内部配件（柜体、台面、水盆、洁具、电器、管线、地漏）以及辅件的生产制作。

施工安装阶段包含：进场物料清点，管道敷设，底盘、壁板、顶板及内部设施安装、调试，竣工验收以及场地清理。

整体厨卫全部工艺流程虽然材料种类繁多，但都在有序管理的工厂中生产，现场组装完成。较之传统厨卫间的工艺流程，其从技术层面能够最大程度地保障厨卫部品质量，且施工工期短、操作人员少、安装成本低、现场无污染。

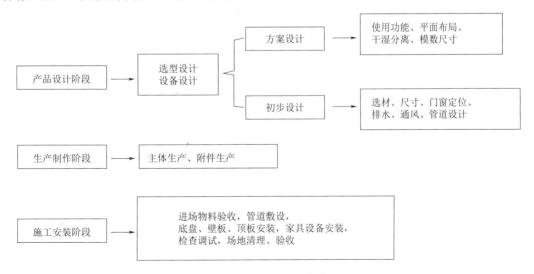

图3-1　整体厨卫工艺流程

3.4　整体厨卫材料

整体厨卫从 20 世纪 50 年代发展至今，材料在不断地发生变化，已然从最初的单 SMC（片状模塑料，Sheet Molding Compound，简称 SMC）板和单色钢板、彩色 SMC 板发展到目前的以 VCM（氯乙烯，Vinyl Chloride Monomer，简称 VCM）覆膜彩钢板为主流材料，甚至为适应国内市场需求，大理石壁板也已经开始出现。常用于整体厨卫的主要有四类材料：FRP（纤维增强复合材料，Fiber Reinforced Polymer/Plastic，简称 FRP）、SMC、VCM 覆膜彩钢板以及铝芯蜂窝复合板，见表 3-2。

表 3-2　整体厨卫常用材料

类型	FRP	SMC	VCM 覆膜彩钢板	铝芯蜂窝复合板
材料展示				
实装效果				

FRP 是由纤维材料与基体材料（树脂）按一定的比例混合后形成的高性能材料，质轻而硬，不导电，机械强度高，回收利用少，耐腐蚀。FRP 材料用于整体厨卫具有防止渗漏和细菌滋生、易于清洁以及使用寿命长等优点。同时，FRP 生产过程中不需要大型压机，因此可根据需求制作各种造型，以满足使用者个性化需求、丰富装修形式。

SMC 材料俗称航空树脂，有"钢铁树脂"之美誉，也是整体厨卫使用最为广泛的材料类型。其具备钢铁硬度的同时兼具柔性、轻质、温润触感以及绝缘性，能够极大程度保证卫生间的用电安全。其次，SMC 的独有纹路可为卫生间提供防滑功能。再次，SMC 材料无毒、无异味，是一种绿色环保的材料，具备环境友好性和生态健康性。同时，SMC 材料老化年限超过 30 年，极大程度提升了整体厨卫的使用寿命，超出大部分家庭的装修周期。最后，SMC 具有良好的可塑性，整体厨卫防水底盘可一次加工成型，不渗漏，可以从根源上解决跑、冒、滴、漏现象。第二代整体防水盘材料一般分为 SMC、SMC+ 瓷砖或者是 SMC+ 天然石等几种主要的形式。

VCM 覆膜彩钢板由石膏板、镀锌彩钢板和覆膜叠合而成，常用于整体厨卫的壁板和顶板，具有重量轻、隔热保温、强度低、色泽鲜艳、安装快捷、抗氧指数高等特点。其色彩稳定且色彩效果较好，与 SMC 相比解决了墙板颜色单一的问题；其次 VCM 覆膜彩钢板硬度较高，有大理石质感，解决了 SMC 墙体空洞、无质感的问题；再次 VCM 覆膜彩钢板表面光滑平整，具有抗菌、防霉和易清洁的优势；最后 VCM 覆膜彩钢板具有较好的保温隔热性能。

蜂窝复合板是根据蜂窝结构仿生学原理开发的高强度新型环保复合材料，其强度大、重量轻、平整度高，具有良好的隔声、阻热性能，是建筑领域的理想材料。铝芯蜂窝复合板应用在整体厨卫中时，其饰面可复合瓷砖、石材等各种饰面材料，突破了传统整体厨卫材料的限制，可实现个性化产品定制，解决了终端家装市场对整体厨卫的多样化需求，扩大了整体厨卫的行业影响力，促进了装配式建筑部品行业的健康发展。

整体厨卫的橱柜主要使用防火板、吸塑板、水晶板、无缝人造石、玻璃及不锈钢等材料。

3.5　整体厨卫部品进场验收标准

整体厨卫部品的进场验收标准较为齐全，覆盖了常用部品、部件，主要包括：

《建筑装饰装修工程质量验收标准》（GB 50210—2018）；

《建筑电气工程施工质量验收规范》（GB 50303—2015）；

《建筑给水排水及采暖工程施工质量验收规范》（GB 50242—2002）；

《建筑内部装修防火施工及验收规范》（GB 50354—2005）；

《民用建筑工程室内环境污染控制规范》（GB 50325—2010）；

《防静电工程施工与质量验收规范》（GB 50944—2013）；

《住宅室内装饰装修工程质量验收规范》（JGJ/T 304—2013）；

《装配式整体厨房应用技术标准》（JGJ/T 477—2018）；

《装配式整体卫生间应用技术标准》（JGJ/T 467—2018）；

《住宅室内防水工程技术规范》（JGJ 298—2013）；

《住宅卫生间建筑装修一体化技术规程》（CECS 438—2016）；

《建筑同层排水系统技术规程》（CECS 247—2008）；

《家用和类似用途电器的安全　第一部分：通用要求》（GB 4706.1—2005）；

《陶瓷片密封水嘴》（GB 18145—2014）；

《木家具通用技术条件》（GB/T 3324—2008）；

《建筑材料放射性核素限量》（GB 6566—2010）；

《木家具中有害物质限量》（GB 18584—2001）；

《住宅建筑室内装修污染控制技术标准》（JGJ/T 436—2018）；

《家用厨房设备》（GB/T 18884—2015）；

《整体浴室》（GB/T 13095—2008）；

《人造玛瑙及人造大理石卫生洁具》（JC/T 644—1996）；

《家具用高分子材料台面板》（GB/T 26696—2011）；

《住宅整体卫浴间》（JG/T 183—2011）；

《住宅整体厨房》（JG/T 184—2011）；

《坐便洁身器》（JG/T 285—2010）；

《卫生陶瓷》（GB 6952—2015）。

3.6　整体厨卫部品进场验收项目及指标

整体厨卫部品进场验收主要包括资料核查、外观检查和实测实量三个方面的检查验收，可按《装配式整体厨房应用技术标准》（JGJ/T 477—2018）、《装配式整体卫生间应用技术标准》（JGJ/T 467—2018）等规范进行验收，对规范中未规定的项目应制订专项验收方案。

3.6.1　资料核查

核查进场部件、组件的产品名称、规格、型号、数量、质量是否符合设计及采购文件要求。需要核查的资料包括：

（1）产品合格证、使用说明书（使用方法、使用条件、清洗方法、注意事项、故障处理、维修电话）、安装说明书（生产厂址、邮政编码、电话、整体厨卫结构、安装及固定方式、组装顺序、注意事项、成品检验、安装图示）；

（2）CCC 认证标识；

（3）产品性能检测报告；

（4）进口产品应有出入境商品检验、检疫合格证明；

（5）装配式整体厨房工程施工前，承包方应编制施工组织设计和各类专项施工方案，施工人员应具有上岗证；

（6）天然石材、人造石材具有放射性指标检测报告；

（7）人造板、饰面板具有游离甲醛含量或游离甲醛释放量检测报告；

（8）水性涂料、胶粘剂具有挥发性有机化合物 VOC（Volatile Organic Compounds，简称 VOC）和游离甲醛释放量检测报告；

（9）溶剂性涂料、胶粘剂具有挥发性有机化合物（VOC）、苯（C6H6）、甲苯＋二甲苯、游离二异氰酸酯 TDI（Toluene-2,4-diisocyanate，简称 TDI）含量检测报告，严禁使用苯、工业苯、石油苯、重质苯作稀料和溶剂；

（10）门窗密封胶与接触材料的相容性试验报告。

主要材料和节点样品应作封样和备案，批量交房项目应采用相同的材料和工艺制作样板间，采用样板间方式验收。

3.6.2　外观检查

对进场部品应进行全数检验，检查包装是否完好，检查固定标牌上的信息，包括商标、厂名、生产日期、规格、批号等是否齐全。检查内容包括缺陷、色差等，检查时将试件放置在自然光或光照度 300 ～ 600lx 的光源下，视距 700 ～ 1000mm，观察角度与水平线夹角为 45° ～ 75°，检查人员视力须为正常或矫正视力在 1.2 及以上。

缺陷尺寸采用游标卡尺、千分尺、钢卷尺及钢板尺等进行测量，检查结果修约到小数点后一位。

色差采用色板对照法进行检查，有争议时采用色差仪进行检查。

常用的部件外观质量要求如下：

（1）毛巾架、浴帘杆、卫生纸盒、肥皂盒、镜子、门锁、地漏应采用不生锈材料。

（2）拉手表面光泽均匀，不应有毛刺、划痕、磕碰损伤；盐浴和酸浴试验后，直径小于 1.5mm 的斑点数不应大于 8 个。

（3）水嘴表面光泽均匀，不应有脱皮、龟裂、露底、黑斑等缺陷；螺纹表面光洁，不应有凹痕、断牙等缺陷；冷热水混合水嘴应有冷热标记。水嘴性能应符合现行国家标准《陶瓷片密封水嘴》（GB/T 18145—2014）的规定。

（4）人造石台面和柜体表面应光滑，光泽良好，无凹陷、鼓泡、压痕、麻点、裂痕、划伤和磕碰伤等缺陷，同一色号的不同柜体的颜色应无明显差异。人造石应符合现行行业标准《人造玛瑙及人造大理石卫生洁具》（JC/T 644—1996）的规定。具体要求见表 3-3。

（5）天然石台面不得有隐伤、风化等缺陷，表面应平整、无棱角，磨光面不应有划痕，不应有直径大于 2mm 的砂眼。具体要求见表 3-4。

（6）金属台面外观质量要求见表 3-5。

（7）玻璃门板、隔板不应有裂纹、缺损、气泡、划伤、砂粒、疙瘩和麻点等缺陷。无框玻璃门周边应作磨边处理，玻璃厚度不应小于 5mm，且厚薄应均匀，玻璃与柜的连接应牢固。外观质量要求见表 3-6。

（8）防水盘不应存在气孔、裂缝、缺损、固化不良等缺陷，变形不大于 5mm。

（9）电镀件镀层应均匀，不应有麻点、脱皮、白雾、泛黄、黑斑、烧焦、露底、龟裂、锈蚀等缺陷，外表面应光泽均匀，抛光面应圆滑，不应有毛刺、划痕和磕碰伤等。

（10）焊接部位应牢固，焊缝均匀，结合部位无飞溅和未焊透、裂纹等缺陷。转篮、拉篮等产品表面应平整，无焊接变形，钢丝间隔均匀，端部等高，无毛刺和锐棱。

（11）喷涂件的表面应组织细密，涂层牢固、光滑均匀，色泽一致，不应有流痕、露底、皱纹和脱落等缺陷。

（12）金属件应光滑、平整、细密，不应有裂纹、起皮、腐蚀斑点、氧化膜脱落、毛刺、黑色斑点和着色不均等缺陷。装饰面上不应有气泡、压坑、碰伤和划伤等缺陷。

（13）塑料件产品表面应光滑、细密、平整，无气泡、裂痕、斑痕、划伤、凹陷、缩孔、堆色和色泽不均、分界变色线等缺陷，颜色均匀一致并符合图样的规定。

表3-3 人造石外观质量要求

序号	缺陷名称	要求	序号	缺陷名称	要求
1	裂纹	不允许	7	麻点	轻微
2	皱纹	不明显	8	划痕	不明显
3	缺陷	不允许	9	修补痕迹	不明显
4	白斑	不明显	10	凹陷	不明显
5	花斑	轻微	11	色差	色泽一致
6	气泡	轻微	12	杂质	不明显

表3-4 天然石外观质量要求

序号	缺陷名称	要求	序号	缺陷名称	要求
1	隐伤	不允许	5	磨光面痕迹	不明显
2	风化	不允许	6	粘结痕迹	不明显
3	前端棱角	倒角	7	修补痕迹	不明显
4	磨光面砂眼	≤2mm	—	—	—

表3-5 金属台面外观质量要求

序号	缺陷名称	要求	序号	缺陷名称	要求
1	色差	不明显	6	拼接胶缝	不允许
2	刮花	不允许	7	拼接痕迹	不可见
3	钝痕	不允许	8	划痕	不允许
4	缺损	不允许	9	脱胶	不允许
5	崩缺	不允许	10	凹凸	不允许

表3-6 玻璃门板外观质量要求

序号	缺陷名称	要求	序号	缺陷名称	要求
1	边缘毛刺	不允许	6	裂纹	不允许
2	边缘崩缺	不允许	7	麻点、沙粒	不允许
3	表面划痕	≤20mm	8	气泡	不允许
4	孔洞、沟缝	不允许	9	波纹	轻微
5	色斑、砸点	不允许	10	变形	≤2mm

3.6.3 实测实量检验

厨卫部品以同一厂家生产的同一品种、类型的进场部品一次交付的为一批，可按本书第2.8

节的方法进行抽样及判定，对涉及节能、环保和主要使用功能的重要材料、产品取样复检。当合同要求高于规范要求时，应按合同约定执行。

1）尺寸偏差检验

测量成品时，将试件放置在具有软质覆面的平台上，采用钢卷尺、游标卡尺对试件的长度、宽度和高度进行测量，单位为 mm，以 3 个不同位置的平均值作为代表值，测量结果修约至小数点后 1 位。

顶板、壁板、防水盘、门窗、柜体等构件的尺寸允许偏差见表 3-7。

表 3-7　尺寸允许偏差　　　　　　　　　　　（mm）

检查项目	允许偏差		检查方法
外形尺寸	≤ 1000	2	卷尺
	> 1000	3	
翘曲度	> 1400	3	卷尺 + 塞尺
	（700，1400）	2	
	< 700	1	
垂直度	≤ 1000	2	靠尺
	> 1000	3	
平整度	0.2		靠尺 + 塞尺
分缝宽度	2		钢板尺
底脚平稳度	2		塞尺
抽屉下垂度	20		钢板尺
抽屉摆动度	15		钢板尺

2）理化性能检验

柜体人造板、石材的理化性能是影响整体厨卫使用性能的重要项目，进场材料需要送样至专业实验室进行复检，出具检测报告，根据检测报告对进场材料进行验收。人造板台面和柜体板理化性能要求见表 3-8，人造石台面理化性能要求见表 3-9。

表 3-8　人造板台面和柜体板理化性能要求

序号	试验项目	试验条件	技术要求	
			台面板	柜体板
1	表面耐高温	（120 ± 3）℃，2h	试件表面无裂纹	—
2	表面耐水蒸气	水蒸气（60 ± 5）min	试件表面无突起、龟裂、变色等	
3	表面耐干热	（180 ± 1）℃，20min	试件表面无鼓泡，允许某一角度看光泽有轻微变化	10min 表面无鼓泡，光泽和颜色允许有中等变化

续表

序号	试验项目	试验条件	技术要求	
			台面板	柜体板
4	表面耐冷热温差	（80±2）℃，2h（-20±3）℃，2h	表面无裂纹、鼓泡和明显失光，四周期	（63±2）℃，（-20±3）℃，两周期表面无裂纹、鼓泡和明显失光
5	表面耐划痕	1.5N，划一圈	试件表面无整圈连续划痕	—
6	表面耐龟裂	70℃，24h	用6倍放大镜观察，表面无裂痕	用6倍放大镜观察，表面允许有细微裂痕
7	表面耐污染	少许酱油，24h	试件表面无污染或腐蚀痕迹	
8	表面耐液	10%碳酸钠溶液24h30%乙酸溶液24h	无印痕	表面允许有轻微的变泽印痕
9	表面耐磨性	漆膜磨耗仪，2 000转	未露白	局部允许有明显露白（1000转）
10	表面抗冲击	漆膜冲击器，200mm	表面无裂痕，但允许有可见冲击痕迹	允许有轻微裂纹，有1～2圈环裂或弧裂（100mm）
11	表面耐老化	老化试验仪，光泽仪	表面无开裂，失光<10%	—
12	吸水厚度膨胀率	50mm×50mm	浸泡24h，<12%	浸泡2h，<8%

表3-9　人造石台面理化性能要求

序号	试验项目	性能要求	序号	试验项目	性能要求
1	光泽度	≥80光泽单位	5	吸水率	≤0.5%
2	不平整度	≤4‰	6	胶衣层厚度	0.35～0.60mm
3	巴氏硬度	≥40	7	耐热水性	无裂纹，不起泡
4	耐冲击性	表面不产生裂纹	8	耐污染性	无明显变色

3）有害物含量检验

根据《住宅整体厨房》（JG/T 184—2011）等规范，应对板材涂料中重金属及总活性挥发性有机化合物（VOC）含量、板材中甲醛含量、石材中放射性核素量进行检测。天然石、人造石放射性核素含量限值应符合《建筑材料放射性核素限量》（GB 6566—2010）中一类民用建筑规定。

总挥发性有机化合物（VOC）含量，是指按规定的升温程序（初始温度50℃，保持10min，升温速率为5℃/min，升温至250℃，保持2min），测得的空气中挥发性有机化合物总量。

甲醛（分子式：HCHO）含量检测可采用穿孔萃取法、干燥箱法、气候箱法，其中穿孔萃取法是将 100g 受检板材（20mm×20mm）在甲苯溶液中加热至沸腾回流 2h，用蒸馏水吸收甲醛，形成溶液，溶液中甲醛含量用分光光度计测定。干燥器法是在干燥器底部放置盛有 300mL 蒸馏水的结晶皿，在上方金属支架上固定受检板材试件（150mm×50mm），在 20℃放置 24h，蒸馏水吸收释放的甲醛，作为试样溶液，用分光光度计测定试样溶液的吸光度，由预先绘制的标准曲线得出甲醛浓度。气候箱法是将受检板材试件放入体积 1～40m³ 的气候箱内，测定箱内甲醛浓度，推算甲醛释放量。

涂料重金属含量测试前，刮取适量涂层，采用稀盐酸溶液处理涂层粉末，用火焰原子吸收光谱法或无焰原子吸收光谱法测定溶液中的重金属元素含量。

天然石、人造石放射性核素含量试验采用低本底的多道 γ 能谱仪，随机抽取不少于 2kg 试样，磨细至粒径不大于 0.16mm，称重，采用 γ 能谱仪对其进行镭 –226、钍 –232、钾 –40 比活度试验，计算内照射指数 I_{Ra} 和外照射指数 I_r。根据《建筑材料放射性核素限量》（GB 6566—2010），内照射指数（I_{Ra}）为建筑材料中天然放射性核素镭 –226 的放射性比活度与标准规定的限量之比，表达式为 $I_{Ra}=C_{Ra}/200$。外照射指数（I_r）为建筑材料中天然放射性核素镭 –226、钍 –232 和钾 –40 放射性比活度，按式（3-1）计算。

$$I_r=C_{Ra}/370 + C_{Th}/260 + C_K/4200 \qquad (3-1)$$

式中：C_{Ra}——建筑材料中天然放射性核素镭 –226 的放射性比活度（Bq/kg）；

200——仅考虑内照射情况下，GB 6566—2010 规定的建筑材料中天然放射性核素镭 –226 的放射性比活度（Bq/kg）；

C_{Ra}、C_{Th}、C_K——分别为建筑材料中天然放射性核素镭 –226、钍 –232、钾 –40 放射性比活度（Bq/kg）。

材料中有害物质含量限值应符合表 3-10 要求。

表 3-10　有害物质含量限值

项目		限值量
涂料中 VOC		≤ 150g/L
甲醛释放量	穿孔萃取法	≤ 9mg/100g
	干燥器法	≤ 1.5mg/L
	气候箱法	≤ 0.12mg/m²
重金属含量（mg/kg）	可溶性铅	≤ 90
	可溶性镉	≤ 75
	可溶性铬	≤ 60
	可溶性汞	≤ 60
放射性	Ⅰ类民用建筑	$I_{Ra} ≤ 1.0$ 且 $I_r ≤ 1.3$
	Ⅱ类民用建筑	$I_{Ra} ≤ 1.3$ 且 $I_r ≤ 1.9$

4）氧指数检验

对进场材料的氧指数 OI（Oxygen Index，简称 OI）应进行抽样复检。氧指数是指在规定的条件下，材料在氧氮混合气流中进行有焰燃烧所需的最低氧浓度，以氧所占的体积百分数来表示。氧指数高表示材料不易燃烧，氧指数低表示材料容易燃烧。

根据《建筑材料及制品燃烧性能分级》（GB 8624—2012），对于"墙面保温泡沫塑料"，氧指数 ≥ 30% 的为 B1 级制品，即难燃材料；对于"窗帘幕布、家具制品装饰用织物"和"电线电缆套管、电器设备外壳及附件"，氧指数 ≥ 32% 的为 B1 级制品。上述材料氧指数 ≥ 26% 的为 B2 级制品，即可燃材料。

根据被测试材料的类型，存在 6 种不同的试样规格，注塑成型材料使用 80 ~ 120mm 长、10mm 宽、4mm 厚的试样。将试样竖直固定在玻璃燃烧筒中，其底座与可产生氮氧混合气流的装置相连，点燃试样的顶端，混合气流中的氧浓度将会持续下降，直至火焰熄灭。

氧指数的测定一般采用氧指数仪，按照《塑料　用氧指数法测定燃烧行为　第 2 部分：室温试验》（GB/T 2406.2—2009）、《纺织品　燃烧性能试验　氧指数法》（GB/T 5454—1997）等标准执行。

顶板、壁板、防水盘材料的氧指数不应低于 32%。

5）耐冲击性能

验收时在台面上取 3 点，每点间距不小于 150mm，用直径 30mm 的钢球（重约 110g）从 750mm 高度自由落下，冲击点处无裂纹者为合格。

6）耐热水性

验收时将尺寸为 150mm × 150mm 的试样放入水温为（80 ± 2）℃ 的恒温槽中，恒温 100h 取出，表面无裂纹或气泡者为合格。

7）力学性能

台面材料进场应进行垂直荷载试验，在台面中央放置 300mm × 300mm 的垫板，用 750N 的压力作用 10s，共进行 10 次，各部件无异常者为合格。

柜门水平荷载试验：将柜门开启至最大位置，在门的水平方向施加 60N 的力，持续 10s，反复 10 次，柜门外观及功能无异常者为合格。

柜门安装强度：距门外边缘 100mm 处挂 25kg 砝码，开闭柜门 10 次，每次 5s，柜门外观及功能无异常者为合格。

柜体底板强度：在柜体底板中央放置 300mm × 300mm 的垫板，用 750N 的压力作用 10s，共进行 10 次，各部件无异常者为合格。

8）玻璃表面应力检测

对使用钢化玻璃的台面、玻璃门应采用表面应力仪进行表面应力检测，钢化玻璃表面应力不小于 95MPa，半钢化玻璃表面应力在 24 ~ 69MPa 之间。

3.6.4　封样法验收

厨卫部品进场材料种类繁多，不同批次的材料在颜色、质感、尺寸及理化性能等方面可能存在差异，因此很多项目采用封样法或样板间法验收。封样法验收包括选样、定样和封样三个步骤，选样是对进场部品的样式、功能、构造等进行规定，形成书面资料；定样是根据选样要求，对收集到的样品进行比较分析，确定符合要求的样品；封样一般由监理单位组织，施工单位、部品生产厂家及专业安装单位参加，共同对确定好的样品进行封存，作为进场样品验收评定的依据，建设单位可根据需要组织或参加封样活动。

根据工程规模，在现场建立材料样板展示间，按装修、水、电等专业设置专用样品架，对大尺寸的构配件、设备可采用样板间方式。部品材料进场后，首先进行资料核查及外观检查，再抽样与材料样板间封存的样本进行符合性对比，核对合格后再进行抽样复检或见证检验等工作。当进场材料与封样样品不一致时，应查明原因，对该批产品提出接收或拒收的处理意见。

3.7　本章小结

厨卫部品主要用于满足建筑物的使用功能要求，涉及装修、电气、给排水等多个专业，进场材料的优劣将直接影响建筑物的正常使用功能。因为部品进场材料的种类繁多，有些新产品、新材料没有相应的国家、行业甚至团体标准，验收要求可以依据企业标准，也可由参建各方共同制订专项验收要求，作为验收评定的依据。

厨卫部品进场验收的重点是以资料核查和外观检查为主，对涉及重要使用功能和有关人身健康的材料应见证取样送检，根据试验报告确定材料是否合格，对验收合格的材料及时封样，采用封样法或样板间法验收。

第4章 灌浆套筒节点施工质量验收

4.1 钢筋套筒灌浆连接的发展历史

钢筋套筒灌浆连接是将两段受力钢筋分别从高强金属套筒端部插入，再向套筒内部灌注无收缩高强灌浆材料，当灌浆材料硬化之后，利用灌浆材料与钢筋和套筒壁的粘结性能将钢筋连接起来的接头形式。目前，钢筋灌浆套筒连接已广泛运用于预制装配式混凝土结构中的受力钢筋连接，包括预制框架柱、预制剪力墙的竖向钢筋连接，预制梁的水平钢筋连接等。

钢筋套筒灌浆连接技术发展至今已有 50 余年的历史。20 世纪 60 年代，美国结构工程师 Alfred A. Yee 博士创造性地将钢筋套筒连接技术运用于夏威夷檀香山的一栋 38 层旅馆建筑 Ala Moana 的预制混凝土柱中，并取得 NMB 套筒接头的发明专利，开创柱中套筒续接钢筋的刚性接头先河。NMB 套筒连接分为 Y 型（屈服强度型：承载力可以达到钢筋屈服强度的 1.25 倍）和 U 型（极限强度型：承载力可以达到钢筋的极限强度）。NMB 套筒屈服点大于 420MPa，抗拉强度大于 600MPa，伸长率大于 6.0%，在装配式结构的发展早期运用于装配式大板结构和装配式框架结构。美国混凝土协会（ACI）在 1983 年将钢筋套筒连接技术列为钢筋连接主要技术之一。

1972 年，日本东京某公司购买了 NMB 钢筋套筒灌浆连接的生产权利。在将 NMB 钢筋套筒灌浆接头运用于预制混凝土剪力墙结构的建造中，日本工程师积累了大量的工程经验，并对相关接头的连接形式进行了改进，例如增加灌浆口和出浆口，使用压力灌浆以保证灌浆料的密实性，套筒内部增设剪力键以加强连接性能等。日本建设省在 1984 年正式承认 NMB 钢筋套筒连接技术是一种新型可靠的变形钢筋连接接头体系。1986 年，X 型钢筋灌浆连接套筒研发成功，在日本国内和北美市场得到广泛应用。1995 年的日本神户地震中，运用 NMB 套筒的建筑（超过 100 栋）没有发生破坏。

中国台湾在钢筋套筒灌浆连接技术领域的研究也达到了一定的水平，其借鉴日美的研究成果，开发了相应的钢筋套筒连接器和超高强度无收缩灌浆料，并通过了规范要求的重复荷载试验。在经过多次的地震荷载考验后，相关技术日趋成熟。中国大陆相关单位也对钢筋套筒连接技术进行了相关研究，中国建筑科学研究院对中国台湾和日本的钢筋套筒和灌浆料分别进行了试验，研究结果表明，套筒灌浆连接技术可以满足钢筋连接的要求。从国外进口的套筒需要进行适当的改造并国产化，以更适应国内钢筋的构造，目前北京万科企业有限公司在这方面已进行了富有成效的工作。根据国内的实际国情，相关单位编制了钢筋套筒灌浆连接的行业技术规程，具体包括《装配式混凝土结构技术规程》（JGJ 1—2014）、《钢筋连接用套筒灌浆料》（JG/T 408—2013）、《钢筋连接用灌浆套筒》（JG/T 398—2012）等。钢筋套筒连接技术已在我国多个项目上得到运用，例如上海金山的新建工程动力中心，建筑面积为 2100m²，在 2008 年 7 ~ 9

月两个月内完成建设；江苏镇江的某办公楼，建筑面积为 3680 m²，在 2008 年 7 ～ 10 月三个月内完成建设，这两个项目都采用了装配式钢筋混凝土框架体系和套筒灌浆连接技术。

4.2　钢筋套筒灌浆连接的性能

钢筋灌浆套筒连接受力时，将力通过钢筋 – 灌浆料结合面的粘结作用传递给灌浆料，灌浆料再通过其与套筒内壁结合面的粘结作用传递给套筒。粘结作用由化学粘结力、表面摩擦力和机械咬合力构成。套筒灌浆接头的破坏模式包括套筒外钢筋拉断破坏、套筒拉断破坏、灌浆料强度破坏（拉裂破坏和劈裂破坏）及钢筋拔出破坏。

对于套筒的研究主要集中在套筒形状、锚固长度、套筒内径与钢筋直径相对大小、钢筋螺纹、灌浆料性能以及钢筋偏心的影响等几个方面。

钢筋的锚固长度主要由钢筋和灌浆料间的粘结强度决定，而粘结强度主要取决于灌浆料的抗压强度和钢筋表面的法向约束应力。钢筋锚固长度 l_b 与钢筋直径 d_b 和粘结强度 f_b 的示意图见图 4-1，力学关系如式（4-1）所示。

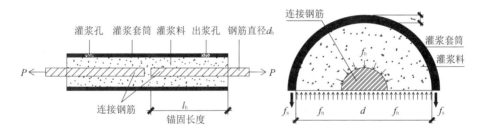

（a）套筒纵向剖面　　　　　　　　　（b）套筒横向剖面
图4-1　套筒内部钢筋受力平衡分析

$$l_b = \frac{P}{\pi d_b f_b} \tag{4-1}$$

根据剪切摩擦理论，粘结强度正比于钢筋的约束法向应力，则：

$$f_b = \mu f_n \tag{4-2}$$

式中：f_n——钢筋的法向约束应力；

μ——等效广义摩擦系数。

利用受力平衡分析可得：

$$f_n = \frac{2t f_s}{d} \leqslant 0.2 f_c \tag{4-3}$$

式中：f_s——套筒屈服应力；

f_c——套筒轴向抗压强度；

t——套筒壁厚；

d——套筒内径。

综上所述，连接钢筋锚固长度最小值可以利用下式进行计算：

$$l_{\mathrm{b}} = \frac{P}{\pi d_{\mathrm{b}} f_{\mathrm{b}}} = \frac{P}{\pi d_{\mathrm{b}} \mu \min(0.2 f_{\mathrm{c}}, \frac{2t f_{\mathrm{s}}}{d})} \qquad (4\text{-}4)$$

对于横向钢筋约束作用下，纵筋与混凝土之间的粘结锚固强度的机理，各国学者进行了大量研究。在钢筋肋纹粗骨料类型相同时，一般认为粘结锚固强度与混凝土的轴向抗压强度的 n 次方根 $f_{\mathrm{c}}^{1/n}$ 呈线性关系。

无横向钢筋约束时，混凝土的粘结锚固效果与混凝土轴向抗压强度的 1/4 次方 $f_{\mathrm{c}}^{1/4}$ 呈线性关系：

$$\frac{T_{\mathrm{c}}}{f_{\mathrm{c}}^{1/4}} = [59.8 l_{\mathrm{d}}(c_{\min} + 0.5 d_{\mathrm{b}}) + 2350 A_{\mathrm{b}}] \cdot (0.1 \frac{c_{\max}}{c_{\min}} + 0.9) \qquad (4\text{-}5)$$

式中：T_{c}——混凝土对钢筋的粘结力；

f_{c}——混凝土轴向抗压强度；

$c_{\max}$，$c_{\min}$——保护层混凝土厚度的最大、最小值；

A_{b}——纵向钢筋的截面面积。

横向钢筋约束的强度增加部分与混凝土轴向抗压强度的 3/4 次方 $f_{\mathrm{c}}^{3/4}$ 呈线性关系：

$$\frac{T_{\mathrm{s}}}{f_{\mathrm{c}}^{3/4}} = 31.14 t_{\mathrm{r}} t_{\mathrm{d}} \frac{N A_{\mathrm{tr}}}{n} + 3.99 \qquad (4\text{-}6)$$

式中：T_{s}——横向约束钢筋导致的粘结力增量；

t_{r}——钢筋肋纹形状和高度的影响参数；

t_{d}——钢筋直径大小的影响参数；

N——钢筋连接区域的箍筋数目；

A_{tr}——箍筋的截面面积；

n——纵向钢筋的数目。

将式（4-5）和式（4-6）相加可以得到整体锚固效果表达式：

$$\frac{T_{\mathrm{c}}}{f_{\mathrm{c}}^{1/4}} + \frac{T_{\mathrm{s}}}{f_{\mathrm{c}}^{3/4}} = [59.8 l_{\mathrm{d}}(c_{\min} + 0.5 d_{\mathrm{b}}) + 2350 A_{\mathrm{b}}] \cdot (0.1 \frac{c_{\max}}{c_{\min}} + 0.9)$$

$$+ 31.14 t_{\mathrm{r}} t_{\mathrm{d}} \frac{N A_{\mathrm{tr}}}{n} + 3.99 \qquad (4\text{-}7)$$

忽略截距 3.99，计算横向钢筋约束时的理论锚固长度：

$$\frac{l_d}{d_b} = \frac{\dfrac{f_s}{f_c^{1/4}} - 2350(0.1\dfrac{c_{max}}{c_{min}} + 0.9)}{76.1(\dfrac{c + K_{tr}}{d_b})} \quad\quad (4\text{-}8)$$

$$A_b f_s = T_c + T_s \quad\quad (4\text{-}9)$$

$$K_{tr} = \frac{0.52 t_r t_d A_{tr}}{sn} \cdot f_c^{1/2} \quad\quad (4\text{-}10)$$

$$c = (c_{min} + 0.5d_b)(0.1\frac{c_{max}}{c_{min}} + 0.9) \quad\quad (4\text{-}11)$$

式中：S——钢筋连接区域的箍筋间距。

若对式（4-8）考虑安全系数 0.9，保证钢筋保护层厚度一致，并假设纵向钢筋屈服的同时发生锚固破坏，令 $f_s = f_y$ 可得：

$$\frac{l_d}{d_b} = \frac{f_y / f_c^{1/4} - 2100}{68(\dfrac{c + K_{tr}}{d_b})} \quad\quad (4\text{-}12)$$

日本规范中套筒灌浆连接钢筋锚固长度不小于 5 倍钢筋直径，我国规范中规定套筒灌浆连接钢筋锚固长度不小于 8 倍钢筋直径。

对于套筒连接的抗拉强度，美国 ACI-318 和 ACI-133 规定其承载力不得小于钢筋抗拉强度标准值的 1.25 倍；中国规范规定，钢筋套筒灌浆接头的抗拉强度不应小于连接钢筋抗拉强度标准值且破坏时应断于接头外钢筋。

套筒连接的延性，美国规范规定破坏时极限位移不应小于屈服位移的 4 倍，即延性系数 $R_d = \delta_u / \delta_y \geqslant 4$；中国规范规定峰值承载力对应的伸长率不应小于 6.0%。

套筒壁的强度利用系数 $R_y = f_s / f_{sys}$ 在连接接头破坏时一般达到 0.3 ~ 0.5，即在各使用过程中，套筒壁处于弹性阶段。

林峰、吴小宝等研究了龄期和钢筋种类对钢筋套筒灌浆连接受力性能的影响。与 28d 龄期的承载力对比，1d、4d、7d 分别可以达到其承载力的 50%、90% 和 96% 左右。相同直径的钢筋接头，HRB500 比 HRB400 的承载力高 8.3% ~ 18%，变形能力没有明显区别。

陈洪、张竹芳等利用试验和 ABAQUS 有限元软件对钢筋套筒灌浆连接的受力性能进行了对比分析。在整个受力过程中，套筒最大应力出现在套筒中部，应力最大值未超过 370MPa，处于弹性状态。

卫冕、方旭等的研究结果表明，套筒灌浆连接能够有效传递竖向钢筋应力，预制柱的性能与现浇柱基本一致；区别在于现浇柱试件的贯通裂缝沿着柱和底座的交界面开展，而预制柱试件的贯通裂缝出现在套筒以上的结构部位。

张臻等研究了不同轴压比的钢筋套筒灌浆连接预制柱的抗震性能，认为套筒灌浆连接方式的预制柱不宜采用过高强度的混凝土，且轴压比不宜过高。

钱稼茹、彭媛媛等的研究表明预制剪力墙与现浇剪力墙构件的性能相当。钢筋套筒灌浆连接是可靠的连接方式，能有效传递钢筋的应力应变。若灌浆密实，两类构件承载力和屈服位移基本一致，预制构件极限位移角略小但大于规范值1/120。若灌浆出现缺陷，构件的滞回曲线捏缩效应明显，峰值承载力下降明显。装配式混凝土结构地震破坏形态主要是构件间的连接破坏。因此，预制构件的连接节点是装配式结构的薄弱环节，也是装配式结构抗震研究的重点。

张兴虎、王建等研究了不同轴压比对钢筋套筒灌浆连接预制柱和现浇柱的性能影响。轴压比越高，滞回曲线捏缩效应越明显，现浇试件尤其。对于试件的延性，轴压比小时，装配式构件位移延性系数更大，极限位移角相当；轴压比大时，装配式试件极限位移角更大，位移延性系数相当。

4.3　套筒灌浆的质量影响因素

根据《钢筋套筒灌浆连接应用技术规程》（JGJ 355—2015）和《装配式混凝土结构技术规程》（JGJ 1—2014）的要求，套筒灌浆连接的施工需符合相关规定。

钢筋套筒灌浆之前，需对外露钢筋进行检查校正，清除套筒内部杂物；宜采用钢垫片和支撑措施如钢斜撑等保证构件的标高、垂直度和坐浆层厚度等。

钢筋水平连接时（如梁的纵筋连接），灌浆套筒应各自独立灌浆。竖向构件如柱构件和墙构件宜采用连通腔灌浆，合理划分灌浆区域并进行封缝处理。压浆法灌浆时，灌浆压力需满足要求，宜采用单点灌浆法，如图4-2所示。

灌浆作业时从灌浆口灌注，出浆口出浆后及时封堵，持压30s后再封堵注浆口。出现漏浆或者需要补灌时，优先从灌浆口补浆。

灌浆料应在拌合后30min内用完，严禁二次加水搅拌。

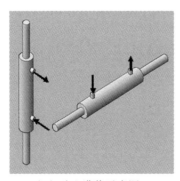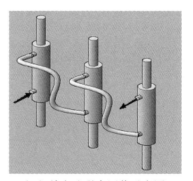

（a）独立灌浆示意图　　　（b）单点法联合压浆示意图

图4-2　套筒灌浆示意

对于钢筋套筒灌浆连接的施工，规范和相关的技术规程虽然已作出详细的规定和要求，但是在实际工程中，各种原因都有可能导致灌浆缺陷的出现，影响构件甚至结构的性能。本节主要阐述在实际灌浆施工中可能出现的灌浆缺陷类型并分析其形成机理。

4.3.1　竖向套筒端部缺陷

竖向套筒的灌浆可以分为套筒独立灌浆和单点法联合压浆。灌浆完成后，若下方的灌浆口封堵胶塞松动或坐浆层的封缝不严密，都有可能造成漏浆。套筒漏浆后，会造成套筒顶部脱空，形成端部缺陷，导致钢筋和灌浆料的锚固长度减小。

竖向套筒端部缺陷形成机理如图 4-3 所示。图 4-3（a）中，采用单点灌浆，浆料首先充满 20mm 的分仓层，再从下往上充满各个套筒内部。图 4-3（b）中，预先铺设坐浆层，灌浆料先充满第一个套筒，再由导管进入下一个套筒，以此类推。

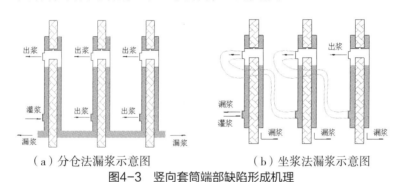

（a）分仓法漏浆示意图　　　　　　　（b）坐浆法漏浆示意图

图4-3　竖向套筒端部缺陷形成机理

4.3.2　竖向套筒中部缺陷

竖向套筒中部缺陷形成的主要原因在于套筒内部的空气无法彻底排出，从而会降低钢筋和灌浆料间的粘结锚固效果，影响套筒灌浆接头的性能。

对于独立灌浆套筒，初始灌浆或者出现漏浆后进行补灌，都有可能导致内部的空气无法排除。特别是在初始灌浆结束 30min 后，灌浆料开始失去流动性。此时，只能从出浆口进行补浆，内部空气无法排出。对于单点法联合灌浆的套筒，内部导管的堵塞会产生大尺寸的中部缺陷。竖向套筒中部缺陷形成机理如图 4-4 所示。

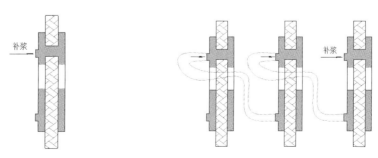

（a）独立套筒中部缺陷示意图　　　　　（b）单点法联合灌浆中部缺陷示意图

图4-4　竖向套筒中部缺陷形成机理

4.3.3 水平套筒缺陷

水平钢筋的套筒灌浆一般采用独立灌浆法。灌浆完成后，若套筒端部的胶塞或坐浆层、灌浆口和出浆口的封堵松动则可能会导致漏浆，在套筒顶部形成倾斜状或水平状的空隙缺陷，降低灌浆料和钢筋间的粘结锚固作用，影响套筒灌浆接头的性能。水平套筒缺陷形成机理如图4-5所示。

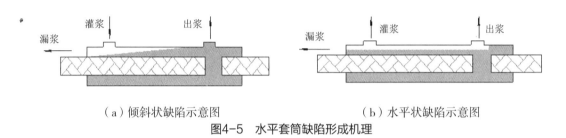

（a）倾斜状缺陷示意图　　　　　（b）水平状缺陷示意图

图4-5　水平套筒缺陷形成机理

4.3.4 钢筋偏心

结构设计时，套筒内的连接钢筋按轴线对中考虑，但实际工程中，可能因为套筒及插筋的倾斜、错位导致钢筋偏心，如图4-6所示。

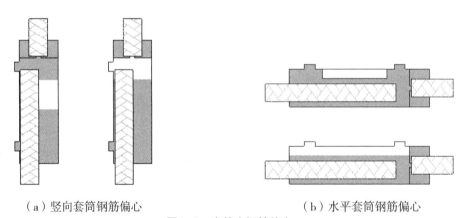

（a）竖向套筒钢筋偏心　　　　　（b）水平套筒钢筋偏心

图4-6　套筒内钢筋偏心

4.3.5 灌浆料流动性

根据《钢筋连接用套筒灌浆料》（JG/T 408—2013）的规定，灌浆料初始流动度 ≥ 300mm，30min后流动度 ≥ 260mm。流动度的测量方法按《水泥胶砂流动度测定方法》（GB/T 2419—2005）相关规定进行，其原理为测量一定配比的浆料拌合物在规定振动状态下的扩展范围来衡量其流动性。流动度测试仪见图4-7。

将灌浆料置入圆模中，捣实抹平后提起圆模，测试仪振动25次后测量浆料的流动直径，即为浆料的流动度。测试如图4-8所示，测试结果如表4-1所示。

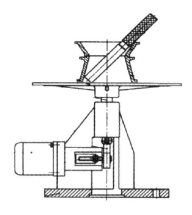

（a）流动度测试仪剖面

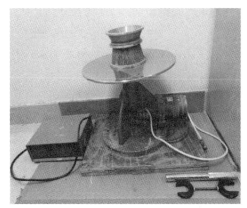

（b）流动度测试仪实物

图4-7　浆料流动度测试仪

（a）浆料置入圆模

（b）流动度测量

图4-8　浆料流动度测试

表 4-1　灌浆料流动性实测值　　　　　　　　　　　　　　（mm）

试验	初始值	15min	20min	25min	30min	35min	40min
1	＞300	＞300	300	297	288	284	277
2	＞300	＞300	297	295	285	282	274
3	＞300	＞300	298	297	290	285	275
试验	45min	50min	55min	60min	80min	100min	120min
1	273	270	263	258	226	188	130
2	271	268	264	250	221	185	122
3	274	270	266	253	220	179	125

　　初始流动度测量时，无需振动，浆料流动度＞300mm；15min 时，振动 22~23 次时流动度＞300mm；其余时间的流动度都是振动 25 次之后的测量值。

　　根据图 4-9 可知，浆料流动性随时间线性减小。在 30min 时，流动度平均值为 287mm，满足规范要求；在 60min 时，流动度下降到 260mm 以下。在施工过程中，必须严格控制灌浆时间，否则随着时间的增加，浆料失去流动性会导致灌浆缺陷出现。

图 4-10 表示在灌浆料搅拌结束，静置不同的时间再进行灌浆的荷载–位移曲线。从荷载–位移曲线中可以得知，浆料静置的时间越长，试件滑移位移量越大。特别是 60min 后，浆料流动度下降到 260mm 以下，试件滑移量明显增大。

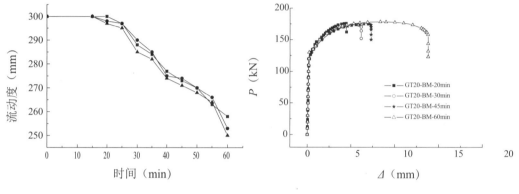

图4-9 浆料流动度随时间发展　　　图4-10 时间差异试件荷载-位移曲线

4.3.6 灌浆强度与施工扰动

在装配式混凝土结构安装施工时，套筒灌浆之前需要采用钢斜撑保证构件的垂直度和标高等，如图 4-11 所示。若过早进行斜撑拆除等后续施工，则会对灌浆套筒节点有扰动，破坏钢筋与灌浆料之间的连接，影响套筒接头的连接性能。

图4-11 装配式构件安装时的斜撑

根据《钢筋连接用套筒灌浆料》（JG/T 408—2013）的规定，灌浆料的立方体抗压强度要求如表 4-2 所示。

表4-2 灌浆料立方体抗压强度 （MPa）

	1d	≥ 35
抗压强度	3d	≥ 60
	28d	≥ 85

　　试验时，浇筑 40mm×40mm×160mm 的试块进行立方体和棱柱体的抗压试验，测得灌浆料的抗压强度如表 4-3 所示。

表 4-3　灌浆料抗压强度实测值　　　　　　　　　　（MPa）

龄期	1d	3d	7d	14d	28d
立方体抗压强度	39.98	63.44	71.45	87.32	98.48
棱柱体抗压强度	27.74	55.12	65.09	72.03	81.88

　　由表 4-3 可知，灌浆料强度满足规范要求，1d、3d 和 28d 的立方体抗压强度分别达到 39.98MPa、63.44MPa、98.48MPa，灌浆料的强度随时间的发展如图 4-12 和图 4-13 所示，前期强度发展速度快，14d 后强度发展较慢。

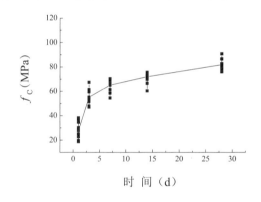

图4-12　棱柱体试块抗压强度

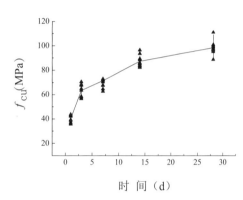

图4-13　立方体试块抗压强度

4.4　节点质量因素对力学性能的影响

　　在实际装配式工程中，钢筋套筒灌浆接头的力学性能会受气泡、堵塞、漏浆、钢筋偏心等因素影响，课题组设计制作了不同类型的试件进行单向拉伸试验，研究不同质量因素对试件破坏形态、承载力和变形性能等的影响。

4.4.1　试件设计

　　考虑灌浆套筒节点施工时的各类质量因素，包括灌浆缺陷位置、长度、厚度、数量、灌浆料品种和钢筋偏心等，制作套筒试件进行力学试验。试验采用半灌浆钢筋套筒、HRB400 钢筋，试验用灌浆料性能符合《钢筋连接用套筒灌浆料》（JG/T 408—2013）要求。

　　灌浆饱满试件：试件内部灌浆饱满，不设置缺陷，用于试验结果的对比，见图 4-14。

　　端部缺陷试件：在套筒端部设置长度为 $1d \sim 3.5d$，宽度为 5mm 的灌浆缺陷，不同试件的缺陷长度增量为 $0.5d$，见图 4-15。

中部缺陷试件：在套筒中部设置长度为 1d ~ 3.5d，宽度为 5mm 的灌浆缺陷，不同试件的缺陷长度增量为 0.5d，见图 4-16。

均布缺陷试件：在套筒内部设置总量为 2d×3mm 的缺陷，改变单个缺陷的大小和缺陷的数量，使其均匀分布于套筒内部。缺陷个数为 1~5 个，对应单个缺陷的长度为 0.4d ~ 2d，见图 4-17。

厚度缺陷试件：在套筒中部设置长度为 3d，厚度为 1 ~ 5mm 的缺陷，不同试件的缺陷厚度增量为 1mm。

钢筋偏心试件：钢筋紧贴套筒壁，并在套筒端部和中部设置长度为 1d ~ 3.5d，宽度为 5mm 的灌浆缺陷，见图 4-18，与钢筋轴心的相应缺陷试件进行对比。

水平缺陷试件：对套筒进行水平灌浆，在套筒内部设置弦高为 3.5 ~ 16mm 的水平缺陷，不同试件的缺陷弦高增量为 2.5mm，见图 4-19。

水泥净浆试件：向套筒灌注强度等级为 42.5MPa 的普通硅酸盐水泥净浆，模拟劣质灌浆材料，水泥净浆水胶比为 0.3，与高强灌浆料试件进行对比。

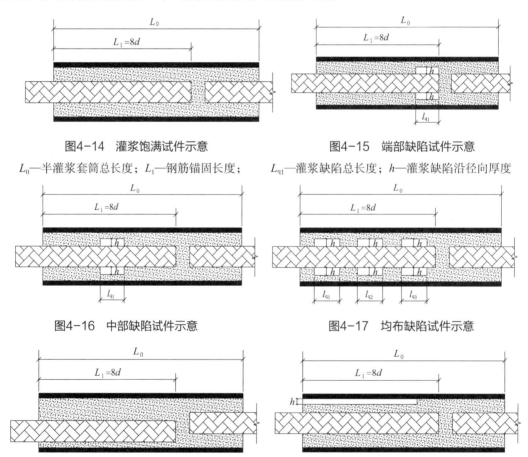

图4-14　灌浆饱满试件示意　　　　　图4-15　端部缺陷试件示意

L_0—半灌浆套筒总长度；L_1—钢筋锚固长度；　　L_{q1}—灌浆缺陷总长度；h—灌浆缺陷沿径向厚度

图4-16　中部缺陷试件示意　　　　　图4-17　均布缺陷试件示意

图4-18　钢筋偏心试件示意　　　　　图4-19　水平缺陷试件示意

4.4.2　试验结果

试验过程中，荷载较小时，钢筋和套筒都处于弹性阶段且钢筋和灌浆料之间不产生滑移。随着荷载的增大，不同缺陷试件呈现差异性的发展。对于灌浆密实试件或者缺陷较小的试件，钢筋和灌浆料之间不产生滑移或者滑移量很小，最终为钢筋拉断破坏。对于灌浆缺陷较大的试件，随着滑移量的增大，钢筋和灌浆料之间的粘结强度不断下降，最终为钢筋拔出破坏。

下面采用荷载－位移曲线分析试件的受力状态、承载力和变形性能，给出各类缺陷典型的荷载－位移曲线，包括荷载－端部位移曲线、荷载－钢筋变形曲线和荷载－套筒变形曲线等。

1）灌浆饱满试件试验结果

灌浆密实的试件，受力过程中钢筋和灌浆料之间的滑移位移很小，在峰值承载力的滑移位移分别为 3.18mm 和 3.52mm，最终为钢筋拉断破坏。在整个受力过程中，套筒最大变形量不超过 0.1mm，始终处于弹性阶段。灌浆饱满试件的试验结果见图 4-20。

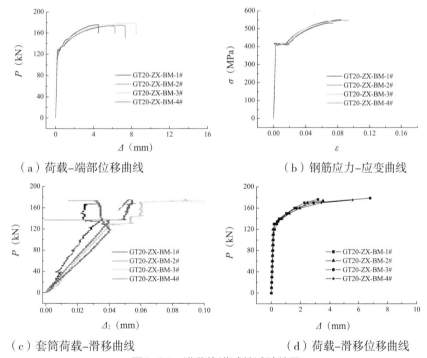

（a）荷载-端部位移曲线　　　　（b）钢筋应力-应变曲线

（c）套筒荷载-滑移曲线　　　　（d）荷载-滑移位移曲线

图4-20　灌浆饱满试件试验结果

2）端部缺陷试件试验结果

对于端部缺陷试件，当灌浆缺陷长度 $l \le 2.5d$（d 为钢筋直径）时发生钢筋拉断破坏，当灌浆缺陷长度 $l > 2.5d$ 时发生钢筋拔出破坏。在滑移过程中，缺陷长度小于 3.0d 的试件在出现较大滑移时，还可以保证承载力不下降，而缺陷长度大于 3.5d 的试件在较小滑移时，承载力便显著下降。端部缺陷试件的试验结果见图 4-21。

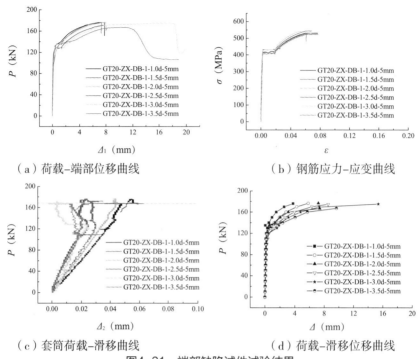

（a）荷载–端部位移曲线   （b）钢筋应力–应变曲线

（c）套筒荷载–滑移曲线   （d）荷载–滑移位移曲线

图4-21 端部缺陷试件试验结果

3）中部缺陷试件试验结果

对于中部缺陷试件，当灌浆缺陷长度 $l \leq 1.0d$ 时，发生钢筋拉断破坏；当灌浆缺陷长度 $l > 1.5d$ 时，发生钢筋拔出破坏。中部缺陷比端部缺陷更容易发生钢筋拔出破坏。中部缺陷试件的试验结果见图4-22。

4）均布缺陷试件试验结果

对于均布缺陷试件，缺陷的总量保持 $2d \times 3mm$ 不变；缺陷个数从 1 个增加到 5 个，而缺陷的长度相应地从 $2d$ 减小到 $0.4d$，厚度保持 3mm 不变。均布缺陷试件均发生钢筋拔出破坏，可见缺陷数量越多，试件极限承载越低。各试件荷载–位移曲线的上升段基本重合，说明在达到峰值荷载之前，试件滑移量较小。达到极限荷载后，缺陷数量越多，承载力越早开始显著下降，且下降段斜率随缺陷数量增大而增大，说明随着缺陷数量的增大，承载力下降的速度加快。均布缺陷试件的试验结果见图 4-23。

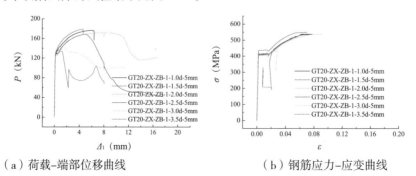

（a）荷载–端部位移曲线   （b）钢筋应力–应变曲线

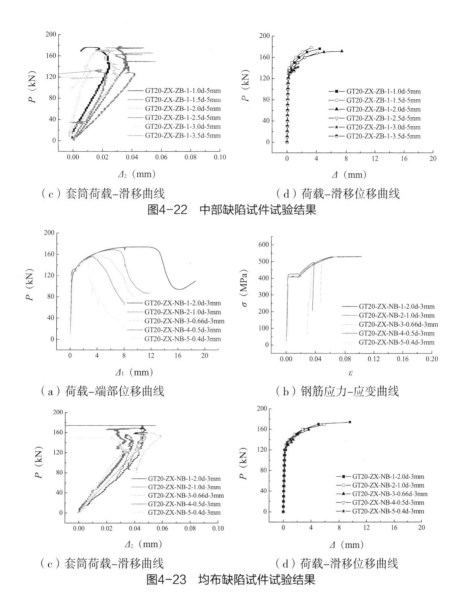

（c）套筒荷载-滑移曲线　　　　（d）荷载-滑移位移曲线

图4-22　中部缺陷试件试验结果

（a）荷载-端部位移曲线　　　　（b）钢筋应力-应变曲线

（c）套筒荷载-滑移曲线　　　　（d）荷载-滑移位移曲线

图4-23　均布缺陷试件试验结果

5）厚度缺陷试件试验结果

厚度缺陷试件均发生钢筋拔出破坏。随着缺陷厚度的增加，较小的滑移位移就导致套筒试件的承载力显著下降。各曲线上升段基本重合，下降段基本平行，说明试件滑移后的荷载下降速度对缺陷厚度不敏感。厚度缺陷试件试验结果见图4-24。

6）水平缺陷试件试验结果

对于水平缺陷试件，当缺陷的弦高 $h \leqslant 3.5$mm 时，试件发生钢筋拉断破坏；缺陷弦高 $h \geqslant 6$mm 时，试件发生钢筋拔出破坏。随着缺陷弦高的增大，套筒试件承载力加速下降，甚至达不到钢筋屈服的承载力。当缺陷弦高达到 16mm 时，峰值承载力甚至不足正常情况的 10%。水平缺陷试件试验结果见图 4-25。

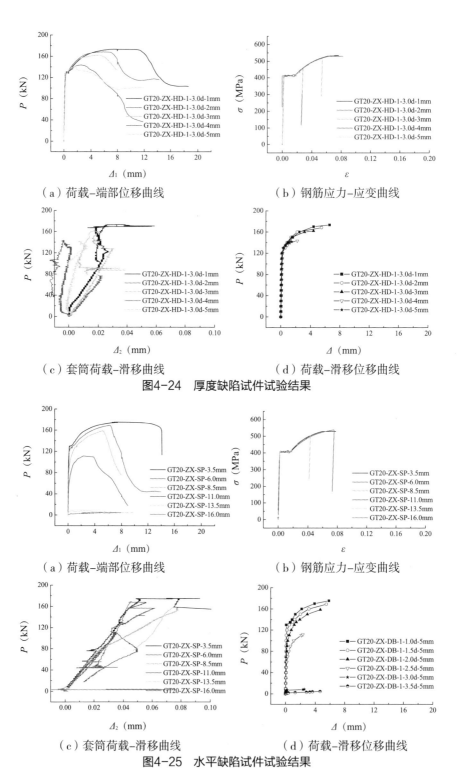

（a）荷载–端部位移曲线　　（b）钢筋应力–应变曲线

（c）套筒荷载–滑移曲线　　（d）荷载–滑移位移曲线

图4-24　厚度缺陷试件试验结果

（a）荷载–端部位移曲线　　（b）钢筋应力–应变曲线

（c）套筒荷载–滑移曲线　　（d）荷载–滑移位移曲线

图4-25　水平缺陷试件试验结果

7）钢筋偏心试件试验结果

钢筋偏心试件包括端部缺陷试件和中部缺陷试件。其中端部缺陷试件，当缺陷长度

$l \leqslant 2.5d$（d 为钢筋直径）时发生钢筋拉断破坏，当缺陷长度 $l > 2.5d$ 时发生钢筋拔出破坏。变化趋势与轴心试件一致。

对于中部缺陷试件，当缺陷长度 $l \leqslant 1.0d$ 时发生钢筋拉断破坏，当缺陷长度 $l > 1.5d$ 时发生钢筋拔出破坏。变化趋势与轴心试件基本一致。钢筋偏心试件试验结果见图 4-26。

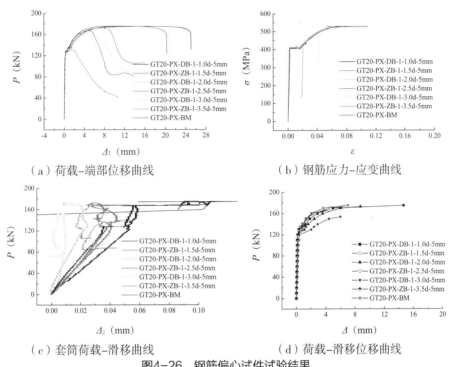

（a）荷载-端部位移曲线　　　　　　　（b）钢筋应力-应变曲线

（c）套筒荷载-滑移曲线　　　　　　　（d）荷载-滑移位移曲线

图4-26　钢筋偏心试件试验结果

8）水泥净浆试件试验结果

采用水泥净浆灌注套筒试件，灌浆料和水泥净浆的性能参数见表 4-4。

表 4-4　灌浆料和水泥净浆性能参数

试件编号	抗压强度（MPa）	剪切强度（MPa）	弹性模量（GPa）
灌浆料	90.42	28.52	15.54
水泥净浆	55.63	17.49	9.81

水泥净浆试件在灌浆饱满的情况下依然发生钢筋拔出破坏。试件在拔出过程中，滑移位移较大时还可以保持较大的承载力，其滑移位移远大于相同条件下的高强灌浆料试件。主要原因是水泥净浆的弹性模量和强度都小于灌浆料，对钢筋的锚固不足，导致滑移位移较大。水泥净浆试件试验结果见图 4-27。

套筒的承载力是连接性能的主要指标之一，本节主要讨论各类灌浆缺陷对套筒试件承载力的影响。根据试验结果，试件的承载力主要取决于钢筋强度和钢筋与灌浆料之间粘结强度的相对大小。由钢筋强度控制的试件，最终因钢筋被拉断而破坏；由粘结强度控制的试件，最终因钢筋被拔出而破坏。

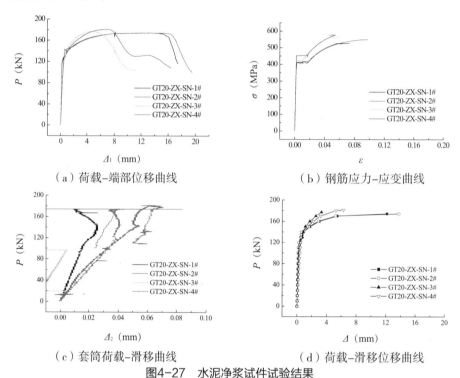

（a）荷载–端部位移曲线　　　　　　　（b）钢筋应力–应变曲线

（c）套筒荷载–滑移曲线　　　　　　　（d）荷载–滑移位移曲线

图4-27　水泥净浆试件试验结果

定义每个试件灌浆料与钢筋的平均粘结强度为峰值荷载与锚固接触面积的比值，如式（4-13）所示。定义灌浆料的剪切强度为钢筋拔出破坏时的峰值荷载与锚固接触面积的比值，如式（4-14）所示。

$$\overline{\tau} = \frac{P_u}{A_s \cdot l_m} = \frac{P_u}{\pi d \cdot l_m} \qquad (4\text{-}13)$$

$$\tau_u = \frac{P_u}{A_s \cdot l_m} = \frac{P_u}{\pi d \cdot l_m} \qquad (4\text{-}14)$$

式中：$\overline{\tau}$ ——灌浆料与钢筋的平均粘结强度；

P_u——峰值荷载；

A_s——钢筋断面周长；

l_m——钢筋锚固长度；

d——钢筋直径；

τ_u——灌浆料的剪切强度。

图 4-28 中，根据钢筋锚固长度计算灌浆料的剪切强度。高强灌浆料的平均剪切强度为 28.52MPa，水泥净浆的平均剪切强度为 17.49MPa，为高强灌浆料的 61%。

图 4-29 中，对于灌浆饱满试件，高强灌浆料的平均粘结应力为 17.52MPa，钢筋平均应力

为 560.28MPa，达到材料的极限强度；灌浆料强度的安全储备较大，试件都是钢筋拉断破坏。

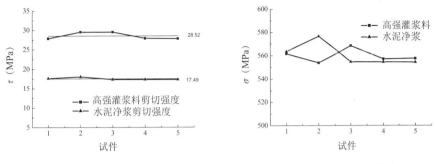

图4-28　浆料强度对比　　　　　图4-29　饱满试件钢筋应力

图 4-30 和图 4-31 中，随着端部缺陷的增大，锚固长度减小，钢筋与灌浆料之间的粘结锚固应力不断增大，安全储备下降。当端部缺陷长度 ≥ 2.5d 时，粘结锚固应力为 25.25MPa，接近灌浆料的剪切强度；钢筋应力为 555.58MPa，接近材料的极限强度。此时，试件处于钢筋拉断和钢筋拔出的临界状态。当缺陷继续增大时，试件由钢筋拉断破坏转化为钢筋拔出破坏。

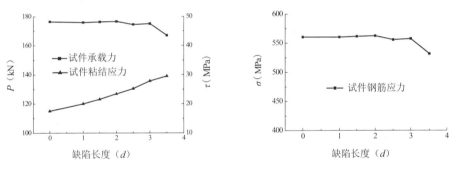

图4-30　端部缺陷试件承载力　　　　图4-31　端部缺陷试件钢筋应力

图 4-32 和图 4-33 中，当中部缺陷长度 ≥ 2.0d 时，试件为钢筋拔出破坏。此时钢筋应力为 546.2MPa；粘结锚固应力为 22.76MPa，仅为灌浆料剪切强度的 80% 左右。对于所有钢筋拔出破坏的中部缺陷试件，平均粘结锚固应力为 22.89MPa，低于灌浆料的剪切强度 28.52MPa。此现象主要原因是中部缺陷将灌浆料分割成为不同的受力段，其强度无法同步发展到极限状态，降低了承载力。因此，相同当量的缺陷，中部缺陷对承载力影响更大。

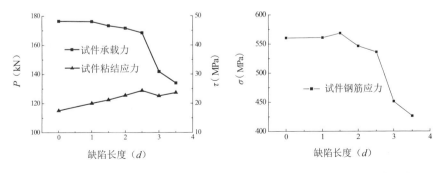

图4-32　中部缺陷试件承载力　　　　图4-33　中部缺陷试件钢筋应力

图 4-34 和图 4-35 中的均布缺陷试件全部是钢筋拔出破坏。最大的粘结锚固应力为 23.1MPa，且随着套筒内部缺陷个数的增多，试件承载力和平均粘结应力线性下降。峰值承载力、平均粘结应力与缺陷数量的拟合关系如下：

$$P_u = -5.806x + 179.510 \qquad (4-15)$$

$$\overline{\tau} = -0.776x + 23.808 \qquad (4-16)$$

每增加 1 个缺陷，承载力下降约 5.8kN，平均粘结应力下降约 0.77MPa；当缺陷数量从 1 个增加到 5 个时，降幅约为 13%，说明不同受力段的强度不同步现象随缺陷数量增多而越发严重。因此，相同当量的缺陷，均匀分布对承载力影响更大。

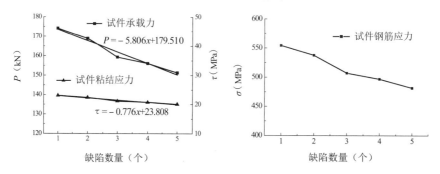

图4-34　均布缺陷试件承载力　　　　图4-35　均布缺陷试件钢筋应力

图 4-36 和图 4-37 中的厚度缺陷试件全部是钢筋拔出破坏，且随着缺陷厚度的增大，灌浆试件承载力线性下降。峰值承载力、平均粘结应力与缺陷厚度的拟合关系如下：

$$P_u = -7.235x + 178.420 \qquad (4-17)$$

$$\overline{\tau} = -1.268x + 28.520 \qquad (4-18)$$

当缺陷厚度为 1mm 时，灌浆料和钢筋的螺纹之间存在部分握裹效应，粘结锚固应力为 27.25MPa，接近灌浆料的剪切强度。随着缺陷厚度的增加，灌浆料对钢筋的握裹效应降低，缺陷厚度为 3mm 左右时，承载力呈台阶式下降。缺陷厚度为 5mm 左右时，粘结锚固应力下降到 22.18MPa，等效于中部缺陷试件。

图 4-38 和图 4-39 中的水平缺陷试件，当缺陷弦高 $h \leqslant 3.5$mm 时，试件为钢筋拉断破坏；当缺陷弦高 h=6.0 ~ 11.5mm 时，试件为钢筋拔出破坏，灌浆料的平均粘结应力 15.28MPa，为灌浆料极限粘结强度的 54%；缺陷弦高 $h \geqslant 13.5$mm 时，平均粘结应力下降为 1.67MPa，不足灌浆料剪切强度的 10%。峰值承载力、平均粘结应力与缺陷弦高的拟合关系如下：

$$P_u = -2.623x^2 + 28.940x + 100.860 \qquad (4-19)$$

$$\bar{\tau} = -0.261x^2 + 2.878x + 10.033 \qquad (4-20)$$

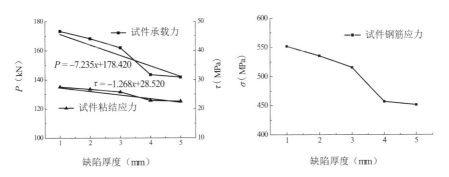

图4-36　厚度缺陷试件承载力　　图4-37　厚度缺陷试件钢筋应力

峰值承载力、平均粘结应力与缺陷弦高平方成反比，其主要原因在于水平缺陷弦高较大时，灌浆料无法对钢筋形成闭合的约束，导致粘结效应的严重下降。

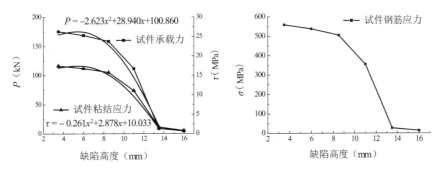

图4-38　水平缺陷试件承载力　　图4-39　水平缺陷试件钢筋应力

图4-40 和图4-41 中的钢筋偏心试件，承载力和粘结应力趋势与轴心试件一致，但数值比轴心试件低。在缺陷长度时，偏心试件粘结应力为 24.47MPa，仅为同条件轴心试件的 87%。

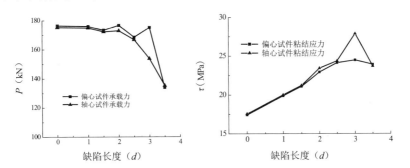

图4-40　钢筋偏心试件承载力　　图4-41　钢筋偏心试件粘结应力

4.5　灌浆试件缺陷的 X 射线检测

灌浆套筒节点灌浆质量如何，是否饱满，是工程技术人员十分关心的问题。但由于套筒节点的构造特性，对套筒内部灌浆质量的检测十分困难，常规的超声、雷达、冲击回波等方法均无法对灌浆缺陷准确定量，而X射线可以穿透一定厚度的混凝土和钢材，且可以直接成像，是检测套筒灌浆质量的一种技术可行的方法。

4.5.1　X射线检测原理

在X射线管中施加管电压后，电子获得极大的动能从阴极向阳极运动。当高速运动的电子撞击阳极金属时，与金属原子核外库仑场相互作用，放出X射线。电子从阴极向阳极运动，管电流的方向为从阳极向阴极。调整管电流和管电压的大小，可以调整X射线的强度和能量。

射线透过物体时，会发生反射、吸收和透射的现象。射线检测就是通过测量材料中的缺陷导致射线吸收和透射的变化来探测识别缺陷。X射线通过物质时，其强度随物体厚度增加而逐渐减弱。当某区域存在缺陷时，材料对X射线的吸收减弱，透射增强，从而影响透射的射线强度。射线强度的衰减计算公式如下：

$$I = I_0 \cdot e^{-\mu T} = I_0 \cdot e^{-\lambda t} \tag{4-21}$$

式中：I——透射物体后的射线强度；

$\quad\quad I_0$——透射物体前的射线强度；

$\quad\quad \mu$——物质的吸收系数；

$\quad\quad T$——物体厚度；

$\quad\quad \lambda$——衰减常数；

$\quad\quad t$——时间，其中 $\mu T = \lambda t$。

射线的一个重要特性就是可以使胶片感光。当X射线照射胶片时，可以使胶片乳剂层中的卤化银产生潜像中心，经过显影和定影后就黑化。接受射线越多的部位，黑化程度越高，这个现象称为射线的照相作用。需要注意的是，相对于普通光线而言，X射线对卤化银的感光作用小得多，需要利用增感屏加强感光作用。

定义底片黑度表示底片的黑化程度，若光强为 I_0 的光线照射底片，透过底片后的光强为 I，则黑度 D 由下式决定：

$$D = \lg(I_0 / I) \tag{4-22}$$

厚度为 T 的物体中有厚度为 ΔT 的缺陷时，X射线透过无缺陷部位的底片的黑度为 D，而X射线透过有缺陷部位的底片黑度为 $D + \Delta D$。根据底片上有无缺陷部位的黑度差异判断缺陷的种类、数量以及大小等，这就是射线检测的原理。

利用底片上有无缺陷部位的黑度差值可以计算缺陷的厚度，具体计算公式为：

$$D_1 - D_2 = -0.434\mu G \Delta T / (1+n) \tag{4-23}$$

式中：G——胶片梯度；

　　ΔT——缺陷的厚度；

　　n——散射比。

通过对比度分析就可以识别缺陷，具有显示直观、可定性及定量的特点。

X 射线穿透物体的能力与射线强度有关，强度越强则穿透物体的厚度越大。X 射线强度大致与管电压的平方及管电流的大小成正比，如下式所示：

$$I=k \times i \times Z \times V^2 \qquad\qquad (4\text{-}24)$$

式中：I——射线强度；

　　k——常数；

　　i——管电流；

　　Z——靶金属原子序数；

　　V——管电压。

通过调整管电压和管电流，可以使射线穿透不同厚度的物体，并得到不同显示效果的图像。混凝土属于非均质材料，内部微观孔隙、骨料界面等对 X 射线反射、吸收作用较为明显，透射率低，一般较少采用 X 射线检测混凝土缺陷。灌浆套筒试件由金属套筒、水泥基灌浆料、钢筋组成，灌浆料与普通混凝土不同，灌浆层较薄，在钢筋两侧的总厚度为 8 ~ 10mm，且灌浆料内无粗骨料，射线反射率较小，灌浆料比混凝土致密，射线衰减较少，成像条件总体优于混凝土材料。

4.5.2　X 射线检测设备

试验采用 Y.MU2000-D 试验机，是高品质的数字化 X 射线检测系统，见图4-42，可以实时提供高对比度的动态图像，检测过程中试件可以旋转和前后、左右移动，以调整位置和 X 射线的相对入射方向，可为精确确定灌浆缺陷的位置和尺寸提供保证。试验机管电压调整范围为 50 ~ 500kV，管电流调整范围为 0.5 ~ 5mA。

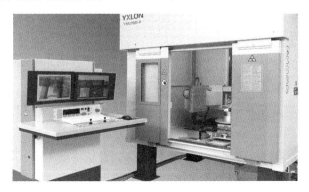

图4-42　Y.MU2000-D试验机

4.5.3 检测步骤

套筒试件缺陷长度的 X 射线检测示意如图 4-43 所示。

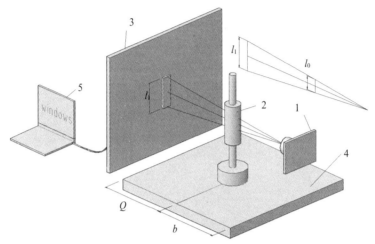

图4-43 缺陷长度检测示意

1—X射线源，施加管电压后产生X射线；2—待检测的套筒试件；3—数字板探测器，感应X射线并形成数字信号；4—载物工作平台，可以实时调整套筒试件的位置；5—计算机，接收数字平板探测器的信号，形成数字图像

检测的具体步骤如下：

（1）将套筒灌浆试件固定于工作台上，关闭防护罩，启动电源；

（2）施加管电压和管电流，产生 X 射线；

（3）调整管电压和管电流，使得 X 射线穿透套筒试件后，能够得到清晰的数字图像；

（4）调整套筒试件的位置和角度，调整照片的亮度、对比度，以便于判断缺陷。

在进行检测的过程中，不断调整套筒试件的位置和旋转角度，使得数字图像中显示的缺陷长度最大。根据相似三角形原理，可按下式计算缺陷的实际长度：

$$l_0 = a \times l_1 / (a+b) \qquad (4-25)$$

式中：a——试件和数字平板探测器间的距离；

b——试件和 X 射线源之间的距离；

l_0——缺陷的实际长度；

l_1——数字板探测器显示的缺陷长度。

4.5.4 检测结果

制作不同类型的套筒试件，包括 GT12 灌浆套筒、GT20 灌浆套筒和 GT40 灌浆套筒，以探索灌浆套筒的不同管电压值的效果和不同套筒中能够检测出来的缺陷尺寸最小值。试件 X 射线检测如图 4-44 所示。为避免套筒灌浆管及出浆管对图像识别的影响，可将套筒一次成像后旋转 90°，再次成像。

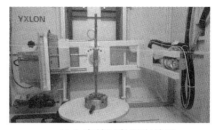

（a）套筒试件横向放置　　　　　　　　（b）套筒试件竖向放置

图4-44　灌浆套筒X射线检测

1）GT12 套筒检测

GT12 套筒试件灌浆饱满，内部不设置灌浆缺陷。检测管电压为 130kV，管电流为 3.2mA，检测结果如图 4-45 所示，试件内部的灌浆层黑度比较均匀，可以识别套筒壁和灌浆层的分界线，可以识别钢筋表面的肋纹。

图4-45　灌浆饱满试件检测结果

在 GT12 套筒内部设置 3 个厚度分别为 1mm、5mm 和 3mm，长度为 1d 的灌浆缺陷。检测管电压为 130kV，管电流为 3.2mA，检测结果如图 4-46 所示。根据检测结果可知，厚度为 5mm 的缺陷对比明显；厚度为 3mm 的缺陷位于套筒壁较厚的部位，对比相对模糊但依然可以识别；厚度为 1mm 的缺陷恰好位于出浆口部位，试件旋转后再次成像，可以识别该缺陷。

图4-46　1mm、5mm和3mm缺陷试件检测结果

在 GT12 套筒内部设置 4 个厚度分别为 2mm、3mm、5mm 和 1mm，长度为 4mm 的灌浆缺陷。检测管电压为 130kV，管电流为 3.2mA，检测结果如图 4-47 所示。其中厚度为 2mm 的缺陷位于左侧套筒壁较厚部位，几乎不可识别；厚度为 3mm 的缺陷位于套筒中部区域，清晰可见；厚度为 5mm 的缺陷靠近右侧出浆口，由于缺陷厚度设置较大，灌浆时的压力导致缺陷沿浆料流动方向翘曲；厚度为 1mm 的缺陷位于右端，界限不明显。

图4-47　2mm、3mm、5mm和1mm缺陷试件检测结果

在 GT12 套筒内部设置 1 个厚度为 1mm，长度为 1d 的灌浆缺陷。检测管电压为 130kV，管电流为 3.2mA，检测结果如图 4-48 所示，可以清晰识别中部 1mm 缺陷的边界。

图4-48　厚度为1mm、长度为1d缺陷试件检测结果

2）GT20 套筒检测

在 GT20 套筒内部设置厚度分别为 1mm 和 2mm，长度为 1d 的灌浆缺陷。检测管电压为 160kV，管电流为 3.2mA。由于 GT20 套筒尺寸较大，检测时需要分为两部分进行成像检测。检测结果如图 4-49 所示，左侧为厚度 2mm 的缺陷，右侧为厚度 1mm 的缺陷。图 4-49 中可以清晰识别两个缺陷的边界，有无缺陷部位的黑度对比明显。

图4-49　厚度为1mm、2mm，长度为1d缺陷试件检测结果

在 GT20 套筒内部设置 4 个厚度为 2mm、3mm、5mm 和 1mm，长度为 4mm 的灌浆缺陷。检测管电压为 160kV，管电流为 3.2mA，检测结果如图 4-50 所示，其中厚度 2mm 和 3mm 的缺陷位于套筒壁较厚的位置，可以识别缺陷位置，缺陷边界相对模糊；厚度 1mm 和 5mm 缺陷位于套筒壁较薄部位，缺陷的位置和边界识别清晰。

图4-50　厚度为2mm、3mm、5mm和1mm，长度为4mm缺陷试件检测结果

在 GT20 套筒内部设置弦高为 3.5mm、6.0mm、13.5mm 的水平灌浆缺陷。检测管电压为 160kV，管电流为 3.2mA，检测结果分别如图 4-51、图 4-52、图 4-53 所示。弦高为 3.5mm 的水平缺陷边界位于钢筋顶部和套筒内壁的中间部位。根据图 4-51 所示，在钢筋顶部和套筒内壁灌浆层的中间，有一条横贯的水平线，即为水平缺陷的边界线。因此，X 射线可以识别水平灌浆缺陷的边界和位置。

当缺陷内部的水平缺陷弦高为 6.0mm 时，如图 4-52 所示，其分界线恰好位于钢筋顶部的界面处。因此，对比钢筋顶部和底部的灌浆层黑度，顶部的灌浆层由于存在缺陷，黑度小亮度大，几乎成白色；底部灌浆密实，黑度较大。

当缺陷内部的水平缺陷弦高为 13.5mm 时，如图 4-53 所示，缺陷分界线位于钢筋中部，钢筋上部灌浆层黑度小，钢筋下部灌浆层黑度大。

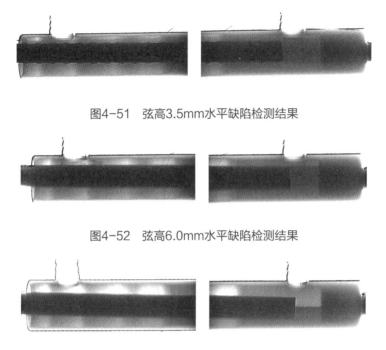

图4-51　弦高3.5mm水平缺陷检测结果

图4-52　弦高6.0mm水平缺陷检测结果

图4-53　弦高13.5mm水平缺陷检测结果

3）GT40 套筒检测

GT40 套筒尺寸较大，套筒外径为 80mm，内径为 58mm，套筒总长为 426mm。设置缺陷时，仅设置端部缺陷，如图 4-54 所示。GT40 套筒的检测管电压为 500kV，需要更换试验机，只能得到实体照片，无法得到实时电子图片。

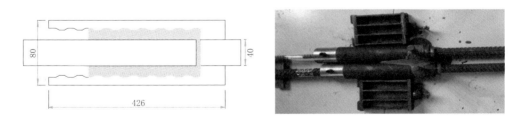

图4-54　GT40套筒缺陷设置

GT40 套筒缺陷检测结果见图 4-55，材料密度越大，对 X 射线吸收越强的部位，照片黑度越小。如图 4-55 所示，钢筋所在的部位几乎是纯白色，说明 X 射线对钢材的透射很小；灌浆密实部位呈灰色，X 射线透射略大于钢筋对应部位；灌浆缺陷处接近黑色，说明此处对 X 射线的吸收作用很小，几乎全部透射。

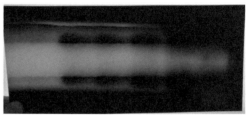

图4-55　GT40套筒缺陷检测结果

4.6　套筒灌浆密实度现场检测

工程中的套筒会埋入剪力墙、柱等混凝土构件内部，且套筒钢材壁厚较厚，常用的超声法、雷达法、冲击回波法等无损检测技术均无法准确识别套筒灌浆缺陷，因此对工程中套筒灌浆密实度的检测一直是行业内的难题和急待解决的问题。近几年科技人员经过不断攻关，提出了预埋传感器法、内窥镜法和X射线成像法等多种方法，这些方法在实际工程中得以应用，可以直接或间接判断套筒灌浆质量。

4.6.1　预埋传感器法

根据竖向套筒灌浆工艺特点，套筒通过下部灌浆孔灌浆，在上部出浆孔出浆，发生漏浆时，最常见的质量缺陷是在出浆孔处形成端部缺陷。北京智博联科技股份有限公司提出了预埋传感器法，并研制了ZBL-1000型灌浆饱满度测试仪，适用于竖向套筒的灌浆质量检查，该仪器包括主机和微型传感器探头，灌浆前将专用传感器伸入套筒出浆孔底部，靠近连接钢筋，传感器在激振时会产生振动，振动信号通过导线传输至主机，可以绘制出振动特征曲线。振动的特征受到传感器周边环境约束影响，振动的位移方程式如下：

$$X = A_0 e^{-\beta t} \cos(\omega t + \varphi) \qquad (4-26)$$

式中：X——位移（m）；

$\quad A_0$——初始振幅（m）；

$\quad \beta$——约束阻尼系数；

$\quad t$——时间（s）；

$\quad \omega$——振动频率；

$\quad \varphi$——初始相位角（rad）。

由式（4-26）可知，传感器采集到的振动幅值与约束阻尼系数β呈负指数关系，周边约束越强，振幅衰减越快。灌浆施工完毕浆料初凝后对传感器进行激振，测试振动幅值的衰减特征。如果套筒内部灌浆饱满，则出浆孔的灌浆料也应当是饱满的，传感器被灌浆料充分包裹，振动幅值应迅速衰减。反之如果套筒灌浆不饱满，或存在端部缺陷，则传感器约束区域存在空腔，振动幅值衰减较慢。代表性的振动特征曲线见图 4-56，图 4-56（a）为出浆孔浆料饱满的套筒，图 4-56（b）为出浆孔浆料 75% 饱满的套筒，图 4-56（c）为出浆孔浆料 50% 饱满的套筒，图 4-56（d）为出浆孔无浆料的套筒，通过测试可以看出，不同的浆料密实度对振动特征曲线的影响较为明显。

预埋传感器法适用于灌浆质量的验证性检查，该方法通过检测出浆孔处浆料密实度定性推断套筒内部的灌浆质量，属于间接测试方法，且需要预埋传感器，增加施工工序并且增加成本，不适用于采用软管灌浆的情况。

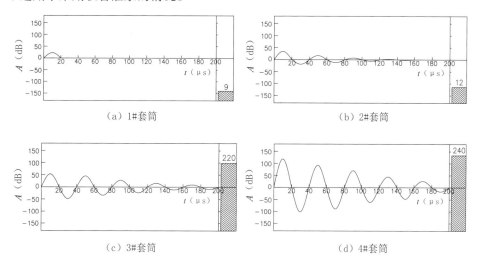

（a）1#套筒　　　　　　　　　　（b）2#套筒

（c）3#套筒　　　　　　　　　　（d）4#套筒

图4-56　振动特征曲线

4.6.2　内窥镜法

灌浆饱满度检测和连接钢筋插入深度检测实质上可以归结为隐蔽空间内的尺寸测量问题。通过采用便捷的预成孔或后成孔方法以及合理地选择检测时间，便可将侧视三维立体测量镜头送至套筒内腔，可以直观、清晰地观察套筒内腔并精准地测量灌浆缺陷长度和钢筋位置，从而计算得到灌浆饱满度和钢筋插入深度。内窥镜测量法是一种直观、清晰、量化的套筒灌浆饱满度和钢筋插入深度检测方法，具有检测成本低、效率高等优势。

检测设备通常可采用 GE Mentor Visual iQ 手持式工业内窥镜，见图 4-57。设备由探头、手持机两部分组成，探头最小直径为 4mm，通过光纤将光线传输至前端，照

图4-57　手持式工业内窥镜

亮检测区域并具备照相功能,图像可在手持机的屏幕上显示。设备采用三维扫描技术,能够提供立体的点云图像,通过后处理软件可精确测量检测点的相对距离,测量精度可达0.01mm,从而可以得到灌浆缺陷位置、大小、体积等信息。

针对内窥镜检测套筒灌浆饱满度和钢筋插入深度,昆山市建设工程质量检测中心顾盛、吴玉龙等开展了系统的研究工作。

套筒灌浆饱满度检测,可通过预成孔、出浆孔道钻孔以及套筒壁钻孔等方式进行成孔;对于出浆孔道为软管的情况,应采用套筒壁钻孔方式成孔。利用孔道可将三维立体测量内窥镜的探头伸入套筒内腔,测量灌浆缺陷的长度,再与连接钢筋的设计锚固长度比对,得到灌浆饱满度指标。图4-58和图4-59为典型的内窥镜法检测结果和套筒剖开验证结果,内窥镜测试结果与套筒剖开验证结果一致。

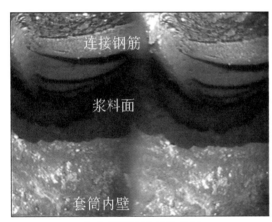 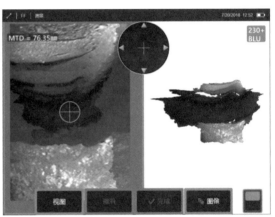

（a）灌浆缺陷直接观察　　　　　　（b）灌浆缺陷定量测量

图4-58　内窥镜法检测结果

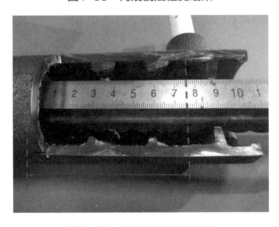

图4-59　套筒剖开验证结果

钢筋的插入深度检测,检测时间选择在预制构件现场拼接完成后、套筒灌浆施工前,这时连接钢筋的插入深度即已固定,可直接将内窥镜探头伸入套筒内腔进行检测。利用套筒尺寸精度高的特点,将测量连接钢筋的插入深度转化为测量连接钢筋插入段末端与灌浆套筒内已知参照点的相对距离，通过三维立体测量内窥镜准确测量上述相对距离，计算出连接钢筋的插入深度。图 4-60 为典型的内窥镜法检查结果。

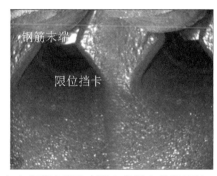 

（a）钢筋末端和套筒内参照点直接观察　　　　　（b）相对距离直接测量

图4-60　内窥镜拍摄测量钢筋末端相对位置

4.6.3　X 射线成像法

X 射线成像法属于直接方法，在一定条件下可以直接观察套筒内灌浆缺陷，根据成像方式的不同，可以分为胶片成像法、计算机成像法（Computed Radiography，简称 CR）和数字板成像法（Digital Radiography，简称 DR）。胶片成像法属于传统方法，需要后期洗像，检测效率较低；CR 法属于间接成像方法，利用图像板（Imaging Plate，简称 IP）作为 X 射线检测器，图像板受到 X 射线照射后发出荧光，并以潜像形式储存 X 射线强度变化，扫描仪扫描图像板时，潜像信号经激光激发转化为可见光，通过光电系统送到计算机成像，但在整个过程中 X 射线的能量损失较大；DR 法属于直接成像方法，使用平板探测器接收 X 射线，平板探测器有电荷耦合器（Charge Coupled Device，简称 CCD）、非晶硅、非晶硒等种类，由探测器上覆盖的晶体电路把接收到的 X 射线直接转换成数字化电流并成像显示。

DR 法属于目前比较先进的测试方法，射线能量损失小，图像清晰，其检测原理示意见图 4-61。

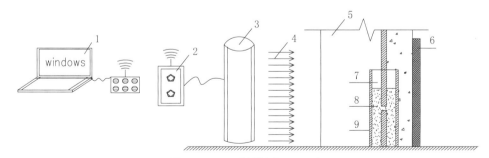

图4-61　DR法检测原理示意

1—计算机；2—控制器；3—X射线机；4—X射线；5—构件；
6—DR平板探测器；7—灌浆缺陷；8—灌浆料；9—灌浆套筒

X 射线机可采用 YXLON SMART EVO 300DS 型，设备自重 29kg，工作温度范围

为 -20 ~ 50℃，管电压为 50 ~ 300kV，管电流为 0.5 ~ 4.5mA，最大功率为 900W，焦点为 1mm，防护等级为 IP65。X 射线机见图 4-62，平板探测器见图 4-63。

图4-62　X射线机　　　　　　　　　　图4-63　DR平板探测器

　　DR 法检测套筒内部灌浆饱满度的图像清晰度较高，通过黑度差异可识别空洞、孔洞等不密实区，测试时可采用线型像质计或双线型像质计来判断图像质量和灵敏度，见图 4-64。

　　例如，对某在施工工程进行实体检测，该工程混凝土剪力墙厚度为 200mm，套筒连接钢筋直径为 16mm，灌浆后 24h 进行检测。图 4-65 为灌浆饱满的套筒，套筒内部灌浆腔内图像颜色较浅，黑度均匀、一致，灌浆腔内套筒横肋不能辨识，表明套筒已灌浆，X 射线被套筒内灌浆料反射、吸收，强度有所减弱。图 4-66 为灌浆不饱满的套筒，已灌浆的部分与未灌浆的部分形成明显分界线，未灌浆的部分黑度加深，表明该部位没有灌浆料，X 射线从灌浆腔空气中透射，强度未降低。图 4-67 为未灌浆的套筒，图像黑度沿套筒纵向基本一致，黑度较深，灌浆腔内套筒横肋可以辨识，表明套筒内部没有灌浆料。图 4-68 为存在严重缺陷的套筒，一方面是下部钢筋锚固长度不足，钢筋端部距套筒限位挡卡有 40mm 的距离；另一方面是灌浆不饱满，套筒限位挡卡上部没有灌浆料。图 4-69 为下部钢筋被截断的情况，且灌浆不饱满，套筒限位挡卡上部没有灌浆料。

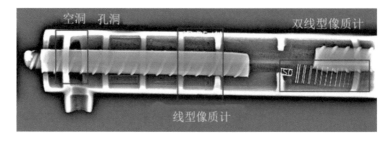

图4-64　套筒图像及像质计

  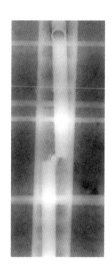

图4-65　灌浆饱满的套筒　　图4-66　灌浆不饱满的套筒　　图4-67　未灌浆的套筒

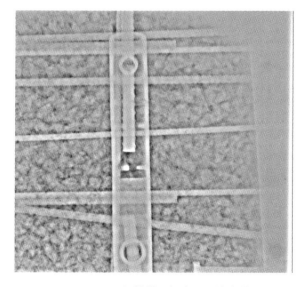  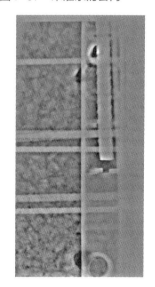

图4-68　钢筋锚固长度不足的套筒　　　　图4-69　钢筋被截断的套筒

对套筒灌浆质量而言，DR 法 X 射线检测是相对精确的检测方法，采用适合的管电流、管电压和曝光时间，可清晰观察套筒缺陷状况，定量测量缺陷长度，在装配式结构检测中具有广阔的应用前景。该方法可用于套筒单排布置及梅花形布置，厚度 200mm 左右的剪力墙和厚度 300mm 左右的保温夹心墙套筒内部灌浆缺陷识别。对于套筒双排正对布置的情况，检测识别能力有所降低，可适当改变 X 射线发射角度，避免套筒在图像中重叠。DR 法 X 射线检测技术可以遥控启动射线机，平板探测器与计算机之间可实现无线数据传输，从而可保证检测人员安全，同时为保证施工人员安全，检测可在夜间停止施工时进行。

X 射线可用于厚度在 300mm 以内构件的测试，对于套筒双排正对布置的墙体，可调整射线入射角度，避免套筒之间的相互影响；对于预制柱，可选择角部套筒进行斜向测试。

目前对套筒灌浆质量的检测技术已取得了一定的突破性进展，每种方法各有其优缺点，在工程实际应用时可采用多种方法相结合的方式，从而更好地确定套筒灌浆质量。

4.7 灌浆套筒节点质量验收

4.7.1 验收工作现状

装配式混凝土结构节点通常采用灌浆套筒连接方式，但预制构件一旦安装并灌浆后，不可能进行拆解，以现有技术手段难以直接检测结构中套筒灌浆、坐浆及分仓浇筑质量。现行规范对套筒灌浆质量十分重视，分别提出了要求：

（1）《混凝土结构工程施工质量验收规范》（GB 50204—2015）第9.3.2条规定，钢筋采用灌浆套筒连接时，灌浆应饱满、密实，其材料及连接质量应符合《钢筋套筒灌浆连接应用技术规程》（JGJ 355—2015）的规定。《装配式混凝土结构技术规程》（JGJ 1—2014）第13.2.2条规定，钢筋套筒灌浆连接及浆锚搭接连接的灌浆应密实饱满，对灌浆部位全数检查。

（2）《装配式混凝土结构技术规程》（JGJ 1—2014）第11.1.4条规定，预制结构构件采用灌浆套筒连接时，应在构件生产前进行灌浆接头的抗拉强度试验，每种规格的接头数量不应少于3个，本条是强制性条文。灌浆套筒连接是装配式混凝土结构中钢筋的主要连接方式，是保证结构整体性的基础，必须具备质量控制措施，通过结构设计、产品选型、构件制作、施工验收等环节加强质量管理，确保连接质量的可靠性。预制构件生产前需要对套筒进行检验，此时的检验内容包括：外观质量、尺寸偏差、出厂的材质报告、接头型式检验报告，还应按要求制作灌浆接头试件进行验证性试验。验证性试验可随机抽取工程中使用的同牌号同规格钢筋，采用工程中使用的灌浆料制作3个接头试件，如采用半灌浆方式则应制作钢筋机械连接和套筒灌浆连接的组合接头试件，标准养护28d后进行抗拉强度试验，试验合格后方可使用。

（3）《装配式混凝土结构技术规程》（JGJ 1—2014）第12.1.5条规定，套筒灌浆前，应在现场制作模拟实际构件接头的平行试件，每种规格的钢筋制作不少于3个接头试件，对平行试件灌浆，检查灌注质量，完成接头抗拉强度试验，合格后方可进行灌浆作业。

（4）《钢筋套筒灌浆连接应用技术规程》（JGJ 355—2015）第7.0.7条规定，平行试件应模拟施工条件、按施工方案制作，标准养护28d，采用一次性加载，达到连接钢筋抗拉强度标准值的1.15倍时如试件未破坏，可停止加载。

（5）《钢筋套筒灌浆连接应用技术规程》（JGJ 355—2015）第3.2.2条规定，钢筋套筒灌浆接头的抗拉强度不应小于连接钢筋抗拉强度标准值，且破坏时应断于接头外钢筋。接头的屈服强度不应小于连接钢筋屈服强度标准值。

（6）《装配式混凝土结构技术规程》（JGJ 1—2014）第 12.3.4 规定，套筒灌浆接头应按检验批要求及时灌浆。

灌浆施工的环境温度不应低于 5℃，当连接部位养护温度低于 10℃时，应采取加热保温措施。作业人员应进行培训，考核合格后持证上岗，灌浆施工全过程应有专职检验人员旁站监督，及时形成质量验收记录。按产品说明书的要求计量灌浆料和水的用量，并搅拌均匀，拌合物应进行流动度检测，流动度应满足要求。灌浆作业时从下部灌浆孔灌注，当浆料从出浆孔流出后应及时封堵，优先采用分仓法灌浆。灌浆料制备后的使用时间不得超过 30min，超过时间的灌浆料不得使用，灌注过程中严禁再次加水。

但对"灌浆饱满、密实"缺少针对性的检查方法，目前常用的做法是按现场实际使用材料及工艺制作平行试件，再对平行试件进行抗拉强度试验，根据试验结果进行验收。平行试件与构件中的套筒灌浆工艺不同，灌浆质量存在较大差异，目前仅做力学性能试验，不能很好地了解试件内部的灌浆质量状况，且不能反映坐浆及分仓浇筑质量状况。

4.7.2　质量管理体系

施工单位应在钢筋套筒灌浆前编制专项施工方案，明确灌浆时间、灌浆料拌合要求、分仓设置、坐浆工艺、灌浆机具型号及参数、灌浆料流动度现场测试方法、灌浆顺序、持压时间、材料强度试块制作及养护措施，对可能出现的漏浆、出浆困难等情况应做好预案，制订补浆方法，专项施工方案不得低于相应规范要求，由施工单位项目技术负责人审核签字，总监理工程师审查签字后方可实施。

钢筋套筒灌浆操作是一项专业性很强的工作，施工操作人员是否具备足够的经验将直接影响灌浆质量。所以施工人员必须进行操作培训，经考核合格后持证上岗，严禁无证上岗。有条件的地方可由建设主管部门或行业协会统一组织培训，统一考核发证，操作人员具备唯一性编号，建立诚信档案，在相关网站能够查询。

施工单位对灌浆料、套筒、分仓材料、坐浆料、封堵材料进行报审，监理单位审核通过后方可使用。施工前对灌浆料、套筒的匹配情况进行核验。

4.7.3　平行构件验收方法

本课题根据灌浆套筒节点质量验收现状，提出了平行构件验收方法，制作与实际构件同条件的模拟构件进行验收。平行构件可以安装套筒及插筋，可以铺设坐浆层及灌注分仓层，在材料硬化后可对平行构件进行拆解，取出灌浆套筒试件进行 X 射线检测和力学性能试验，确定套筒灌浆质量，同时可以检查坐浆及分仓的浇筑质量。平行构件安装示意见图 4-70（a），平行构件立面见图 4-70（b），坐浆法工艺见图 4-70（c），分仓法工艺见图 4-70（d）。

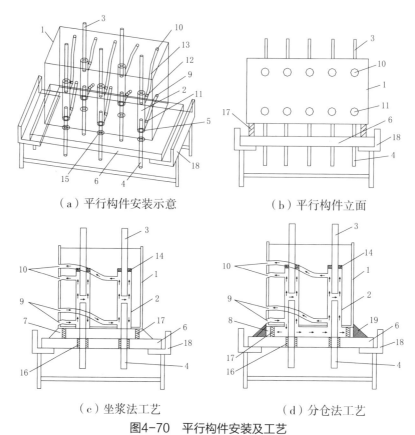

（a）平行构件安装示意　　　　　　（b）平行构件立面

（c）坐浆法工艺　　　　　　（d）分仓法工艺

图4-70　平行构件安装及工艺

1—箱体；2—套筒；3—上部钢筋；4—下部钢筋；5—套筒固定孔；6—底板；7—坐浆层；8—分仓层；9—灌浆孔；10—出浆孔；11—灌浆口；12—出浆口；13—导浆管；14—密封圈；15—通孔；16—橡胶圈塞；17—垫块；18—支架；19—分仓封堵

　　平行构件包括箱体、套筒、钢筋、底板和支撑架，箱体的上端开放，箱体底面设置 5～6 个套筒固定孔，每个套筒固定孔内固定一个套筒，可安装半灌浆套筒或全灌浆套筒。

　　钢筋分为上部钢筋和下部钢筋，代表结构中的受力钢筋，上部钢筋通过密封圈安装在套筒的上端，下部钢筋的一端固定于底板的橡胶圈塞内，另一端穿过套筒固定孔伸入套筒内部。

　　底板面积大于箱体的底面面积，与箱体之间设置垫块，垫块使底板与箱体之间形成一个隔离层，用于设置坐浆层或分仓层，底板放置在支架上。

　　箱体侧面设置一组灌浆孔和出浆孔，通过灌浆管与套筒上的灌浆口和出浆口连接。

　　多个灌浆孔均匀设置于箱体侧面上靠近底板的一端，多个出浆孔均匀设置于侧面上远离底板的一端。

　　坐浆法工艺步骤如下：

　　（1）安装套筒：在箱体底面的外侧涂刷脱模剂，将套筒安装在箱体底面的套筒固定孔上，用多个导浆管分别将每对灌浆口与灌浆孔、出浆口与出浆孔连接在一起，箱体内填充细石，使套筒稳定并增加箱体重量；

（2）安装上部钢筋：将上部钢筋固定在套筒上端的密封圈内并伸入套筒腔，上部钢筋伸入套筒的长度及外露长度应符合设计要求，并满足力学试验要求；

（3）安装下部钢筋：将底板安装在支撑架上并保持水平，将下部钢筋固定于底板上的橡胶圈塞内，下部钢筋在橡胶圈塞上下两端的长度应符合设计要求，并满足力学试验要求；

（4）铺设坐浆层：在底板的上表面涂刷脱模剂，在底板上与箱体的四个角相对应的位置各安装一块 2cm 厚的垫块，再在底板上均匀地铺设一层厚约 3cm 的坐浆料；

（5）安装箱体：将箱体底部的套筒固定孔对准相应的下部钢筋，缓缓落下箱体使下部钢筋伸入套筒内部，按压箱体挤出多余坐浆料，使箱体底部与垫块接触并调整箱体使其保持水平，底板与箱体底面之间用垫块隔开的空间为坐浆层；

（6）灌浆：用灌浆机通过每个灌浆孔向套筒内灌入灌浆料，直至灌浆料从出浆孔溢出，用胶塞堵住灌浆孔和出浆孔，再灌注下一个套筒，如此循环，直至所有套筒均灌满灌浆料；

（7）验收：3~5d 后，待灌浆料凝固成型，分离箱体和底板，倒掉箱体内的细石，取出套筒，采用 X 射线法检测试件内部缺陷，随后进行试件力学性能试验，对坐浆层的浇筑质量和密实度进行检查，完成灌浆套筒节点验收。

分仓法工艺步骤如下：

（1）安装套筒：在箱体底面的外侧涂刷脱模剂，将套筒安装在箱体底面的套筒固定孔上，用多个导浆管分别将每对灌浆口与灌浆孔、出浆口与出浆孔连接在一起，箱体内填充细石，使套筒稳定并增加箱体重量；

（2）安装上部钢筋：将上部钢筋固定在套筒上端的密封圈内并伸入套筒腔；

（3）安装下部钢筋：将底板安装在支撑架上并保持水平，将下部钢筋固定于底板上的橡胶圈塞内，下部钢筋在橡胶圈塞上下两端的长度应符合设计要求，并满足力学试验要求，在底板的上表面涂刷脱模剂，并在底板上与箱体的四个角相对应的位置各安装一块 2cm 厚的垫块；

（4）安装箱体：缓缓落下箱体，使下部钢筋伸入套筒内部，直至箱体底面落在垫块上，使箱体保持水平，底板与箱体底面之间用垫块隔开的空间为分仓层；用分仓密封材料将分仓层的四周密封，使分仓层形成密闭的空腔；

（5）灌浆：待分仓密封材料硬化后，选择任意一个灌浆孔通过灌浆机向套筒内灌入灌浆料，灌浆料经过分仓层流入其他套筒并在其余灌浆孔和出浆孔处出浆，用胶塞逐一堵住出浆的孔口，直至全部孔口均有灌浆料溢出，停止灌浆；

（6）验收：3~5d 后，待灌浆料凝固成型，分离箱体和底板，倒掉箱体内的细石，取出套筒，采用 X 射线法检测试件内部缺陷，随后进行试件力学性能试验，对分仓层的浇筑质量和密实度进行检查，完成灌浆套筒节点验收。

平行构件法具有以下特点：

（1）操作方法与实际工程在施工工艺、材料、灌浆设备及环境条件等方面完全相同，能极大程度地反映现场施工工艺效果及发现可能出现的质量问题；

（2）操作简单，效果直观，不需要复杂的工具便可实现验收目的，验收时可将平行构件拆解分离，取出灌浆套筒试件进行灌浆密实度检验和力学性能试验，同时可以检查分仓层或坐浆层浇筑质量；

（3）费用低廉，材料可选择木板或大芯板，用钉子固定板块形成箱体；

（4）灵活多变，封堵部分套筒固定孔和底板通孔，可实现单根、多根或指定位置灌浆套筒的质量检查。

平行构件法可检验灌浆套筒节点的整体质量，如检验中发现套筒内部出现明显缺陷，坐浆或分仓浇筑不饱满，则表明灌浆工艺存在问题，应予以检查，发现问题原因。

4.7.4　现场检查验收

对套筒灌浆质量验收时，每楼层可为一个检验批，由监理单位组织，施工单位质检人员及工长参加，完成现场检查、资料核查等验收工作。

采用平行构件验收时，每工作班、每种规格的钢筋制作1组3个平行试件，为提高效率，可在同一平行构件中制作2～3组平行试件。灌浆施工前，由监理单位组织，会同施工单位质检人员及工长共同对灌浆准备工作、实施条件、安全措施进行检查，重点核查插筋外露长度、中心线位置、垂直度、分仓层设置，构件安装后检查坐浆层、接缝封堵材料强度、严密性。环境温度不应低于5℃，否则应采用低温型灌浆料。

施工单位应安排专职质检人员对灌浆施工进行检查、摄像、记录，监理人员全程旁站监督。摄像视频作为施工资料存档，视频的内容应包括：灌浆施工人员、施工单位质检人员、监理人员、预制构件编号、灌浆料配置搅拌、灌浆料流动度检测、灌浆机具试压、灌浆部位、套筒编号、灌浆过程、出浆过程、灌浆孔及出浆孔封堵过程、材料强度试块制作过程。视频文件整理后分类归档，验收记录应包含楼栋号、楼层部位、轴线编号、预制构件编号、施工时间等信息。

竖向钢筋套筒灌浆施工时，出浆孔未流出圆柱状浆液前不得封堵，持压时间符合专项施工方案要求。水平钢筋套筒灌浆施工时，浆液最低点低于套筒外表面时不得封堵。当出浆孔无法正常出浆时，应快速分析原因，按专项施工方案中补浆措施及时补浆。

灌浆后20min内，灌浆料初凝前，由施工单位质检人员检查所有灌浆孔、出浆孔封堵胶塞，检查分仓封堵状态，发现有胶塞脱落、漏浆等情况应立即报告施工单位工长及监理人员，按专项施工方案中补浆措施及时补浆。

灌浆料终凝后，拆除封堵胶塞，由施工单位质检人员检查灌浆孔及出浆孔内灌浆料饱满情况，如发现异常及时报告施工单位工长及监理人员。

灌浆料使用前，应检查包装有效期和产品外观，拌合用水应符合《混凝土用水标准》（JGJ 63—2006）的要求，加水量应按说明书要求按重量计量，灌浆料拌合物应采用电动设备搅拌均匀、充分，静置2min待气泡排出后使用，搅拌完成后不得再次加水，每盘灌浆料应在

30min 内使用完毕，每工作班应检查拌合物初始流动度和结束流动度各不少于 1 次，灌浆料性能应符合表 4-5 要求。对检查情况填写记录表格，作为施工资料存档。必须使用与工艺性能试验相同的灌浆料，严禁在灌浆过程中向灌浆料拌合物内加水、砂或外加剂等。

表 4-5 灌浆料性能

检测项目		性能指标
流动度（mm）	初始	≥ 300
	30min	≥ 260
抗压强度（MPa）	1d	≥ 35
	3d	≥ 60
	28d	≥ 85
膨胀率（%）	3h	≥ 0.02
	24h 与 3h 差值	0.02 ~ 0.5
氯离子含量（%）		≤ 0.03
泌水率（%）		0

对灌浆后的平行试件首先进行 X 射线缺陷检验，确定套筒内部灌浆缺陷特征。成像时如受钢筋影响，缺陷难以分辨时，可将试件轴向旋转 90° 后再次成像。为节约试验成本，可将多个试件同时成像。套筒灌浆接头质量要求见表 4-6，缺陷长度不满足要求时应调整灌浆材料、工艺，对已灌浆的部位进行无损检测。对平行试件标准养护 28d 后进行抗拉强度试验，试件的屈服强度不应小于连接钢筋屈服强度标准值，所有试件的抗拉强度不应小于连接钢筋抗拉强度标准值，且破坏时应断于接头外钢筋。试验采用一次性加载，达到连接钢筋抗拉强度标准值的 1.15 倍时如试件未破坏，可停止加载。

表 4-6 套筒灌浆接头质量要求

缺陷特性	试验结果	验收指标
端部缺陷	≤ 2d	≤ 1d
中部缺陷	≤ 1d	≤ 0.5d
均布缺陷	不允许	不允许
水平缺陷	弦高 ≤ 0.17d	弦高 ≤ 0.08d

灌浆 24h 后，将平行构件中砂石倒掉，拆解箱体，露出底部坐浆或分仓层，采用百格网检查坐浆或分仓的浇筑质量，饱满度不低于 80%。

灌浆后 24h 内避免对构件进行扰动，灌浆料强度达到设计要求后方可拆除斜撑。

验收时，可采用预埋传感器法、内窥镜法或 X 射线成像法对灌浆质量进行实体检测，根据检测结果对工程质量进行评定。当对灌浆质量存在异议时，可根据工程具体情况，采用 X 射线成像法进行检测，必要时可局部破损检查。

4.7.5　材料强度验收

对材料强度的验收包括灌浆材料强度验收和坐浆材料强度验收，分仓材料与灌浆材料相同，可不用单独验收。灌浆材料每楼层为一个检验批，每工作班制作 1 组试块且每层不少于 3 组 40mm×40mm×160mm 长方体试件，标准养护 28d 后进行抗压强度试验，灌浆材料抗压强度不应小于 85MPa。

坐浆材料强度应满足设计要求，每楼层为一个检验批，每工作班制作 1 组且每层不少于 3 组边长为 70.7mm 的立方体试件，标准养护 28d 后进行抗压强度试验，坐浆料抗压强度符合设计要求。

4.7.6　资料核查

套筒灌浆节点验收时，应对以下资料进行核查：

（1）钢筋复检报告；

（2）套筒型式检验报告；

（3）灌浆料、坐浆料及封缝材料试验报告；

（4）预制构件进场验收记录；

（5）灌浆申请单（见表 7–3）；

（6）灌浆质量验收记录（见表 7–4）；

（7）灌浆视频影像资料；

（8）平行试件内部缺陷 X 射线试验报告；

（9）平行试件力学试验报告。

（10）套筒节点射线法检测报告；

（11）套筒节点实体检验记录；

（12）补浆处理记录；

（13）设计处理意见及验收检查记录等。

4.8　本章小结

灌浆节点质量控制是装配式混凝土结构的关键环节，必须具备健全的管理体系、有效的过程控制和科学的验收方法才能获得良好的施工质量。

通过试验，得到的灌浆套筒节点质量因素的性能影响结果如下：

（1）高强灌浆料剪切强度达到 28.52MPa。灌浆饱满试件，钢筋拉断破坏时，灌浆料的剪切应力仅达到剪切强度的 61% 左右；试件基本不发生滑移。

（2）端部缺陷试件，缺陷长度 $l \leqslant 2.5d$ 时，发生钢筋拉断破坏；缺陷长度 $l > 2.5d$ 时，发生钢筋拔出破坏。端部缺陷试件在荷载上升阶段开始产生少量滑移。

（3）相比端部缺陷，中部缺陷对试件承载力影响更大。缺陷长度 $l \leqslant 1.5d$ 时，发生钢筋拉断破坏；缺陷长度 $l > 1.5d$ 时，发生钢筋拔出破坏。中部缺陷的存在使前后两段灌浆料无法同步达到抗剪极限强度，较小滑移便可以使试件承载力快速下降。

（4）灌浆体内部存在均布缺陷时，试件的承载力、平均滑移率和单位荷载滑移率呈线性下降，说明缺陷数量的增多会同时降低试件的承载力和变形性能，均布缺陷的危害往往比集中缺陷更大，实际工程中不允许出现 3 个以上的均布缺陷。

（5）对于厚度型缺陷，当缺陷厚度较小时，力学性能与中部缺陷接近，随着缺陷厚度的增加，试件承载力线性下降，试件变形性能呈台阶式下降。

（6）水平方向的灌浆缺陷，试件承载力与缺陷弦高的平方成反比，当缺陷弦高 $h \leqslant 3.5mm$ 时，试件为钢筋拉断破坏；缺陷弦高 $h \geqslant 6.0mm$ 时，试件为钢筋拔出破坏，当缺陷弦高达到 16.0mm 时，峰值承载力甚至不足正常情况的 10%；试件的单位荷载滑移率与缺陷弦高的幂指数成正比，说明水平方向的灌浆缺陷会严重影响试件的承载力和变形性能。

（7）灌注水泥净浆的试件，弹性模量和抗压强度是灌浆料的 50% 左右，即使灌浆饱满也会发生钢筋拔出破坏，平均滑移率和单位荷载滑移率是高强灌浆料试件相应参数的 4 倍左右，破坏前出现较大滑移。

（8）钢筋偏心的端部缺陷试件，缺陷长度 $l \leqslant 2.5d$ 时为钢筋拉断破坏，缺陷长度 $l > 2.5d$ 时为钢筋拔出破坏；钢筋偏心的中部缺陷试件，当灌浆缺陷长度 $l \leqslant 1.0d$ 时，发生钢筋拉断破坏；当灌浆缺陷长度 $l > 1.5d$ 时，发生钢筋拔出破坏。钢筋偏心对试件力学性能几乎没有影响。

对灌浆套筒节点的验收可采用平行构件法，该方法适用于分仓及坐浆施工方式，适用于全灌浆套筒及半灌浆套筒，平行构件采用与现场相同的灌浆材料、连接钢筋及施工工艺，灌浆后可对平行构件进行拆解，对套筒试件进行 X 射线缺陷识别及力学性能试验，并可检查分仓、坐浆浇筑质量。该方法操作简单、效果直观、价格低廉、使用方便，对完善验收手段，加强过程控制能起到积极作用。

对于 GT12 和 GT20 的灌浆套筒，X 射线可以识别厚度在 1mm、长度在 2mm 以上的灌浆缺陷；对于 GT40 的灌浆套筒，X 射线可以识别厚度在 2mm、长度在 4mm 以上的灌浆缺陷。

对于不同型号的套筒灌浆试件，管电流的变化对成像效果影响不明显，可统一采用 3.0 ~ 3.5mA；管电压的变化对成像效果影响较明显，对 GT12 套筒管电压可采用 130kV，对 GT20 套筒管电压可采用 160kV，对 GT40 套筒管电压可采用 500kV。

为了更好地检测灌浆缺陷的位置和尺寸，建议将平行试件一次成像后轴向旋转 90° 再次成像。

第5章 浆锚搭接节点施工质量验收

5.1 钢筋浆锚搭接连接的应用

浆锚搭接连接是装配式混凝土结构竖向钢筋连接的主要方式之一，即在预制构件制作过程中于相应位置预埋波纹管，待构件混凝土强度达到设计要求后，将浆锚预留插筋插入对应波纹管中，随后将专用浆锚料灌入波纹管孔道中，从而起到锚固钢筋的作用。由于搭接长度较长，一般用于直径较小的纵筋连接。约束浆锚搭接连接是指在浆锚连接的基础上增加螺旋箍筋，对混凝土和浆锚料产生额外约束作用，形成一定的环箍效应，增强其锚固性能，如图5-1所示。

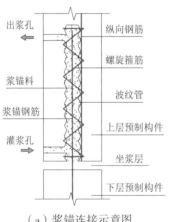

（a）浆锚连接示意图　　　（b）浆锚连接安装图

图5-1 波纹管浆锚搭接连接示意

浆锚连接本质上是一种搭接连接的方式，其连接机理为：搭接钢筋通过钢筋与混凝土的粘结作用在搭接区段实现力的有效传递。浆锚搭接为非直接接触搭接，在搭接区段增加了横向约束，形成一定的环箍效应，且浆料强度高，粘结能力更强，连接相比传统搭接更安全可靠。在构件受力过程中，钢筋轴向力通过剪应力的方式传递至浆料中，再通过波纹管与混凝土的粘结把力传递至周围混凝土。这种浆锚搭接连接的体系属于多重界面体系：钢筋与浆锚料的界面体系、浆锚料与波纹管的界面体系、波纹管与原构件混凝土的界面体系。因此锚固性能与浆锚料与钢筋的握裹能力、波纹管的质量和波纹管与混凝土的粘结力有关。

浆锚搭接连接主要用于墙、柱等构件竖向钢筋的连接，适用于直径小于20mm的纵向钢筋连接。根据《装配式混凝土结构技术规程》（JGJ 1—2014）、江苏省地方标准《装配式结构工程施工质量验收规程》（DGJ32/J184—2016）和《预制装配整体式剪力墙结构体系技术规程》（DGJ32/TJ125—2011）等的规定，浆锚搭接连接需满足以下要求：

（1）钢筋浆锚连接所用的浆锚料应采用水泥基无收缩材料，其性能指标应符合《水泥基灌浆材料应用技术规范》（GB/T 50448—2015）的规定，浆锚料对钢筋无腐蚀影响；

（2）浆锚料 1d 抗压强度不得低于 20MPa，3d 抗压强度不得低于 40MPa，28d 抗压强度不得低于 60MPa，并不得低于该部位混凝土抗压强度 10MPa；

（3）预制墙构件之间主要竖向受力钢筋浆锚连接所用的波纹管应采用镀锌钢带卷制而成的单波或双波金属波纹管，波纹管应有产品合格证和出厂检验报告，波纹管的波纹高度不应小于 3mm；

（4）竖向钢筋浆锚接头连接钢筋的长度应根据计算确定，预留波纹管长度应大于主筋搭接长度 30mm，波纹管内径应至少比主筋直径大 15mm；

（5）浆锚节点的灌浆必须采用机械压力注浆，确保浆锚料能充分填充密实。灌浆应缓慢、连续、均匀地进行，直至金属波纹管上口出浆后再进行封堵，24h 内不得使构件和灌浆层受到振动、碰撞等扰动，灌浆结束后应及时清理构件表面的浆料残余；

（6）预埋波纹管的孔洞中心位置允许偏差为 5mm。

浆锚搭接连接是一种具有中国特色的连接方式，最早由黑龙江宇辉集团和哈尔滨工业大学共同研发并应用于实践，宇辉集团将该技术首次用于哈尔滨洛克小镇小区 14 号楼的建设，建筑面积共 1.8 万 m²，层数高达 18 层。项目施工简单快捷，减少了大量的污染，实现了低碳建设。结构整体质量相比现浇有较大提升，经受了时间的考验，至今结构主体安全可靠，如图 5-2 所示。

图5-2　哈尔滨洛克小镇14号住宅楼

浆锚搭接连接施工质量易于保证，操作相对简单，连接性能可靠，工程造价低，是一种安全可靠的连接方式。目前，国内专家和学者对浆锚搭接连接也进行了大量的研究。

吴涛、刘全威等详细分析了浆锚连接的工作机理和受力特征，并对两种浆锚体系进行了对比分析，指出了目前存在的一些问题，提出了国内浆锚体系的发展建议。

陈云钢、刘家彬等设计了 162 个预制混凝土波纹管浆锚钢筋试件试验，以钢筋直径、混凝土强度和搭接长度等为主要参数进行了深入研究，发现浆锚搭接的连接性能安全可靠，按现行规范规定的搭接长度 l_a 的 60% 作为浆锚长度仍可满足受力要求，建议搭接长度取为 $0.6l_a$，完全可以保证浆锚钢筋充分发挥其强度。

姜洪斌、张海顺等设计制作了 81 个插入式预留孔钢筋受力性能试件，试验结果表明浆锚试件的最终破坏均为外部钢筋屈服或拉断，受力性能良好，有较大的安全储备，得出浆锚钢筋的基本搭接长度可设为 $0.8l_a$。

马军卫、尹万云等设计制作了 144 个浆锚搭接连接试件，进行单向承载力和高应力反复拉压试验，来研究钢筋约束浆锚搭接连接的施工工艺及连接可靠性。试验考虑了纵向钢筋直径、搭接长度、箍筋配筋率、混凝土强度等各类因素，结果表明钢筋约束浆锚搭接连接施工简单便捷、连接安全可靠，是当前预制剪力墙体系中较为可靠的钢筋连接方式。

管乃彦、陈昕等设计制作了两种成孔方式下约束浆锚搭接连接的预制剪力墙，一种为预埋波纹管，一种为抽芯成孔。通过低周期反复荷载试验，发现两种成孔方式的剪力墙破坏形态基本相同，耗能能力、延性和承载力基本一致；减少 20% 搭接长度时，抗震性能略有下降，但仍满足规范要求。

刘家彬、陈云钢等设计了矩形螺旋箍筋约束波纹管浆锚连接的装配式混凝土剪力墙的低周期反复荷载试验，并与现浇试件进行对比，得出装配式剪力墙与现浇试件破坏形态基本相同，位移延性和耗能能力比较接近。装配式剪力墙的各阶段承载力略低于现浇试件结构，若水平接缝采用较为合理的构造，装配式剪力墙则可以达到与现浇试件相当的延性、承载能力、刚度及抗震耗能能力。

钱稼茹、彭媛媛等完成了 4 个浆锚搭接连接的剪力墙构件的拟静力试验，结果表明间接搭接能有效传递钢筋应力，浆锚搭接剪力墙破坏形态与现浇构件有所区别，试件滞回曲线饱满。预制墙侧面采用粗糙面的连接性能比采用键槽的连接性能更好。

陈俊、肖岩制作了 8 个浆锚连接的预制混凝土柱和 1 个普通现浇混凝土柱，进行低周反复荷载试验。试验结果表明浆锚预制柱耗能性能与现浇柱相当，延性优于现浇柱。

梁书亭、吴东岳等采用数值模拟方法分析了波纹管浆锚搭接连接的受力机理，得出该连接安全可靠的结论。他们采用有限元软件对波纹管浆锚装配式剪力墙空间模型进行了模拟分析，确定了浆锚装配式剪力墙结构的破坏机理、内力分布及极限荷载、极限位移等关键力学参数，发现拼缝界面的相对滑移明显削弱了剪力墙结构性能，对耗能性能产生影响。

姜洪斌、邰晓峰对 6 片浆锚预制剪力墙进行了低周期反复荷载试验和细部试件的有限元模拟，得出结论：预制剪力墙承载力略高于现浇剪力墙，约束浆锚搭接连接性能可靠，搭接长度可进一步减少；浆锚搭接连接可应用于抗震设防烈度 8 度地区的住宅建设。

姜洪斌、张海顺通过 220 个试件试验和一些剪力墙试验，研发出一种插入式预留孔灌浆钢筋搭接连接方法，并验证节点连接性能可靠，连接方式可行。采用这种连接方式制作的预制构件具有与现浇结构相同的抗震性能，完全满足我国相关规范的要求。

姜洪斌、赵培完成了 123 个约束浆锚搭接连接试件的单向拉伸和高应力反复拉压试验，发现提高配箍率可以使搭接长度降低，得出了配箍率对搭接长度的影响规律。

　　张兴虎、应一辉等完成了 3 种不同形式的浆锚搭接连接柱的低周反复荷载试验，发现采用高强螺旋箍筋形式的浆锚柱具有良好的抗震性能，提出了装配式整体式浆锚搭接连接柱的设计原则和节点构造等。

　　随着浆锚搭接应用在国内逐渐开展，一些企业也开始着手浆锚搭接连接的应用研究。江苏中南建设集团有限公司和南京大地建设集团有限公司在浆锚领域也做出了一些研究与创新，并应用于工程项目实践中。

　　目前，国内的装配式结构体系一般都采用部分预制、部分现浇的形式，现浇部分的连接主要运用于墙板之间、叠合板、叠合梁、剪力墙边缘构件、预制梁柱节点等。现浇连接部分一般采用铝模板，以保证现浇部分的外观质量与预制构件相一致，无需二次找平。现浇部分施工工艺与传统施工工艺基本相同，质量控制相对容易。

5.2　浆锚连接性能的影响因素

　　影响浆锚搭接连接性能的因素很多，主要有灌浆缺陷、钢筋偏心、浆锚料材料性能、施工扰动等，灌浆缺陷根据其状态及形成机理，可分为端部缺陷、中部缺陷、离散缺陷等，是试验研究的重点。

5.2.1　端部缺陷

　　实际工程中采用高位漏斗法和单点联合压浆法对浆锚节点进行灌浆，如图 5-3 所示。高位漏斗法是利用浆料自身重力对浆锚孔进行灌浆，它适用于剪力墙纵向钢筋直径较小、波纹管体积相对较小时，通过高位漏斗，利用浆料自身重力产生的压力便能满足灌浆需求。这种方法操作简单便捷，灌浆速度快，适用于小体量的灌浆施工。灌浆体量较大时，通过浆料自身重力无法满足灌浆需求，此时需采用压力较大的单点联合压浆法灌浆，选取任一底部灌浆孔，采用灌浆机进行压力灌浆。

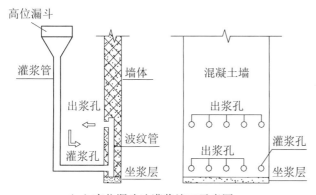

　　（a）高位漏斗法灌浆施工示意图　　　　　　　　　（b）便携式灌浆机示意图

图5-3　浆锚节点灌浆示意

　　实际工程中浆锚灌浆一般采用分仓法灌浆施工工艺，即对坐浆层先进行分仓，待封浆料强度达到设计要求后进行灌浆施工。首先从底部选取一个灌浆孔进行灌浆，其余孔均视为出浆孔。采用单点联合压浆法灌浆，浆料首先充满坐浆层，然后充满各浆锚孔道，待出浆孔出浆时依次采用胶塞进行封堵，直至最后一个出浆孔出浆并完成封堵，迅速移开灌浆机的灌浆管并及时封堵灌浆孔；依次对各分仓进行灌浆施工，完成构件的整体灌浆。

　　一般灌浆施工过程中，所有出浆孔出浆即认为浆锚孔道灌浆饱满。然而在实际施工操作中，往往会产生各种不可预料的问题，造成灌浆不饱满。就端部灌浆缺陷而言，主要由以下两种原因造成：

　　（1）若封浆料的强度未达到相应要求便开始灌浆，则灌浆机产生的灌浆压力可能会使浆料从坐浆层底部溢出，造成漏浆，形成位于灌浆孔上部的端部缺陷；

　　（2）对于灌浆孔和出浆孔，由于灌浆过程中压力较大，如果胶塞松动、脱落，造成浆料溢出，则会造成灌浆孔内液面下降，形成端部缺陷。

　　浆锚搭接节点端部缺陷示意见图5-4所示。

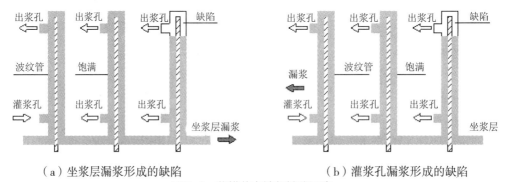

（a）坐浆层漏浆形成的缺陷　　　　　　　　　　（b）灌浆孔漏浆形成的缺陷

图5-4　浆锚节点端部缺陷示意

5.2.2　中部缺陷

　　浆锚连接的中部缺陷一般是由灌浆施工不当等造成的，主要有以下三种原因：

　　（1）预制构件制作过程中，预埋波纹管顶端漏浆，出浆孔被堵塞，灌浆时浆锚孔道中空气无法顺利排出，中部产生空气层，形成中部缺陷；

　　（2）灌浆过程中由于压力不足或内部有杂物，部分出浆孔未能出浆，人为地从出浆孔进行二次补浆，内部空气被浆料封在浆锚孔道的中部，形成中部的缺陷层；

　　（3）灌浆机中浆锚料用完，未能完成对构件的灌浆，当再次灌浆时，浆锚孔道内部浆料流动性降低，难以再次进行灌浆。只能从出浆孔进行二次补浆，形成中部缺陷。

　　浆锚搭接节点中部缺陷的示意见图5-5所示。中部缺陷会直接减少有效搭接长度，造成锚固连接不连续，节点区存在局部破坏的可能，削弱了钢筋连接性能，威胁浆锚搭接连接节点的安全。

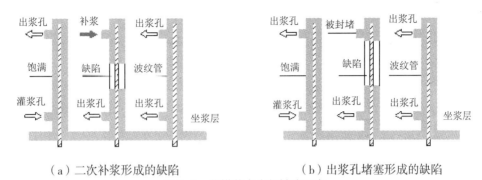

（a）二次补浆形成的缺陷　　　　　（b）出浆孔堵塞形成的缺陷

图5-5　浆锚节点中部缺陷示意

5.2.3　钢筋偏心

钢筋偏心主要指钢筋位置偏移或钢筋倾斜，形成的原因主要有以下几类：

（1）预留钢筋在混凝土浇筑、运输过程中因碰撞等导致位置变化，进入工地现场时，未经严格检查便用于现场安装，则会造成钢筋与预留孔洞出现错位，形成偏心缺陷；

（2）在底部现浇部分施工时，过渡层预留钢筋定位不准，安装时人为进行钢筋位置调整，易出现钢筋错位、倾斜偏心等问题。偏心缺陷如图5-6所示。

若钢筋偏心较大，则钢筋会紧贴浆锚孔内壁，浆料无法正常流动，形成缺陷。钢筋偏心缺陷会减少浆锚料与钢筋的接触面积，降低节点的连接性能。若钢筋倾斜，则会改变传力路径，削弱钢筋与浆锚料的连接性能。

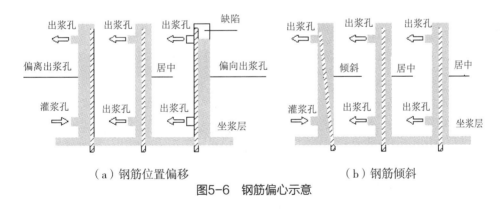

（a）钢筋位置偏移　　　　　　　（b）钢筋倾斜

图5-6　钢筋偏心示意

5.2.4　浆锚料材料性能

劣质浆锚料造成的质量隐患性质较为严重，应严格把控浆料的质量问题。形成缺陷的原因主要有以下两类：

（1）局部的劣质浆锚料缺陷。在灌浆施工过程中，浆料的搅拌量基本按照灌浆机的容量确定，若灌浆不顺利，浆料搁置时间较长或天气较炎热时，施工人员为方便继续灌浆，往往会人为添加水进行再次搅拌灌浆，从而改变浆料的含水量。若一次搅拌的浆锚料较多，完成构件灌浆施工时还有剩余，但流动性不足以继续灌浆时，人为二次添水搅拌灌浆则会造成灌浆料强度降低，并易形成节点缺陷，严重影响结构安全性。

（2）大范围的劣质浆锚料缺陷。实际工程中浆锚料用量较大，损耗也相对较多，优质灌浆料价格较高，某些施工单位为降低建设成本，会采用没有相关资质厂家生产的浆锚料或在原有标准浆锚料中掺杂砂等。未有资质的厂家生产的浆锚料，很难满足相应规范要求，性能与标准浆锚料差距较大，根本不能满足灌浆需求。人为地改变浆料成分配比，浆料性能会远低于标准浆锚料，灌浆后强度和流动性等相关指标均会不合格。

在实际施工过程中，部分浆料由于放置时间过长，流动性不足以灌浆，部分施工人员为操作简单便会人为加水进行二次搅拌继续灌浆，此类缺陷会严重影响灌浆节点的连接性能。为研究浆料强度随加水量的变化情况，课题组制作了 8 组 40mm×40mm×160mm 标准棱柱体试块，自然养护 14d 后进行抗压强度试验。具体试验数据如表 5-1 所示。

表 5-1　浆料试块抗压强度随含水率变化情况

序号	含水率(%)	试块 14d 龄期强度（MPa）						强度平均值（MPa）
一组	13.5	85.4	91	83	82.1	84.7	91.1	86.2
二组	17	61.2	67.4	65.8	69.3	71.9	64.7	66.7
三组	20	57.9	54.2	51.4	56.9	54.6	56.2	55.2
四组	25	27.9	40.6	46.4	37.2	42.8	26.9	40.0

浆料试块标准含水率为 13.5%，14d 抗压强度为 86.2MPa，符合设计要求。含水率为 17% 时，抗压强度降低了 22.6%，含水率为 20% 时抗压强度下降了 36%，含水率为 25% 时抗压强度只有标准强度的 46.4%。浆料抗压强度随含水率变化的趋势如图 5-7 所示。浆料抗压强度随含水率的上升基本呈指数下降趋势，含水率仅增加 3.5% 抗压强度便出现大幅下降，且当含水率为 25% 时，试块强度离散性很大，同一组试块强度差异性非常大，表明加水对浆料强度影响很大，很容易造成薄弱区域。因此，应严格控制浆料搅拌时的含水率，避免加水过量造成浆料强度不足，形成大范围的节点灌浆质量问题。

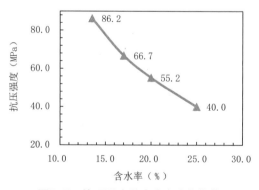

图5-7　抗压强度随含水率变化趋势

局部的浆锚料强度降低会造成部分节点出现薄弱区,影响结构的受力及抗震性能,大范围的浆锚料不合格,会造成整栋建筑或多个楼层出现节点质量问题,而且这类隐患会严重威胁结构整体安全,是质量控制及验收时需要杜绝和避免的。

5.2.5　施工扰动

装配式结构是由预制构件经有序安装而成,装配过程中首先进行吊装安装,安装完成后需进行定位并固定,之后才能进行灌浆施工。一般通过斜撑和七字码来控制预制构件的水平位置和垂直度,如图 5-8 所示。

（a）斜撑　　　　　　　　　（b）七字码

图5-8　斜撑和七字码示意图

灌浆施工完成后需再次测量轴线位置及垂直度,可根据实际情况进行微调,若大幅度调整支撑则会扰动浆锚孔内部浆料,可能出现浆料裂缝等,影响节点的连接性能。浆锚料虽然具有稳定、高强、早强等特点,但若过早拆除斜撑等,则浆料强度尚未达到相应要求,节点性能会受到一定的影响。

为研究浆锚料强度随时间的发展变化规律,课题组根据《水泥基灌浆材料应用技术规范》(GB/T 50448—2015)制作了 12 组 40mm×40mm×160mm 的棱柱体试块。选取不同龄期的试块进行抗压试验,取每组试块的抗压强度平均值为强度代表值,具体数据如表 5-2 所示。

表 5-2　浆料抗压强度随时间变化情况

龄期（d）	抗压强度值（MPa）						平均值（MPa）
1	37.2	36.4	37.8	33.1	39.8	40.1	37.4
3	62.9	54.5	53.7	60.1	56.9	61.7	58.3
7	78.6	84.1	79.9	80.1	61.3	82.3	77.7
10	67.0	79.4	73.3	93.7	85.8	87.1	81.1
14	80.1	90.1	93.6	92.2	77.0	83.7	86.2
28	85.6	86.8	82.5	90.6	91.3	85.8	87.1

由表 5-2 可知,龄期 1d、3d、28d 对应的浆料抗压强度平均值分别为 37.4MPa、

58.3MPa、87.1MPa，各时间节点对应强度均符合相应规范要求。浆锚料强度随时间变化趋势如图5-9所示，由趋势图可知浆料在7d内强度发展迅速，呈直线增长，随后强度发展开始相对平缓，直至14d时强度基本稳定在86MPa，14d后强度基本无明显增长。根据强度的变化情况可以看出，为避免浆锚钢筋受施工扰动影响，建议应至少在灌浆完成7d后再进行斜撑的拆除工作。

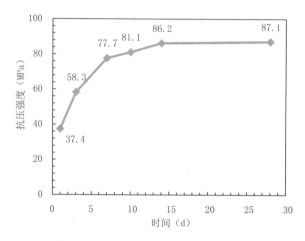

图5-9　浆料抗压强度随时间变化趋势

5.2.6　浆料流动性

实际工程在灌浆施工时，由于浆锚孔体积较大，构件的灌浆施工时间相对较长，若灌浆机中剩余的浆料流动性较差仍继续灌浆，则易产生灌浆缺陷。为研究浆锚料流动性随时间的变化情况，课题组根据《水泥胶砂流动度测定方法》（GB/T 2419—2005）的规定进行试验，采用水泥胶砂流动度测定仪测量不同时间浆锚料的流动度，如图5-10所示。

（a）设备外观　　　　　　　　　　（b）设备试验状态

图5-10　水泥胶砂流动度测定仪

浆料流动性测试步骤如下：

（1）先检查跳桌各部位是否正常，进行空转，观察设备是否正常。

（2）在搅拌浆锚料的同时，用湿棉布擦拭跳桌台面、试模内部、捣棒等，将试模放在跳桌台面中央并用湿布覆盖。

（3）将浆锚料分两层迅速装入试模中，第一层装至锥圆模高度的 2/3 处，用小刀沿垂直的两个方向分别划动 5 次，随后采用捣棒由边缘至中心捣压 15 次。捣压完毕后再装入第二层浆锚料，装至高出锥圆模约 20mm，接着用小刀沿垂直方向各划 10 次，捣棒由边缘向中心均匀捣压 10 次且捣压过程中要保持试模位置不变。

（4）取下模套，用刀将超出锥圆模的浆料刮去并抹平，将桌面胶砂用湿布擦拭干净，缓缓地沿垂直向上方向提起圆锥模，立刻开动跳桌，以每秒一次频率完成 25 次跳动。

（5）跳动完毕后，用尺子测量最大扩散直径及与其垂直的直径，计算平均值，即为浆料的流动度，如图 5-11 所示。

图5-11　流动度测量

分两次测量静置不同时间下的浆料流动度，具体数据如表 5-3 所示。初始流动度及 30min 的流动度分别为 350mm 和 320mm，流动性能良好，易于灌浆施工。

表5-3　浆料流动度随时间变化　　　　　　　　　　（mm）

序列	5min	30min	45min	60min	75min	90min
1 组	350	320	270	240	220	190
2 组	360	325	280	244	226	195

浆锚料的流动度随时间变化趋势如图 5-12 所示。流动度随时间增加呈线性下降，浆料在前 30min 流动性较为良好，适合灌浆施工。45min 时流动度降低了约 22%，60min 时降低了 31%，75min 时降低了 37%，至 90min 时接近糊状，流动度降低为初始流动度的 54%。60min 时的浆料流动性能下降较为明显，不适于灌浆。若使用静置 60min 后的浆锚料灌浆，很大可能会因流动性不足造成节点质量缺陷，影响结构连接性能。

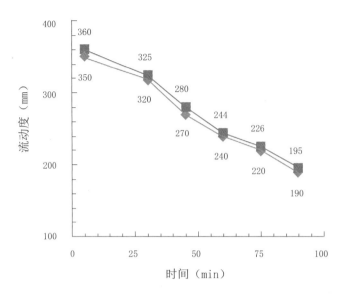

图5-12 浆锚料流动度随时间变化趋势

5.3 浆锚试件性能试验

5.3.1 试件设计

浆锚搭接连接由于搭接长度较长,工程中一般用于小直径纵向钢筋的连接。试验主要研究各类缺陷对浆锚连接性能的影响,选取直径为16mm的HRB400级螺纹钢筋作为主要浆锚钢筋,进行单向拉伸和反复拉伸试验。

试验目的是研究浆锚搭接连接缺陷对力学性能的影响,通过预埋各类人工缺陷,模拟实际工程中可能出现的各种灌浆质量问题。为方便制作及试验操作,设计制作C35混凝土厚板带,用于浆锚试件试验,混凝土板带如图5-13所示,浆锚料主要技术参数见表5-4。

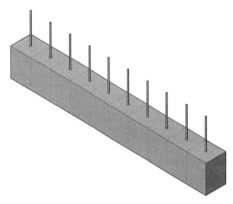

（a）混凝土板带示意图

（b）混凝土板带外观

图5-13 混凝土板带

表 5-4 浆锚料主要技术参数

项目	指标	项目	指标
初始流动度	≥ 340mm	1d 抗压强度	≥ 35MPa
30min 流动度	≥ 300mm	7d 抗压强度	≥ 55MPa
泌水率	0	28d 抗压强度	≥ 80MPa
加水量	13.5%	24h 竖向膨胀率	0.02% ~ 0.5%

浆锚钢筋搭接长度为 l_a=29d=464mm，取 470mm。预埋波纹管直径为 40mm，壁厚为 0.2mm，由镀锌钢带轧制而成，波高约 3mm。在波纹管外侧设直径为 6mm 的 HPB300 螺旋箍筋，外径为 80mm，螺旋箍间距为 100mm。浆锚钢筋在不同部位设置各类灌浆缺陷，按照缺陷类别对构件进行分组并编号，浆锚试件技术参数见表 5-5。

表 5-5 浆锚试件技术参数

序号	编号	构件缺陷类型	缺陷长度	钢筋直径
1	BD01-01 ~ 02	中部连续缺陷	0.25l_a	2ϕ16
2	BD01-03 ~ 04	中部连续缺陷	0.35l_a	2ϕ16
3	BD01-05 ~ 06	中部连续缺陷	0.45l_a	2ϕ16
4	BD01-07 ~ 08	中部连续缺陷	0.55l_a	2ϕ16
5	BD01-09 ~ 10	无缺陷对比试件	0	2ϕ16
6	BD02-01 ~ 02	灌浆孔端部连续缺陷	0.25l_a	2ϕ16
7	BD02-03 ~ 04	灌浆孔端部连续缺陷	0.35l_a	2ϕ16
8	BD02-05 ~ 06	灌浆孔端部连续缺陷	0.45l_a	2ϕ16
9	BD02-07 ~ 08	灌浆孔端部连续缺陷	0.55l_a	2ϕ16
10	BD02-09 ~ 10	出浆孔端部连续缺陷	0.55l_a	2ϕ16
11	BD03-01 ~ 02	出浆孔端部连续缺陷	0.6l_a	2ϕ16
12	BD03-03 ~ 04	出浆孔端部连续缺陷	0.7l_a	2ϕ16
13	BD03-05 ~ 06	出浆孔端部连续缺陷	0.8l_a	2ϕ16
14	BD03-07 ~ 08	中部连续缺陷	0.6l_a	2ϕ16
15	BD03-09 ~ 10	中部连续缺陷	0.7l_a	2ϕ16
16	BD04-01 ~ 02	中部连续缺陷	0.8l_a	2ϕ16
17	BD04-03 ~ 04	中部离散缺陷	0.4l_a	2ϕ16
18	BD04-05 ~ 06	中部离散缺陷	0.5l_a	2ϕ16
19	BD04-07 ~ 08	中部离散缺陷	0.6l_a	2ϕ16
20	BD04-09 ~ 10	中部离散缺陷	0.7l_a	2ϕ16
21	BD05-01	水泥砂浆灌浆	0.35l_a	1ϕ16
22	BD05-02	水泥砂浆灌浆	0.45l_a	1ϕ16
23	BD05-03	水泥砂浆灌浆	0.6l_a	1ϕ16
24	BD05-04	水泥砂浆灌浆	0	1ϕ16
25	BD05-05 ~ 06	含水率 17% 浆锚料	0	2ϕ16

续表

序号	编号	构件缺陷类型	缺陷长度	钢筋直径
26	BD05-07 ~ 08	含水率20%浆锚料	0	$2\phi16$
27	BD05-09 ~ 10	浆锚料掺砂18%	$0.6l_a$	$2\phi16$
28	BD06-01 ~ 02	浆锚料掺砂35%	$0.6l_a$	$2\phi16$
29	BD06-03 ~ 04	灌浆孔端部缺陷	$0.6l_a$	$2\phi20$
30	BD06-05 ~ 06	灌浆孔端部缺陷	$0.7l_a$	$2\phi20$
31	BD06-07 ~ 08	灌浆孔端部缺陷	$0.8l_a$	$2\phi20$
32	BD06-09 ~ 10	无缺陷对比试件	0	$2\phi20$
33	BD07-01 ~ 02	浆锚钢筋偏向出浆口	$0.55l_a$	$2\phi16$
34	BD07-03 ~ 04	浆锚钢筋偏离出浆口	$0.55l_a$	$2\phi16$
35	BD07-05 ~ 06	浆锚钢筋倾斜	$0.55l_a$	$2\phi16$
36	BD07-07	反复拉伸	$0.6l_a$	$1\phi16$
37	BD07-08	反复拉伸	$0.7l_a$	$1\phi16$
38	BD07-09 ~ 10	低荷载反复拉伸	$0.6l_a$	$2\phi16$
39	BD08-01	单调荷载	$0.6l_a$	$1\phi16$
40	BD08-02	单调荷载	$0.7l_a$	$1\phi16$

5.3.2 端部缺陷试验

浆锚端部缺陷可分为灌浆孔端部缺陷和出浆孔端部缺陷两类。试验荷载在90kN左右时，浆锚钢筋处于线弹性阶段，位移均较小，且所有试件位移基本保持一致，表明这一过程中钢筋滑移未受缺陷影响，浆料提供的剪切力大于钢筋屈服荷载。随荷载继续增加位移开始迅速增大，各试件的曲线上升段基本重合，缺陷未对力学性能产生明显影响。试件最终均发生钢筋拉断破坏，缺陷试件粘结力大于钢筋极限承载力，试验荷载达到110kN时，缺陷试件位移均为25mm左右，与无缺陷试件大体相同。当缺陷长度小于$0.55l_a$时，灌浆孔端部缺陷对受力性能影响较小。灌浆孔端部缺陷试件荷载和位移曲线如图5-14所示。

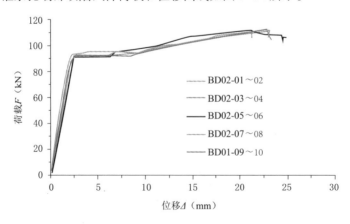

图5-14 灌浆孔端部缺陷荷载-位移曲线

定义相对位移比为：在 110kN 荷载时，各试件对应的位移与无缺陷标准试件位移之比。灌浆孔端部缺陷试件试验结果见表 5-6。

表 5-6　灌浆孔端部缺陷试件试验结果

试件编号	缺陷长度	峰值荷载（kN）	110kN 对应的位移（mm）	相对位移比	破坏形态
BD02-01 ~ 02	$0.25l_a$	126.2	22.1	1.04	钢筋拉断
BD02-03 ~ 04	$0.35l_a$	127.9	23.1	1.09	钢筋拉断
BD02-05 ~ 06	$0.45l_a$	128.1	24.5	1.16	钢筋拉断
BD02-07 ~ 08	$0.55l_a$	129.0	23.7	1.13	钢筋拉断
BD01-09 ~ 10	0	129.3	21.2	1	钢筋拉断

出浆孔端部缺陷试验时，缺陷长度 $\geq 0.7l_a$ 的试件随荷载增大出现钢筋大幅滑移，最终发生钢筋拔出破坏，其余试件均为钢筋拉断破坏。加载方式和曲线绘制方法同灌浆孔端部缺陷试件，出浆孔端部缺陷试件荷载 – 位移曲线如图 5-15 所示。出浆孔端部缺陷试件试验结果见表 5-7。

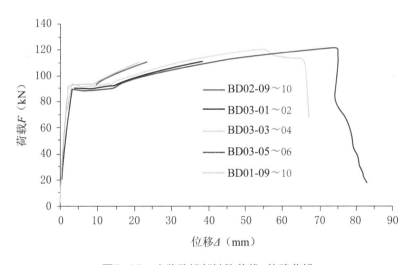

图5-15　出浆孔端部缺陷荷载-位移曲线

表 5-7　出浆孔端部缺陷试件试验结果

试件编号	缺陷长度	峰值荷载（kN）	110kN 对应的位移（mm）	相对位移比	破坏形态
BD02-09 ~ 10	$0.55l_a$	125.7	23.3	1.1	钢筋拉断
BD03-01 ~ 02	$0.60l_a$	126.0	38.4	1.81	钢筋拉断
BD03-03 ~ 04	$0.70l_a$	120.5	40.5	1.91	钢筋拔出
BD03-05 ~ 06	$0.80l_a$	121.0	42.6	2.0	钢筋拔出
BD01-09 ~ 10	0	129.3	21.2	1	钢筋拉断

由图 5-15 可知，当荷载较小未达到屈服荷载时，浆锚钢筋滑移量较小，缺陷未对节点力学性能产生明显影响。当荷载超过屈服荷载并逐渐增大时，各试件钢筋滑移量表现出不同特征，缺陷越大滑移量越大。缺陷长度为 $0.55l_a$ 和 $0.6l_a$ 的试件，在 110kN 时滑移量分别为 23.3mm 和 38.4mm，缺陷增加了 5%，位移增加了 65%。缺陷长度为 $0.6l_a$ 的试件虽为钢筋拉断破坏，但对浆锚连接变形性能的影响很大，视为破坏界限临界值。当缺陷长度大于 $0.6l_a$ 时，缺陷长度每增加 10%，对应位移增加相对较小，变化不到 8%。缺陷长度为 $0.7l_a$ 的试件，屈服后随荷载的继续增加位移迅速增大，直至达到峰值荷载，力值突然下降，混凝土发生冲切破坏，钢筋明显滑移、最终拔出破坏。缺陷长度为 $0.8l_a$ 的试件，力值较小时位移相对较大，加载至 115kN 时钢筋滑脱拔出，混凝土未出现破坏。就钢筋拔出破坏试件而言，缺陷越大，拔出对应峰值力越小，峰值荷载对应位移越大。当缺陷长度达到 $0.8l_a$ 时基本属于脆性破坏，无明显破坏征兆。

图 5-16 为灌浆孔与出浆孔端部缺陷试件的荷载－位移曲线对比图。缺陷长度均为 $0.55l_a$，相比之下灌浆孔端部缺陷的位移基本与出浆孔端部缺陷位移相同，无论缺陷位于灌浆孔端部还是出浆孔端部，对浆锚连接性能基本无影响，可认为缺陷在灌浆孔端部和出浆孔端部对受力性能的影响是大体相同的。

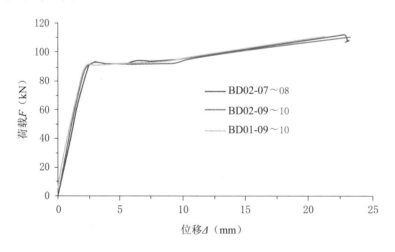

图5-16 出浆孔和灌浆孔端部缺陷试件荷载-位移曲线

图 5-17 为螺旋箍筋的荷载－应变曲线，可见无论是钢筋发生拔出破坏还是拉断破坏，螺旋箍筋的最大应变均未超出 350×10^{-6}，整个过程基本不受力，螺旋箍筋未能发挥其约束作用。如图 5-18 所示，缺陷试件钢筋发生拔出破坏，部分波纹管断裂，与钢筋一起被拔出，表明波纹管能给浆锚料提供一定的侧向约束力而形成环箍效应，增强浆锚料与钢筋的粘结能力。由此可见，以波纹管成孔的浆锚连接无需设置螺旋箍筋。

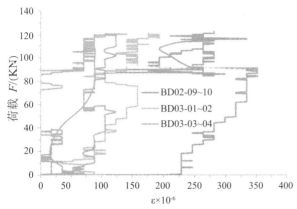

图5-17　螺旋箍筋荷载-应变曲线　　　　图5-18　钢筋与波纹管拔出破坏

5.3.3　中部缺陷试验

浆锚中部缺陷指位于浆锚区域中部且连续的缺陷。灌浆孔中部缺陷试件荷载－位移曲线如图 5-19 所示，中部缺陷试件试验结果见表 5-8。

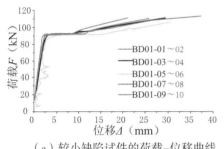

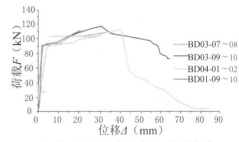

（a）较小缺陷试件的荷载-位移曲线　　　（b）较大缺陷试件的荷载-位移曲线

图5-19　中部缺陷试件荷载-位移曲线

表 5-8　中部缺陷试件试验结果

试件编号	缺陷长度	峰值荷载 （kN）	110kN 对应的位移 （mm）	相对 位移比	破坏 形态
BD01–01 ~ 02	$0.25l_a$	126.2	25.9	1.22	钢筋拉断
BD01–03 ~ 04	$0.35l_a$	127.9	27.6	1.30	钢筋拉断
BD01–05 ~ 06	$0.45l_a$	128.1	28.4	1.34	钢筋拉断
BD01–07 ~ 08	$0.55l_a$	129.0	36.2	1.71	钢筋拉断
BD01–09 ~ 10	0	129.3	21.2	1	钢筋拉断
BD03–07 ~ 08	$0.6l_a$	124.3	37.9	1.78	钢筋拉断
BD03–09 ~ 10	$0.7l_a$	116.0	26.5	1.25	钢筋拔出
BD04–01 ~ 02	$0.8l_a$	111.2	40.7	1.92	钢筋拔出

图 5-19（a）为较小缺陷试件的荷载－位移曲线，荷载在 90kN 左右时，试件浆锚钢筋均

处于线弹性阶段，位移相对较小，所有试件位移基本相同，表明缺陷大小对钢筋滑移量影响不大，浆料提供的剪切力大于钢筋屈服荷载。随荷载继续增加位移开始迅速增大，在位移达到10mm左右时，各试件性能呈现差异性变化。缺陷越大，相同荷载作用下位移增长速度越快，加载到110kN时对应的滑移越大。虽然最终均为钢筋拉断破坏，缺陷试件承载能力仍大于钢筋极限承载力，但极限位移已到达36mm，是无缺陷试件的1.7倍。缺陷长度为 $0.55l_a$ 时，其对浆锚连接变形能力已有很大的影响。当缺陷长度小于 $0.45l_a$ 时，极限位移与无缺陷试件相差不大，且最终均为钢筋拉断破坏，认为灌浆缺陷小于该缺陷长度时对浆锚连接性能的影响极小，与无缺陷试件承载能力基本相同。

图5-19（b）为较大缺陷试件的荷载-位移曲线，钢筋屈服前曲线基本一致，缺陷长度为 $0.6l_a$ 时发生钢筋拉断破坏，极限位移为37.9mm，为无缺陷试件的1.8倍。缺陷长度为 $0.7l_a$ 的试件，当位移达到30mm时，荷载便开始缓慢下降，位移迅速增加，混凝土冲切变形，钢筋发生拔出破坏。缺陷长度为 $0.8l_a$ 的试件，由于缺陷较大，达到峰值荷载后应力迅速下降，混凝土未发生冲切破坏，钢筋便直接滑移拔出。缺陷长度小于 $0.6l_a$ 的试件破坏时对应峰值无较大变化，当缺陷长度大于 $0.6l_a$ 时，增加10%缺陷破坏对应峰值下降10%，可见缺陷较大时，锚固能力大幅削弱，对浆锚连接的承载力及变形影响很大，严重威胁节点的安全。

相比端部缺陷试件，中部缺陷试件相同缺陷下的位移均要大于端部，缺陷长 $0.55l_a$ 时，中部缺陷试件对应的位移是端部缺陷试件位移的1.6倍，峰值荷载也低于端部缺陷试件，可见中部缺陷使试件呈现分段破坏的特征，对浆锚搭接连接的影响要远大于端部缺陷。

5.3.4 离散缺陷试验

浆锚离散缺陷指在浆锚区存在多个缺陷，离散缺陷构件荷载-位移曲线如图5-20所示，离散缺陷试件试验结果见表5-9。

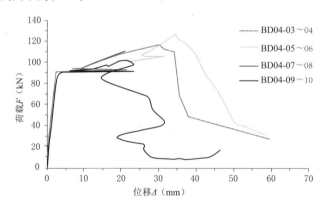

图5-20 离散缺陷构件荷载-位移曲线

当荷载小于钢筋屈服荷载时，各试件荷载-位移曲线基本保持一致。随荷载增加位移迅速增大，缺陷较大的试件位移变化较快。缺陷长度为 $0.4l_a$ 时发生钢筋拉断破坏，其余均发生钢筋拔出破坏。缺陷长度大于 $0.5l_a$ 时，荷载达峰值后，钢筋明显滑移，随后发生钢筋拔出破坏。缺陷长度越大试件峰值荷载越小，缺陷长度为 $0.5l_a$ 和 $0.6l_a$ 的试件出现混凝土冲切破坏，随后钢筋发生拔出破坏，而缺陷长度为 $0.7l_a$ 的试件混凝土完好，钢筋直接滑移拔出。

表 5-9　离散缺陷试件试验结果

试件编号	缺陷长度	峰值荷载 （kN）	110kN 对应的位移 （mm）	相对 位移比	破坏 形态
BD04-03 ~ 04	$0.4l_a$	127.1	21.5	1.01	钢筋拉断
BD04-05 ~ 06	$0.5l_a$	123.4	27.6	1.30	钢筋拔出
BD04-07 ~ 08	$0.6l_a$	116.5	22.3	1.05	钢筋拔出
BD04-09 ~ 10	$0.7l_a$	101.2	—	—	钢筋拔出
BD01-09 ~ 10	0	129.3	21.2	1	钢筋拉断

相比端部与中部缺陷，离散缺陷累计长度达 $0.5l_a$ 时，试件出现钢筋拔出破坏，说明离散缺陷对浆锚连接承载能力的影响远大于端部和中部缺陷。多个缺陷将钢筋与浆料分段隔开，每段粘结长度只有 20mm 左右，荷载达到一定数值时，浆锚料与钢筋的粘结被逐段破坏，不能发挥实际搭接长度的作用。当离散缺陷长度小于 $0.4l_a$ 时，滑移小且均为钢筋拉断破坏，对节点搭接粘结性能影响很小，基本与无缺陷试件的性能相当。

5.3.5　劣质浆锚料试验

试验中模拟劣质浆锚料主要有三种情况：水泥砂浆灌浆、二次搅拌加水灌浆和浆料掺砂灌浆。水泥砂浆缺陷为中部连续缺陷，采用强度等级为 52.5MPa 的普通硅酸盐水泥，砂浆配比为水泥:砂:水 =1:2:1。灌浆过程中，水泥砂浆在灌浆孔处逐渐离析，砂堵塞灌浆孔，基本无法正常灌浆。试件的荷载 – 位移曲线如图 5-21 所示。

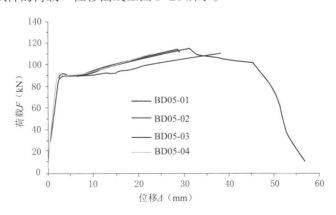

图5-21　水泥砂浆灌浆试件荷载-位移曲线

根据试验结果，钢筋屈服前荷载 – 位移曲线始终保持一致，位移较小。随荷载持续增加，缺陷越大则位移增加越快。当荷载达到 110kN 时，缺陷越大对应滑移越大，但总量相差不大。

缺陷长度为 $0.6l_a$ 的试件最终发生钢筋拔出破坏，其余均为钢筋拉断破坏。钢筋拔出破坏的试件未出现混凝土冲切破坏，只在端部出现混凝土冲切特征。相比其他类型的连续缺陷，对应缺陷长度为 $0.6l_a$ 时基本均为钢筋拉断破坏，而砂浆灌浆则为钢筋滑移拔出。砂浆养护时间相对较长，强度值仍远低于专用浆锚料，粘结性能无法与浆锚料相提并论。采用砂浆灌浆基本不可能将浆锚孔灌满，很容易堵塞浆锚孔。因此，工程中应严禁采用水泥砂浆进行相应灌浆施工。水泥砂浆灌浆试件试验结果见表 5-10。

表 5-10　水泥砂浆灌浆试件试验结果

试件编号	缺陷长度	峰值荷载（kN）	110kN 对应的位移（mm）	相对位移比	破坏形态
BD05-01	$0.35l_a$	122.1	28.6	1.27	钢筋拉断
BD05-02	$0.45l_a$	120.4	38.4	1.70	钢筋拉断
BD05-03	$0.6l_a$	114.8	28.9	1.28	钢筋拔出
BD05-04	0	124.3	22.6	1	钢筋拉断

工程中不乏向浆料中二次加水再次进行灌浆的现象，为研究加水对浆锚粘结能力的影响，试验时制作了含水率分别为 13.5%、17%、20% 的试件，浆料的标准含水率为 13.5%，作为对比件。砂浆试块强度值见表 5-11。

表 5-11　不同含水率砂浆试块强度

试件含水率（%）	抗压强度（MPa）						抗压强度平均值（MPa）
13.5	66.6	68.4	61.7	63.4	66	63.6	64.9
17	58.6	59.8	56.3	56.8	57.7	60.8	58.3
20	48.6	44.8	42.1	47.5	45.2	46.8	45.8

图 5-22 为不同含水率浆锚料试件的荷载 – 位移曲线。17% 和 20% 含水率试件曲线基本重合，两者相比于标准试件，滑移量增大，由于搭接长度较长，最终均发生钢筋拉断破坏。含水率的增加很大程度影响了浆锚连接的变形能力，而且含水率上升使得浆料离析分层，灌浆过程中很容易造成大量漏浆，实际施工过程中严禁加水二次搅拌继续灌浆。不同含水率浆锚料试件试验结果见表 5-12。

表 5-12　不同含水率浆锚料试件试验结果

试件编号	含水率（%）	峰值荷载（kN）	110kN 对应的位移（mm）	相对位移比	破坏形态
BD05-05 ~ 06	17	127.1	28.6	1.35	钢筋拉断
BD05-07 ~ 08	20	128.4	28.8	1.36	钢筋拉断
BD01-09 ~ 10	0	129.3	21.2	1	钢筋拉断

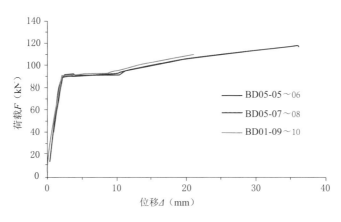

图5-22 不同含水率浆锚料试件荷载-位移曲线

为研究掺杂物对浆锚粘结性能及灌浆的影响，课题组制作了两组浆锚料掺砂试件，浆锚料强度见表 5-13。

表 5-13 掺砂浆锚料强度

试件含砂率（%）	抗压强度（MPa）						抗压强度平均值（MPa）
0	66.6	68.4	61.7	63.4	66	63.6	64.9
18	50.3	51.2	48.7	46.3	53.4	45.1	49.1
35	46.2	43.8	40.2	48.4	41.6	42.5	43.7

图 5-23 为浆锚料掺砂试件的荷载－位移曲线，可见 18% 含砂率的曲线基本与无缺陷试件保持一致，35% 含砂试件的相对滑移较大，由于搭接长度较大，最终随荷载增加均为钢筋拉断破坏。由表 5-13 可知，掺砂使得浆料强度出现大幅下降，含砂率增加 18% 强度下降 24.3%，对浆锚粘结性能影响较大。实际灌浆施工过程中，灌浆孔道基本无浆料，会严重威胁节点的安全，而且砂中夹杂浆料堵塞灌浆孔后很难清理，容易造成灌浆孔堵塞，因此工程中应严禁掺砂进行灌浆施工。不同含砂率试件试验结果见表 5-14。

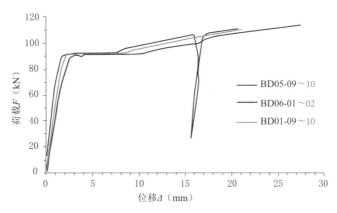

图5-23 不同含砂率试件荷载-位移曲线

表 5-14　不同含砂率试件试验结果

试件编号	含砂率（%）	峰值荷载（kN）	110kN 对应的位移（mm）	相对位移比	破坏形态
BD05-09 ~ 10	18	126.9	21.5	1.01	钢筋拉断
BD06-01 ~ 02	35	124.6	24.3	1.15	钢筋拉断
BD01-09 ~ 10	0	129.3	21.2	1	钢筋拉断

5.3.6　大直径钢筋试验

为研究荷载较大情况时缺陷对浆锚粘结能力的影响，选用直径 20mm 的 HRB400 钢筋作为浆锚钢筋，设置 3 组缺陷长度大小不同的试件进行试验，试件荷载–位移曲线如图 5-24 所示。

根据试验结果，钢筋屈服前缺陷对浆锚粘结能力影响较小，位移很小。随荷载增加钢筋进入强化阶段，滑移量迅速增加。无缺陷试件荷载达到 187kN 仍无破坏迹象。其余 3 组试件当荷载达到 185kN 左右时，荷载突然下降，钢筋被拔出。缺陷越大峰值荷载对应的滑移越大，但总体差异较小。缺陷长度为 $0.15l_a$ 的试件达到峰值荷载时对应位移高达 50.3mm，可见缺陷对浆锚连接的变形能力影响很大，缺陷在较大荷载作用下产生的危害更大。在实际工程中，浆锚连接更适用于小直径钢筋的纵向连接，钢筋直径不应大于 20mm。试验结果见表 5-15。

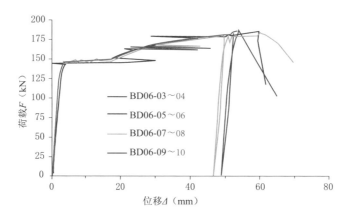

图5-24　大直径钢筋试件荷载-位移曲线

表 5-15　大直径钢筋试件试验结果

试件编号	缺陷长度	峰值荷载（kN）	峰值对应的位移（mm）	相对位移比	破坏形态
BD06-03 ~ 04	$0.6l_a$	186.4	53.3	1.06	钢筋拔出
BD06-05 ~ 06	$0.7l_a$	180.6	59.0	1.17	钢筋拔出
BD06-07 ~ 08	$0.8l_a$	183.3	60.6	1.2	钢筋拔出
BD06-09 ~ 10	$0.15l_a$	187.6	50.3	1	钢筋拉断

5.3.7　钢筋位置偏差试验

钢筋位置偏差包括钢筋倾斜和钢筋偏心两种情况，试验设计 3 组不同位置偏差的试件。浆锚钢筋为直径 16mm 的 HRB400 钢筋，灌浆后自然养护 5d，随后进行试验。

图 5-25 为钢筋位置偏差试件荷载 – 位移曲线，可见 3 组缺陷试件与无缺陷试件曲线基本保持一致，最终随荷载增加均为钢筋拉断破坏，表明钢筋位置偏差对承载能力的影响很小。由于搭接长度较长，钢筋倾斜角度很小，基本未减少实际搭接长度，因而最终为钢筋拉断破坏。钢筋贴壁偏心减少了钢筋与浆料的接触面积，但钢筋与浆料的粘结能力仍大于钢筋极限抗拉强度，最终发生钢筋拉断破坏。总体而言钢筋位置偏差对承载能力的影响很小，可以忽略不计。钢筋位置偏差试件试验结果见表 5-16。

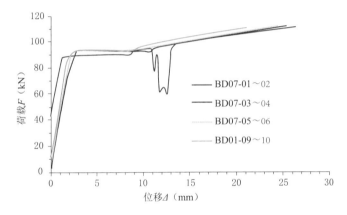

图5-25　钢筋位置偏差试件荷载-位移曲线图

表 5-16　钢筋位置偏差试件试验结果

试件编号	缺陷长度	峰值荷载 （kN）	110kN 对应的 位移（mm）	相对 位移比	破坏 形态
BD07-01 ~ 02	$0.55l_a$	124.6	24.1	1.14	钢筋拉断
BD07-03 ~ 04	$0.55l_a$	127.5	25.9	1.22	钢筋拉断
BD07-05 ~ 06	$0.55l_a$	125.6	26.3	1.24	钢筋拉断
BD01-09 ~ 10	0	129.3	21.2	1	钢筋拉断

5.3.8　反复荷载试验

为研究缺陷在反复荷载作用下对浆锚粘结性能的影响，课题组制作了 3 组中部缺陷试件进行反复荷载试验，缺陷长度分别为 $0.6l_a$ 和 $0.7l_a$。采用直径 16mm 的 HRB400 钢筋，灌浆完成、自然养护 5d 后进行反复荷载试验。

荷载加载至 110kN 时，开始进行循环加载，循环中峰值荷载均有所增加。缺陷长度为 $0.6l_a$ 的试件荷载 – 位移曲线见图 5-26（a），缺陷长度为 $0.7l_a$ 的试件荷载 – 位移曲线见图 5-26（b）。

由图 5-26（a）可知，循环荷载作用下，循环 10 次最终发生钢筋拉断破坏，峰值荷载为 127.1kN，而单调荷载作用下的试件，钢筋拉断时的峰值荷载为 126.4kN，两者基本相同。循环荷载作用并未使峰值荷载出现下降，但相应的位移有所增加，反复荷载对浆锚节点变形性能影响较大。

图 5-26（b）为较大缺陷下的反复荷载试验，均发生钢筋拔出破坏。单调荷载作用下，位移为 38mm，荷载对应 123.6kN 时钢筋发生拔出破坏。而反复荷载作用下位移达 65mm，荷载对应 122kN 时钢筋发生拔出破坏。反复荷载下的位移是单调荷载时的 1.7 倍，而峰值荷载基本保持一致，再次说明反复荷载对浆锚节点变形能力影响很大，对破坏荷载影响极小。试件试验结果见表 5-17。

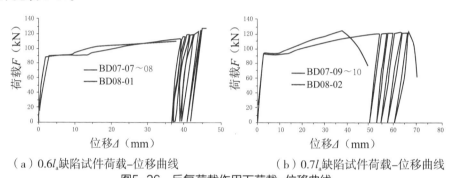

（a）0.6l_a缺陷试件荷载-位移曲线　　　（b）0.7l_a缺陷试件荷载-位移曲线

图5-26　反复荷载作用下荷载-位移曲线

表5-17　反复荷载试件试验结果

试件编号	缺陷长度	峰值荷载（kN）	峰值荷载对应的位移（mm）	荷载形式	破坏形态
BD07-07 ~ 08	0.6l_a	127.1	45.8	反复荷载	钢筋拉断
BD07-09 ~ 10	0.7l_a	122.0	65.1	反复荷载	钢筋拔出
BD08-01	0.6l_a	126.4	—	单调荷载	钢筋拉断
BD08-02	0.7l_a	123.6	38.7	单调荷载	钢筋拔出

5.4　浆锚连接缺陷检测

浆锚连接灌浆质量是施工验收的重点，关键问题是要准确识别灌浆缺陷的位置和尺寸。较为可行的方法是采用冲击回波法、超声断层扫描法和 X 射线成像法对缺陷进行检测识别。

5.4.1　冲击回波法

冲击回波法是一种基于应力波传播特性的无损检测法，其原理是利用机械方式冲击混凝土表面产生应力波，该应力波会在结构中传播，因为波阻抗的差异，应力波会被内部缺陷和外部表面反射，来回反射的应力波会形成一种特殊模式，在激发点附近由接收换能器接收回波信号并将信号通过快速傅里叶变换转换至频域中，通过分析主频大小即可评定结构厚度和内部缺陷情况。图 5-27 为冲击回波法检测混凝土内部缺陷的原理示意。与传统超声波检测技术相比，冲击回波检测技术可以单面检测、检测厚度较大、不需要耦合，适合工程现场使用。

　　研究时尝试采用一种集信号发生装置与接收装置于一体的手持式冲击回波仪检测浆锚孔灌浆质量，仪器沿被检测面匀速缓慢移动，实时采集数据传输至计算机。但检测数据波动较大，重复性不好，未能有效识别缺陷位置及大小。

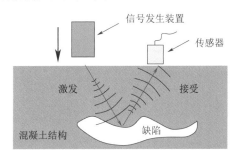

图5-27　冲击回波法检测混凝土内部缺陷原理示意

5.4.2　超声断层扫描法

　　俄罗斯生产的 A1040 型混凝土超声断层扫描仪适用于混凝土、石材内部缺陷检测，可以识别材料中缺陷、裂缝以及管线，也能够较为精确地测量物体厚度。测量结果以断面影像的形式呈现，使得检测结果显示更直观。应用专门的软件，可以快速处理图像，生成物体内部结构的 3D 影像。

　　超声断层扫描仪使用方法如下：

　　（1）将被检测面划分为 100mm × 100mm 的网格，检测面的上端及下端各留出 50mm 左右；

　　（2）手持仪器，使仪器边界正好与网格线重合，垂直按压设备即可开始采集数据，从上往下、从左往右沿网格线依次进行数据采集，如图 5-28 所示。

（a）检测网格线设置　　　　　　　　　　（b）现场检测

图5-28　超声断层扫描仪检测

　　数据经软件处理，合成相应的 3D 成像图，检测结果如图 5-29 所示。图 5-29（a）为未灌浆试件的缺陷检测图，相对于混凝土，未灌浆部分颜色较淡，对于未灌浆试件仪器有一定的识别能力。图 5-29（b）和图 5-29（c）为人工缺陷试件的检测效果图，缺陷位于波纹管中部，长度约 40mm，根据图像可以识别存在缺陷，但无法定量缺陷大小。对于实际工程，可对疑似缺陷点打开检查，确定缺陷大小。

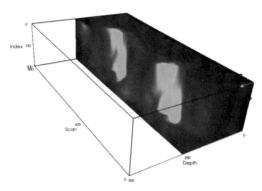

（a）未灌浆试件检测结果

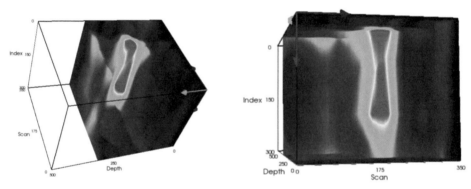

（b）单根灌浆缺陷试件检测结果

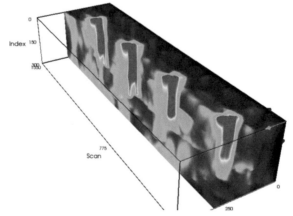

（c）多根灌浆缺陷试件检测结果

图5-29　检测结果

5.4.3　X 射线成像法

对浆锚节点的灌浆密实度也可采用 X 射线成像法检测，因成孔波纹管壁厚较薄，X 射线容易透射，可以获得比灌浆套筒节点更清晰的图像，对灌浆缺陷的识别也更加容易，见图5-30。但目前 X 射线设备价格昂贵，在验收单位的普及量极低，导致检测成本较高，不适合作为常规方法用于质量验收，对于一般工程可进行辅助性的抽样检测，对存在质量争议的节点可采用该方法进行检测。

（a）单排波纹管　　　　　　　　　　　　（b）双排波纹管

图5-30　X射线成像法检测浆锚节点缺陷

5.5　浆锚节点质量验收

浆锚连接预制构件吊装前应按第 2 章要求进行预制构件进场验收，验收后方可吊装施工。浆锚连接应采用专用浆锚料及坐浆料，材料应进行进场复检试验，材料流动度、泌水率、竖向膨胀率、抗压强度等应达到设计要求。

5.5.1　验收工作现状

装配式混凝土结构节点可以采用浆锚搭接的连接方式，但预制构件一旦安装并灌浆后，不可能进行拆解，以现有技术手段难以准确检测结构中套筒灌浆、坐浆及分仓浇筑质量。现行规范对浆锚搭接质量提出了要求：

（1）《装配式混凝土结构技术规程》（JGJ 1—2014）第 13.2.2 条规定，浆锚搭接连接的灌浆应密实饱满，对灌浆部位全数检查。

（2）江苏省地方标准《装配式结构工程施工质量验收规程》（DGJ32/J 184—2016）第 4.4.6 条规定，浆锚连接钢筋数量、长度应符合设计要求，注浆预留孔道长度应大于预留钢筋锚固长度，预留孔道宜选用镀锌螺旋管，管道内径大于钢筋直径 15mm。

（3）江苏省地方标准《预制装配整体式剪力墙结构体系技术规程》（DGJ32/TJ 125—2011）第 12.3.3 条规定，浆锚连接接头应符合设计要求，灌浆密实、无孔洞。每层竖向钢筋浆锚连接接头，同规格、同等级钢筋每 500 根为一个检验批，不足 500 根按一批考虑，在工程实体部位随机抽取 1 根剥开混凝土保护层及金属波纹管进行灌浆质量检查。

5.5.2 现场检查验收

灌浆施工前，首先应检查浆锚料包装有效期和产品外观，拌合用水应符合《混凝土用水标准》（JGJ 63—2006）的要求，加水量应按说明书要求按重量计量，浆锚料拌合物应采用电动设备搅拌均匀、充分，静置 2min 待气泡排除后使用，搅拌完成后不得再次加水，每盘浆锚料应在 30min 内使用完毕，每工作班应检查拌合物初始流动度和结束流动度不少于 1 次，浆锚料性能符合表 5-18 要求。对检查情况应填写记录表格，作为施工资料存档。必须使用与工艺性能试验相同的浆锚料，严禁在灌浆过程中向浆锚料拌合物内加水、加砂或外加剂等。

表 5-18　浆锚料性能

检测项目		性能指标
流动度（mm）	初始	≥ 290
	30min	≥ 260
抗压强度（MPa）	1d	≥ 20
	3d	≥ 40
	28d	≥ 60
膨胀率（%）	3h	≥ 0.02
	24h 与 3h 差值	0.02 ~ 0.5
氯离子含量（%）		≤ 0.1
泌水率（%）		0

目前大部分工程的浆锚节点预埋波纹管采用弯管，如图 5-31 所示，比较容易进行灌浆施工和质量检查。节点灌浆后，可直接观察检查灌浆饱满度。

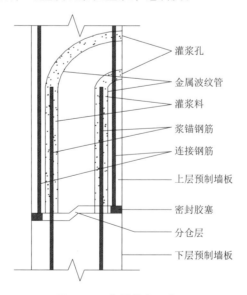

灌浆孔
金属波纹管
灌浆料
浆锚钢筋
连接钢筋
上层预制墙板
密封胶塞
分仓层
下层预制墙板

图5-31　浆锚节点示意图

灌浆后 20min 内，由施工单位质检人员检查所有分仓封堵状态，发现有漏浆情况应立即报告施工单位工长及监理人员，按专项施工方案中补浆措施及时补浆。

浆锚料终凝后，由施工单位质检人员检查波纹管内浆锚料顶面位置，如发现异常应及时报告施工单位工长及监理人员。如浆锚料顶面位置符合验收要求，且浆料饱满、坚实，则判定波纹管内灌浆质量合格，如底部分仓区存在漏浆情况，可采用超声断层扫描法或 X 射线成像法对浆锚区域内部进行扫查，也可采用小直径钻头钻入波纹管内部，采用内窥镜或直接观察检查灌浆质量。浆锚节点灌浆质量要求见表 5-19，如存在超标缺陷，应由设计单位出具处理方案。

灌浆后 24h 内避免对构件进行扰动，浆锚料强度达到设计要求后方可拆除斜撑。

表 5-19　浆锚节点灌浆质量要求

缺陷特性	试验结果	验收指标
端部缺陷	$\leqslant 0.4l_a$	$\leqslant 0.2l_a$
中部缺陷	$\leqslant 0.3l_a$	$\leqslant 0.15l_a$
均布缺陷	不允许	不允许

5.5.3　材料强度验收

对材料强度的验收包括灌浆材料强度验收和坐浆材料强度验收，分仓材料与灌浆材料相同，可不用单独验收。灌浆材料每楼层为一个检验批，每工作班制作 1 组且每层不少于 3 组 40mm × 40mm × 160mm 长方体试件，标准养护 28d 后进行抗压强度试验，灌浆材料抗压强度不应小于 60MPa。

坐浆材料强度应满足设计要求，每楼层为一个检验批，每工作班制作 1 组且每层不少于 3 组边长为 70.7mm 的立方体试件，标准养护 28d 后进行抗压强度试验，坐浆料抗压强度应符合设计要求。

5.5.4　资料核查

浆锚节点验收时，应对以下资料进行核查：

（1）钢筋复检报告；

（2）浆锚料、坐浆料及封缝材料试验报告；

（3）预制构件进场验收记录；

（4）灌浆申请单（见表 7-3）；

（5）灌浆质量验收记录（见表 7-4）；

（6）灌浆视频影像资料；

（7）浆锚节点超声断层扫描法检测报告；

（8）浆锚节点实体检验记录；

（9）补浆处理记录；

（10）设计处理意见及验收检查记录等。

5.6　本章小结

本章对施工过程中可能出现的质量问题进行机理分析，通过一系列试验研究，揭示了各种质量因素对浆锚搭接连接的影响，提出浆锚搭接连接的验收方法和评定指标，同时对浆锚搭接连接的缺陷检测进行了探索。本章主要结论如下：

1）浆锚连接缺陷机理分析

浆锚端部缺陷主要由于封浆层及灌浆孔处的漏浆产生，灌浆前应保证封浆层饱满、完整，强度达到设计要求。

浆锚搭接连接的中部缺陷主要由于二次灌浆或出浆孔堵塞造成，灌浆前应先检查进出浆孔及孔道的通畅性，排查分仓封堵情况，灌浆时应加强监管措施，拍摄视频资料存档。

浆锚搭接连接钢筋的偏心缺陷主要由于工厂预制偏差、施工预留钢筋位置偏差及运输碰撞造成，预制构件进场时应进行检查验收，对倾斜的钢筋进行调整处理。

采用劣质浆锚料或伪劣浆锚料造成的质量问题范围广、影响大，后果严重，应严格把控浆料质量，并留存试块样品等进行见证检验。

浆锚料30min前的流动性较好，便于灌浆，30～60min流动性能迅速下降，现场灌浆施工时应加强对浆锚料流动度的测试，浆锚料流动度不应低于260mm。一次搅拌的浆锚料宜在30min内使用完，最多不应超过45min。

2）浆锚连接试件试验

端部缺陷长度≤$0.4l_a$时，对浆锚连接节点性能影响较小，可忽略不计。

中部缺陷长度≤$0.3l_a$时，浆锚节点连接性能基本未出现下降。

由于离散缺陷对浆锚连接性能影响很大，在实际工程中，不允许出现离散分段型缺陷。

出浆孔端部缺陷与灌浆孔端部缺陷对浆锚连接影响大体相同。同等缺陷条件下，端部缺陷对浆锚连接影响最小，中部缺陷影响较大，离散缺陷影响最大。

用于成孔的金属波纹管能提供一定的侧向约束，形成环箍效应，而螺旋箍筋基本不受力，可以取消设置螺旋箍筋。

砂在灌浆过程中很容易因离析堵塞灌浆孔，导致无法灌浆，砂浆与浆锚料性能差距较大，实际施工过程中，严禁采用砂浆灌浆。

含水率增加6.5%，浆料强度下降约30%，掺水对浆料强度影响极大。二次加水搅拌灌浆对浆锚连接性能影响极大，会威胁整个节点的安全，存在很大安全隐患。在实际工程中，应严格按照浆锚料的使用说明书进行配比，严禁二次加水进行再搅拌灌浆。

掺砂 18% 时，浆锚料强度下降 24%，对力学性能影响较大。掺砂浆锚料灌浆过程中砂子很快便开始离析，迅速堵塞灌浆孔，导致无法顺利灌浆，因此施工过程中严禁向浆锚料拌合物中掺砂。

钢筋直径越大，对应破坏峰值荷载越大，缺陷对浆锚连接性能的影响也更大。实际工程中，采用浆锚搭接连接的纵向钢筋直径不应超过 20mm。

钢筋倾斜或者位置偏移对浆锚连接性能影响较小，可忽略不计。

缺陷试件在反复荷载作用下，破坏时对应峰值荷载与单调荷载作用下基本相同，反复荷载对承载力影响较小，对变形量影响较大。

构件在灌浆施工 1d 内不应扰动，在浆锚料强度达到设计要求后方可拆除斜撑。

3）浆锚连接缺陷检测

冲击回波法对浆锚连接缺陷有一定的识别能力，但很难确认缺陷具体位置及大小，检测数据不稳定，效果不佳。

混凝土超声断层检测扫描仪能识别未灌浆的浆锚试件，但无法有效识别灌浆后内部缺陷的大小及位置，可采用无损及微破损相结合的方法对灌浆质量进行检查。

X 射线成像法可对未灌浆及灌浆不饱满的浆锚试件进行识别，可以直观显示缺陷位置、尺寸，检测结果比较理想，但目前检测设备价格较高，且因 X 射线法对人体健康有一定危害，检测时需要清场，导致这一检测方法较难广泛使用。

第6章 叠合板施工质量验收

6.1 国内叠合构件研究状况

我国从 20 世纪 50 年代末开始研究混凝土叠合结构的受力性能，到 70 年代在《钢筋混凝土结构设计规范》（TJ 10—74）中列入了有关叠合结构的设计条款。特别是 70 年代后期中国建筑科学研究院组织成立"叠合结构科研专题组"，从 1977 年到 1996 年对混凝土叠合结构开展了 4 批课题进行系统深入研究，有关研究成果被列入《混凝土结构设计规范》（GBJ 10—89），并沿用至今，其中规定了叠合式受弯构件的一般构造、承载力计算、抗裂验算、钢筋应力及裂缝宽度验算、变形验算等内容。

进入 21 世纪之后，我国对于叠合构件的研究仍未间断，由于新材料和新工艺的快速发展，各种新型的叠合构件层出不穷，如利用高强、粘结锚固性能好、传递预应力性能优越的螺旋肋钢筋形成的预应力叠合板，其性能要强于普通预应力钢筋叠合板；如纤维增强石膏板－钢筋混凝土叠合楼板、陶粒叠合层叠合板、复合砂浆钢丝网叠合板、预应力轻骨料混凝土叠合板等出现并得到应用。通过对叠合板受力性能的研究，科研工作者发现叠合板部分区域受力较小，可以挖空或填充其他轻质材料，起到减轻自重、节省材料、节省模板与支撑以及环保等作用，由此出现了夹芯叠合板和空心叠合板等结构形式。另外为了增强叠合板在施工阶段的刚度，减少板底支撑的使用，出现了预应力混凝土叠合板、自承式钢筋桁架混凝土叠合板、预应力混凝土圆孔叠合板等。

侯建国等分别对叠合面光滑界面、压痕界面及配筋叠合面的受力性能进行了试验研究，分析了不同粗糙度处理方式对抗剪承载力的影响，提出了抗剪强度的计算方法。

聂建国等在对 4 块高强混凝土叠合板和 6 块普通混凝土叠合板试验研究的基础上，讨论了不同叠合面做法对叠合板抗剪性能的影响，提出对于无抗剪钢筋的混凝土叠合板，叠合面仍有足够的抗剪强度，能够保证叠合面的整体工作性能。

刘轶通过 4 块钢筋桁架混凝土叠合板、2 块钢桁架混凝土整浇板在施工、养护、使用阶段受弯力学性能的试验，得到在不同阶段各板型的试验数据，并对比钢桁架混凝土叠合板与现浇板在力学性能上的差异，对自承式单跨简支单向钢桁架叠合板在施工阶段与使用阶段的受力性能以及极限承载能力进行了试验研究，探讨了钢筋桁架混凝土叠合板在正常使用阶段刚度、极限承载力的计算方法。

周玉成为研究新型钢筋桁架混凝土叠合板的受力和变形性能，完善设计理论，对相关规范和文献中混凝土叠合构件短期刚度计算公式进行了归纳整理，根据现行相关规范和有限元方法对新型钢筋桁架混凝土叠合板的使用阶段力学性能进行了分析，有限元计算结果见图 6-1 和图 6-2。

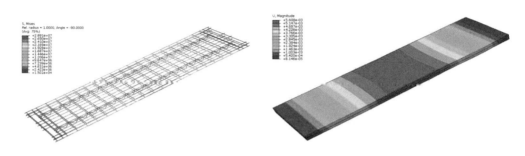

图6-1　钢筋应力图　　　　　　　　　图6-2　竖向位移图

姚利君等设计制作了3块叠合面内设有不同人工缺陷的钢筋混凝土叠合板试件,见图6-3。试验设计了不同直径的塑料管、不同厚度的玻璃纸、隔片以及浮土杂质分布于叠合面不同位置的缺陷,并采用相控阵超声成像法对各试件缺陷进行了检测。结果表明,相控阵超声成像技术能够对缺陷成像,可以定量检测新旧混凝土结合面的孔洞、浮土等缺陷,见图6-4,为装配式混凝土结构中叠合构件的质量验收提供了技术支撑。

（a）设置塑料细管　　　　　　　　　（b）设置浮土

图6-3　　　试件缺陷设计

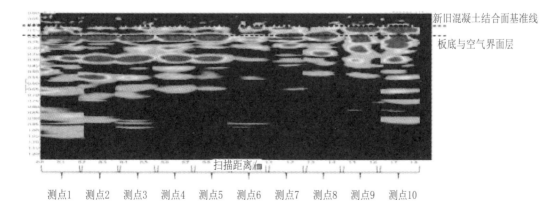

图6-4　　　试件检测结果

从检测结果可以看出,相控阵成像法能够检测新旧混凝土结合面上的孔洞、脱空、浮土杂质等缺陷，并可对缺陷进行成像。

对研究成果汇总，可以得知：

（1）叠合板实际开裂、破坏荷载小于现浇板；

（2）叠合面应进行粗糙化处理，并设置抗剪钢筋；

（3）叠合板受力特性接近单向板，但现浇层对各板块起到协同工作的作用，当现浇层较大时接近双向板特性；

（4）设计时假定板间拼缝只传递剪力和位移，不传递弯矩，拼缝应避开受力较大部位；

（5）板底筋按单向板设计，支座负筋、支撑梁按单向板模型和双向板模型包络设计，主体结构按单向板模型和双向板模型包络设计。

6.2　叠合板试验

课题组针对不同缺陷特征、不同粗糙度质量及不同跨度的预制板叠合构件进行了试验研究，分析缺陷性质、粗糙度处理方式、构件跨度等对叠合构件承载力、变形、裂缝性能的影响。研究各类叠合面结合不良对构件性能的影响，包括板面存在的杂物、浮土、油污或积水等会形成叠合板缺陷，可以在试验构件上设置不同位置、形状和大小的结合不良缺陷，对试验构件进行实荷试验，确定构件力学性能。具体试验研究内容如下：

（1）不同粗糙度处理方式（拉毛、冲毛、自然面、钢筋压痕）对叠合板性能的影响；

（2）结合面缺陷大小和位置对叠合板性能的影响；

（3）桁架钢筋对叠合板性能的影响；

（4）结合面粗糙度测量及验收方法；

（5）结合面缺陷检验及验收方法。

6.2.1　试验设计

根据《桁架钢筋混凝土叠合板》（15G366-1）要求，选择代号为 DBD67-3312-11 和 DBD67-4212-11 的叠合板进行试验研究，试验板跨度分别为 3.3m 和 4.2m，预制底板厚度为 60mm，后浇叠合层厚度为 70mm，板宽度为 1.2m，预制层和后浇层的混凝土强度等级均为 C30。

3.3m 跨度叠合板模板如图 6-5 所示，配筋如图 6-6 所示；4.2m 跨度叠合板模板如图 6-7 所示，配筋如图 6-8 所示。

上部现浇部分布置 $\phi8@200$ 分布筋，对于没有桁架筋的试验板，在下弦筋部位布置相应的纵向钢筋，长度同桁架筋。

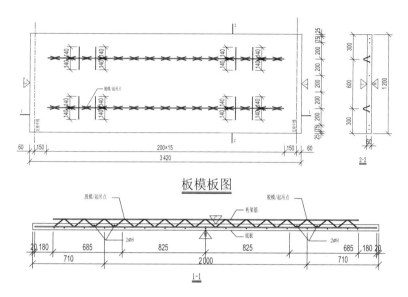

图6-5　3.3m跨度底板模板图

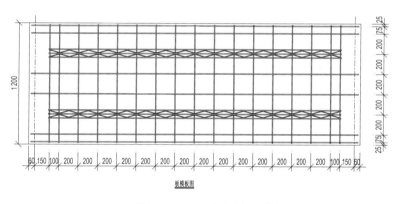

图6-6　3.3m跨度底板配筋图

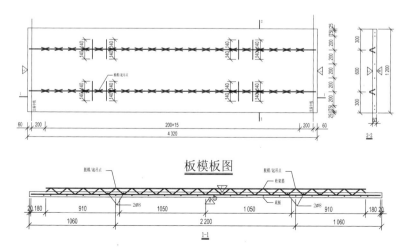

图6-7　4.2m跨度底板模板图

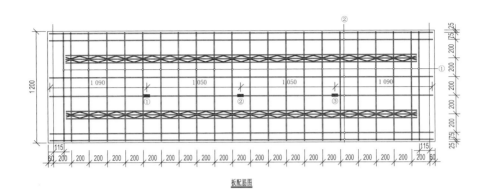

板配筋图

图6-8　4.2m跨度底板配筋图

　　为研究缺陷大小、位置、跨度及粗糙度制作方式对性能的影响，共制作 24 块叠合试验板，其中 3.3m 跨度和 4.2m 跨度的试验板各 12 块，试验板编号及特征见表 6-1，板缺陷特征见图 6-9 ~ 图 6-14。

　　试验用叠合板编号说明：叠合面缺陷位置代号 E 表示端部，M 表示跨中；叠合面缺陷面积代号 0 表示无缺陷，25、50 表示缺陷面积分别占叠合面面积的 25% 和 50%，100 表示整个叠合面均存在缺陷；叠合板跨度代号 33 表示跨度为 3300mm，42 表示 4200mm；粗糙面处理方式代号 ZL 表示纵向拉毛，HL 表示横向拉毛，拉毛沟槽深度为 4mm，沟槽间距为 30mm；C 表示冲毛粗糙面，凹点平均深度为 4mm；M 表示自然面；ϕ10 表示为 ϕ10 钢筋压痕粗糙面；W 表示无桁架钢筋。例如：DBE33-25-ZL 表示粗糙面采用纵向拉毛，叠合面缺陷出现在板端部，缺陷面积为叠合面面积的 25%，叠合板跨度为 3.3m。

表6-1　试验板编号及特征

序号	跨度（m）	板编号	试验板特征
1	3.3	DB33-0-ZL	跨度 3.3m，无缺陷，纵向拉毛处理
2	3.3	DB33-0-HL	跨度 3.3m，无缺陷，横向拉毛处理
3	3.3	DB33-0-C	跨度 3.3m，无缺陷，冲毛处理
4	3.3	DB33-0-M	跨度 3.3m，无缺陷，自然面
5	3.3	DB33-0-ϕ10	跨度 3.3m，无缺陷，ϕ10 钢筋压痕处理
6	3.3	DBW33-0-ZL	跨度 3.3m，无缺陷，纵向拉毛处理，无桁架筋
7	3.3	DBE33-25-ZL	跨度 3.3m，25% 端部缺陷，纵向拉毛处理
8	3.3	DBM33-25-ZL	跨度 3.3m，25% 中部缺陷，纵向拉毛处理
9	3.3	DBE33-50-ZL	跨度 3.3m，50% 端部缺陷，纵向拉毛处理
10	3.3	DBM33-50-ZL	跨度 3.3m，50% 中部缺陷，纵向拉毛处理
11	3.3	DB33-100-ZL	跨度 3.3m，100% 缺陷，纵向拉毛处理
12	3.3	DBW33-100-ZL	跨度 3.3m，100% 缺陷，纵向拉毛处理，无桁架筋
13	4.2	DB42-0-ZL	跨度 4.2m，无缺陷，纵向拉毛处理

续表

序号	跨度（m）	板编号	试验板特征
14	4.2	DB42-0-HL	跨度 4.2m，无缺陷，横向拉毛处理
15	4.2	DB42-0-C	跨度 4.2m，无缺陷，冲毛处理
16	4.2	DB42-0-M	跨度 4.2m，无缺陷，自然面
17	4.2	DB42-0-ϕ10	跨度 4.2m，无缺陷，ϕ10 钢筋压痕处理
18	4.2	DBW42-0-ZL	跨度 4.2m，无缺陷，纵向拉毛处理，无桁架筋
19	4.2	DBE42-25-ZL	跨度 4.2m，25% 端部缺陷，纵向拉毛处理
20	4.2	DBM42-25-ZL	跨度 4.2m，25% 中部缺陷，纵向拉毛处理
21	4.2	DBE42-50-ZL	跨度 4.2m，50% 端部缺陷，纵向拉毛处理
22	4.2	DBM42-50-ZL	跨度 4.2m，50% 中部缺陷，纵向拉毛处理
23	4.2	DB42-100-ZL	跨度 4.2m，100% 缺陷，纵向拉毛处理
24	4.2	DBW42-100-ZL	跨度 4.2m，100% 缺陷，纵向拉毛处理，无桁架筋

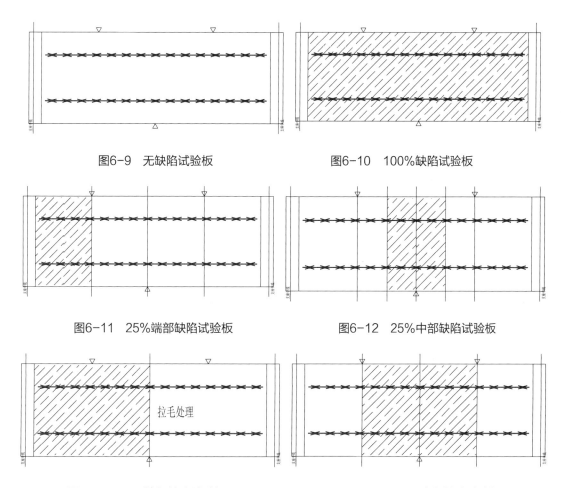

图6-9　无缺陷试验板　　　　　　图6-10　100%缺陷试验板

图6-11　25%端部缺陷试验板　　　图6-12　25%中部缺陷试验板

图6-13　50%端部缺陷试验板　　　图6-14　50%中部缺陷试验板

6.2.2 参数计算

试验板参数取值如下：

外形尺寸：3420mm×1200 mm×130 mm，4320 mm×1200 mm×130 mm；

计算跨度：l_1=3300mm，l_2=4200mm；

计算宽度：b=1200mm；

恒荷载标准值：g=25×0.13=3.25kN/m²；（考虑建筑做法自重 0.5kN/m²）

活荷载标准值：q_k=2.0kN/m²；

荷载标准值：s_k=3.75+2.0=5.75kN/m²；

荷载设计值：s=1.2×3.75+1.4×2.0=7.3kN/m²；

荷载准永久值：s_z=3.75+0.4×2.0=4.55kN/m²。

试验叠合板属于非预应力构件，构件结构性能试验应进行承载力、挠度及裂缝宽度检验。

构件承载力检验系数实测值γ_u^0应满足以下要求：

$$\gamma_u^0 \geq \gamma_0 \left[\gamma_u \right] \tag{6-1}$$

式中：γ_0——结构重要性系数，一般取 1.0；

$[\gamma_u]$——承载力检验系数允许值。

《混凝土结构工程施工质量验收规范》（GB 50204—2015）给出了 6 种常见的承载力极限状态标志，根据破坏状态的不同，$[\gamma_u]$分别取 1.2 ~ 1.55，构件延性破坏时取较小值，脆性破坏时取较大值，出现各种检验标志所对应的承载力检验系数允许值$[\gamma_u]$见表 6-2。

表 6-2　构件承载力检验系数允许值

受力情况	标志	达到承载力极限状态的检验标志		$[\gamma_u]$
受弯	1	受拉主筋处最大裂缝宽度达到 1.5mm 或挠度达到跨度的 1/50	有屈服点热轧钢筋	1.2
			无屈服点钢筋（钢丝、钢绞线、冷加工钢筋、无屈服点热轧钢筋）	1.35
	2	受压区混凝土破坏	有屈服点热轧钢筋	1.30
			无屈服点钢筋（钢丝、钢绞线、冷加工钢筋、无屈服点热轧钢筋）	1.50
	3	受拉主筋拉断		1.50
受弯构件的受剪	4	腹部斜裂缝达到 1.5mm 或斜裂缝末端受压混凝土剪压破坏		1.40
	5	斜截面混凝土斜压、斜拉破坏；受拉主筋在端部滑脱或其他锚固破坏		1.55
	6	叠合构件叠合面剪切破坏		1.45

构件在加载试验前无法准确预知破坏形态，因此需预先设定承载力检验系数γ_u^0，反算试验所需加载量。梁、板类受弯构件一般受力性能较好，安全裕量较大，达到承载力极限状态

的检验标志通常为标志 1，承载力检验系数允许值 $[\gamma_u]=1.2$，因此构件实际加载量为：$p=k\times s-g=1.2\times7.3-3.25=5.51\mathrm{kN/m^2}$。

如果讲到最大加载量时构件未出现承载力极限状态的检验标志，则判定叠合板受力性能符合规范要求。

构件挠度检验应满足以下要求：

$$a_s^0\leqslant[a_s] \qquad (6-2)$$

根据《混凝土结构工程施工质量验收规范》（GB 50204—2015）和《混凝土结构设计规范》（GB 50010—2010）的要求，混凝土受弯构件按荷载准永久组合计算，受弯挠度限值取 $l/200$，板顶面未配置钢筋。跨度 3.3m 叠合板挠度检验允许值为：$[a_s]=[a_t]/\theta=3300/(200\times2.0)=8.3\mathrm{mm}$。跨度 4.2m 叠合板挠度检验允许值为：$[a_s]=[a_t]/\theta=4\,200/(200\times2.0)=10.5\mathrm{mm}$。

准永久组合值为：$3.75+0.4\times2.0=4.55\mathrm{kN/m^2}$，实际加载为：$4.55-3.25=1.3\mathrm{kN/m^2}$。

在加载至准永久组合值时，如挠度实测值小于检验允许值，则构件挠度检验合格。

构件裂缝宽度检验应满足以下要求：

$$\omega_{s,\,max}^0\leqslant[\omega_{max}] \qquad (6-3)$$

根据《混凝土结构设计规范》（GB 50010—2010），构件环境类别为一类，最大裂缝宽度限值为0.3mm，根据《混凝土结构工程施工质量验收规范》（GB 50204—2015），$[\omega_{max}]$取0.2mm。

6.2.3　实荷试验

试验采用砂袋进行分级加载，模拟均布荷载作用，如图 6-15 所示。加载物重量均匀一致，形状规则。加载分级单块重不大于 50kg。加载物分堆码放，沿受力试件跨度方向堆积，要求堆放整齐，堆与堆之间预留 150mm 左右的间隙。

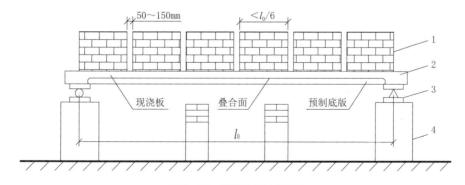

图6-15　试验加载示意图

1—重物；2—试验板；3—支座；4—支墩

分预加载、正常使用极限状态荷载（准永久荷载）、承载力极限状态荷载（设计荷载）三个阶段实施加载。

预加载是为了使各部位接触良好，使构件进入正常工作状态，得到稳定的荷载－位移曲线；检查加荷设备工作是否正常，加荷装置是否安全可靠；检测测试仪器仪表是否进入正常工作状态；使试验人员熟悉调表、读数等操作，以保证数据采集正确无误。预加载应控制在弹性范围内受力，一般不超过开裂荷载的70%（含自重），不应产生裂缝及其他形式的加载残余值。

试验进行分级加载，一般按20%左右为一级，按5级左右进行加载，在特征值(开裂荷载值、承载力荷载值等)附近将荷载减小1/2或者更小。

在达到正常使用极限状态试验荷载值 Q 以前，每级加载不宜大于 $0.2Q$；超过 Q 后，每级加载值不宜大于 $0.1Q$。每级荷载加载完成后的持荷时间为 10 ~ 15min，每级加载时间大致相同。

6.2.4 试验结果

对试验叠合板检验构件挠度和裂缝宽度，确定破坏荷载及承载力极限状态，绘制荷载－挠度曲线，进行不同缺陷状况及不同粗糙面处理方式的性能比较。

1）DB33-0-ZL 板试验结果

DB33-0-ZL叠合板在第5级荷载施加完毕后陆续出现裂缝，初始裂缝宽度约0.1mm，随着荷载施加裂缝条数逐渐增多，荷载－位移曲线斜率明显变化，表明裂缝出现导致构件刚度降低。达到最大荷载时，挠度变形为53.9mm，板底面出现27条横向裂缝，最大裂缝宽度为1.56mm，叠合面未出现滑移裂缝；持荷2h后，挠度变形发展到58.6mm，并保持稳定。卸载时构件弹性恢复性能较好，残余挠度为20.7mm，残余裂缝宽度为0.45mm。构件承载力检验系数为3.21，大于1.2，挠度检验、裂缝宽度检验均符合规范要求。DB33-0-ZL板荷载－位移曲线见图6-16。

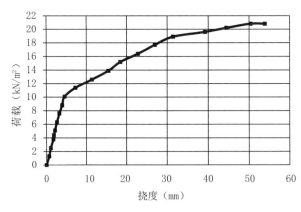

图6-16 DB33-0-ZL板荷载-位移曲线

2）DB33-0-HL 板试验结果

DB33-0-HL叠合板在第7级荷载施加完毕后陆续出现裂缝，初始裂缝宽度约0.05mm，随着荷载施加裂缝条数逐渐增多，荷载－位移曲线斜率略有变化，表明裂缝出现导致构件刚度有所降低。达到最大荷载时，挠度变形为50.6mm，板底面出现32条横向裂缝，最大裂缝宽度为1.55mm，叠合面未出现滑移裂缝；持荷2h后，挠度变形发展到55.2mm，并保持稳定。

卸载时构件弹性恢复性能较好，残余挠度为 28.3mm，残余裂缝宽度为 0.35mm。构件承载力检验系数为 3.21，大于 1.2，挠度检验、裂缝宽度检验均符合规范要求。DB33-0-HL 板荷载-位移曲线见图 6-17。

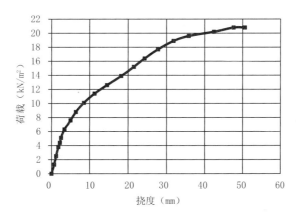

图6-17 DB33-0-HL板荷载-位移曲线

3）DB33-0-C 板试验结果

DB33-0-C 叠合板在第 5 级荷载施加完毕后陆续出现裂缝，初始裂缝宽度约 0.1mm，随着荷载施加裂缝条数逐渐增多，荷载-位移曲线斜率略有变化，表明裂缝出现导致构件刚度有所降低。达到最大荷载时，挠度变形为 46.9mm，板底面出现 25 条横向裂缝，最大裂缝宽度为 1.56mm，叠合面未出现滑移裂缝；持荷 2h 后，挠度变形发展到 52.8mm，并保持稳定。卸载时构件弹性恢复性能较好，残余挠度为 28.5mm，残余裂缝宽度为 0.4mm。构件承载力检验系数为 3.29，大于 1.2，挠度检验、裂缝宽度检验均符合规范要求。DB33-0-C 板荷载-位移曲线见图 6-18。

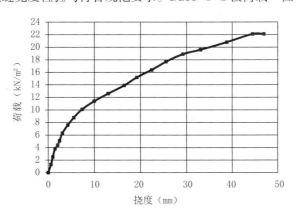

图6-18 DB33-0-C板荷载-位移曲线

4）DB33-0-M 板试验结果

DB33-0-M 叠合板在第 4 级荷载施加完毕后陆续出现裂缝，初始裂缝宽度约 0.1mm，随着荷载施加裂缝条数逐渐增多，荷载-位移曲线斜率略有变化，表明裂缝出现导致构件刚度有所降低。达到最大荷载时，挠度变形为 47.6mm，板底面出现 21 条横向裂缝，最大裂缝宽度为 1.58mm，叠合面未出现滑移裂缝；持荷 2h 后，挠度变形发展到 52.3mm，并保持稳定。卸载时构件弹性恢复性能较好，残余挠度为 28.8mm，残余裂缝宽度为 0.65mm。构件承载力检验系数为 3.03，大于 1.2，挠度检验、裂缝宽度检验均符合规范要求。DB33-0-M 板荷载 – 位移曲线见图 6-19。

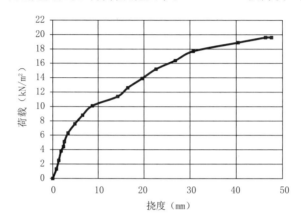

图6-19　DB33-0-M板荷载-位移曲线

5）DB33-0-ϕ10 板试验结果

DB33-0-ϕ10 叠合板在第 7 级荷载施加完毕后陆续出现裂缝，初始裂缝宽度约 0.05mm，随着荷载施加裂缝条数逐渐增多，荷载–位移曲线斜率略有变化，表明裂缝出现导致构件刚度有所降低。达到最大荷载时，挠度变形为 46.7mm，板底面出现 28 条横向裂缝，最大裂缝宽度为 1.52mm，叠合面未出现滑移裂缝；持荷 2h 后，挠度变形发展到 50.2mm，并保持稳定。卸载时构件弹性恢复性能较好，残余挠度为 21.8mm，残余裂缝宽度为 0.45mm。构件承载力检验系数为 3.29，大于 1.2，挠度检验、裂缝宽度检验均符合规范要求。DB33-0-ϕ10 板荷载 – 位移曲线见图 6-20。

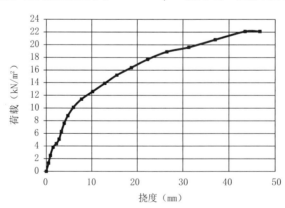

图6-20　DB33-0-ϕ10板荷载-位移曲线

6）DBW33-0-ZL 板试验结果

DBW33-0-ZL 叠合板在第 7 级荷载施加完毕后陆续出现裂缝，初始裂缝宽度约 0.05mm，随着荷载施加裂缝条数逐渐增多，荷载–位移曲线斜率略有变化，表明裂缝出现导致构件刚度有所降低。达到最大荷载时，挠度变形为 48.1mm，板底面出现 28 条横向裂缝，最大裂缝宽度为 1.52mm，叠合面未出现滑移裂缝；持荷 2h 后，挠度变形发展到 53.2mm，并保持稳定。卸载时构件弹性恢复性能较好，残余挠度为 23.5mm，残余裂缝宽度为 0.45mm。构件承载力检验系数为 3.03，大于 1.2，挠度检验、裂缝宽度检验均符合规范要求。DBW33-0-ZL 板荷载－位移曲线见图 6-21。

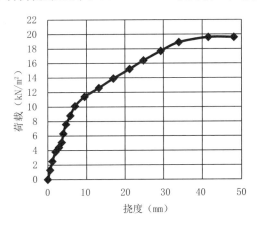

图6-21　DBW33-0-ZL板荷载-位移曲线

7）DBE33-25-ZL 板试验结果

DBE33-25-ZL 叠合板在第 6 级荷载施加完毕后陆续出现裂缝，初始裂缝宽度约 0.1mm，随着荷载施加裂缝条数逐渐增多，荷载－位移曲线斜率明显变化，表明裂缝增加导致构件刚度降低。达到最大荷载时，挠度变形为 55.3mm，板底面出现 26 条横向裂缝，最大裂缝宽度为 1.58mm，叠合面未出现滑移裂缝；持荷 2h 后，挠度变形发展到 58.1mm，并保持稳定。卸载时构件弹性恢复性能较好，残余挠度为 26.3mm，残余裂缝宽度为 0.55mm。构件承载力检验系数为 3.13，大于 1.2，挠度检验、裂缝宽度检验均符合规范要求。DBE33-25-ZL 板荷载－位移曲线见图 6-22。

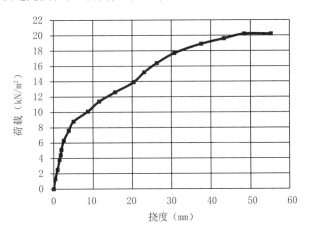

图6-22　DBE33-25-ZL板荷载-位移曲线

8）DBM33-25-ZL 板试验结果

DBM33-25-ZL 叠合板在第 6 级荷载施加完毕后陆续出现裂缝，初始裂缝宽度约 0.1mm，随着荷载施加裂缝条数逐渐增多，荷载－位移曲线斜率明显变化，表明裂缝增加导致构件刚度降低。达到最大荷载时，挠度变形为54.7m，板底面出现24条横向裂缝，最大裂缝宽度为1.58mm，叠合面未出现滑移裂缝；持荷2h后，挠度变形发展到58.3mm，并保持稳定。卸载时构件弹性恢复性能较好，残余挠度为33.2mm，残余裂缝宽度为0.5mm。构件承载力检验系数为3.21，大于1.2，挠度检验、裂缝宽度检验均符合规范要求。DBM33-25-ZL板荷载–位移曲线见图6-23。

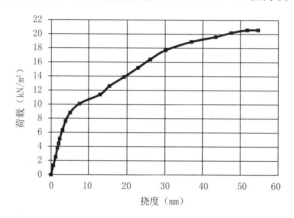

图6-23　DBM33-25-ZL板荷载-位移曲线

9）DBE33-50-ZL板试验结果

DBE33-50-ZL叠合板在第5级荷载施加完毕后陆续出现裂缝，初始裂缝宽度约0.05mm，随着荷载施加裂缝条数逐渐增多，荷载–位移曲线斜率缓慢变化，表明裂缝增加导致构件刚度降低。达到最大荷载时，挠度变形为67.1m，板底面出现21条横向裂缝，最大裂缝宽度为1.52mm，叠合面未出现滑移裂缝；持荷2h后，挠度变形发展到71.6mm，并保持稳定。卸载时构件弹性恢复性能较好，残余挠度为28.3mm，残余裂缝宽度为0.6mm。构件承载力检验系数为3.03，大于1.2，挠度检验、裂缝宽度检验均符合规范要求。DBE33-50-ZL板荷载–位移曲线见图6-24。

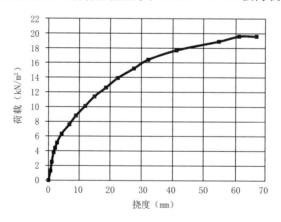

图6-24　DBE33-50-ZL板荷载-位移曲线

10）DBM33-50-ZL板试验结果

DBM33-50-ZL叠合板在第5级荷载施加完毕后陆续出现裂缝，初始裂缝宽度约0.1mm，随着荷载施加裂缝条数逐渐增多，荷载–位移曲线斜率缓慢变化，表明裂缝增加导致构件刚度降低。

达到最大荷载时，挠度变形为 62.3mm，板底面出现 22 条横向裂缝，最大裂缝宽度为 1.57mm，叠合面未出现滑移裂缝；持荷 2h 后，挠度变形发展到 68.7mm，并保持稳定。卸载时构件弹性恢复性能较好，残余挠度为 31.2mm，残余裂缝宽度为 0.45mm。构件承载力检验系数为 3.03，大于 1.2，挠度检验、裂缝宽度检验均符合规范要求。DBM33-50-ZL 板荷载 位移曲线见图 6-25。

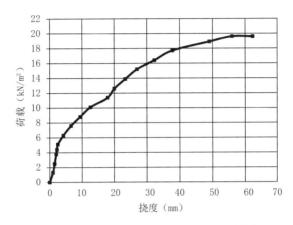

图6-25　DBM33-50-ZL板荷载-位移曲线

11）DB33-100-ZL 板试验结果

DB33-100-ZL 叠合板在第 4 级荷载施加完毕后陆续出现裂缝，初始裂缝宽度约 0.1mm，随着荷载施加裂缝条数逐渐增多，荷载 - 位移曲线斜率缓慢变化，表明裂缝增加导致构件刚度降低。达到最大荷载时，挠度变形为 74.3mm，板底面出现 18 条横向裂缝，最大裂缝宽度为 1.5mm，叠合面出现滑移裂缝；持荷 2h 后，挠度变形发展到 83.2mm，并保持稳定。卸载时构件弹性恢复性能较好，残余挠度为 46.5mm，残余裂缝宽度为 0.5mm。构件承载力检验系数为 3.03，大于 1.2，挠度检验、裂缝宽度检验均符合规范要求。DB33-100-ZL 板荷载 - 位移曲线见图 6-26。

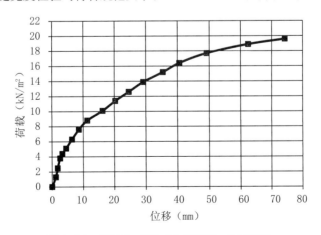

图6-26　DB33-100-ZL板荷载-位移曲线

12）DBW33-100-ZL 板试验结果

DBW33-100-ZL 叠合板在第 5 级荷载施加完毕后陆续出现裂缝，初始裂缝宽度约 0.1mm，随着荷载施加裂缝条数逐渐增多，荷载－位移曲线斜率缓慢变化，表明裂缝增加导致构件刚度降低。达到最大荷载时，挠度变形为87.5mm，板底面出现20条横向裂缝，最大裂缝宽度为1.55mm，叠合面出现滑移裂缝；持荷2h后，挠度变形发展到92.8mm，并保持稳定。卸载时构件弹性恢复性能较好，残余挠度为35.6mm，残余裂缝宽度为0.45mm。构件承载力检验系数为2.87，大于1.2，挠度检验、裂缝宽度检验均符合规范要求。DBW33-100-ZL板荷载－位移曲线见图6-27。

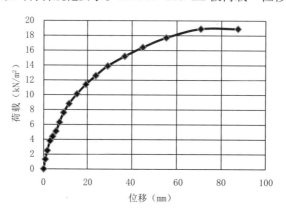

图6-27　DBW33-100-ZL板荷载-位移曲线

13）DB42-0-ZL板试验结果

DB42-0-ZL叠合板在第5级荷载施加完毕后陆续出现裂缝，初始裂缝宽度约0.05mm，随着荷载施加裂缝条数逐渐增多，荷载－位移曲线斜率缓慢变化，表明裂缝增加导致构件刚度降低。达到最大荷载时，挠度变形为84.5mm（相当于$l_0/50$），板底面出现38条横向裂缝，最大裂缝宽度为1.1mm，叠合面未出现滑移裂缝；持荷2h后，挠度变形发展到95.2mm，并保持稳定。卸载时构件弹性恢复性能较好，残余挠度为33.8mm，残余裂缝宽度为0.4mm。构件承载力检验系数为1.91，大于1.2，挠度检验、裂缝宽度检验均符合规范要求。DB42-0-ZL板荷载－位移曲线见图6-28。

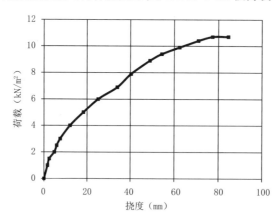

图6-28　DB42-0-ZL板荷载-位移曲线

14）DB42-0-HL板试验结果

DB42-0-HL叠合板在第5级荷载施加完毕后陆续出现裂缝，初始裂缝宽度约0.05mm，随着荷载施加裂缝条数逐渐增多，荷载－位移曲线斜率缓慢变化，表明裂缝增加导致构件刚度降低。达到最大荷载时，挠度变形为 84.6mm（相当于 $l_0/50$），板底面出现 43 条横向裂缝，最大裂缝宽度为 1.02mm，叠合面未出现滑移裂缝；持荷 2h 后，挠度变形发展到 87.8mm，并保持稳定。卸载时构件弹性恢复性能较好，残余挠度为 36.7mm，残余裂缝宽度为 0.4mm。构件承载力检验系数为 1.95，大于 1.2，挠度检验、裂缝宽度检验均符合规范要求。DB42-0-HL 板荷载－位移曲线见图6-29。

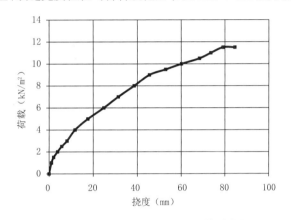

图6-29　DB42-0-HL板荷载-位移曲线

15）DB42-0-C 板试验结果

DB42-0-C 叠合板在第 5 级荷载施加完毕后陆续出现裂缝，初始裂缝宽度约 0.05mm，随着荷载施加裂缝条数逐渐增多，荷载－位移曲线斜率缓慢变化，表明裂缝增加导致构件刚度降低。达到最大荷载时，挠度变形为 97.9mm（相当于 $l_0/43$），板底面出现 40 条横向裂缝，最大裂缝宽度为 1.12mm，叠合面未出现滑移裂缝；持荷 2h 后，挠度变形发展到 105.6mm，并保持稳定。卸载时构件弹性恢复性能较好，残余挠度为 45.2mm，残余裂缝宽度为 0.35mm。构件承载力检验系数为 1.95，大于 1.2，挠度检验、裂缝宽度检验均符合规范要求。DB42-0-C 板荷载－位移曲线见图6-30。

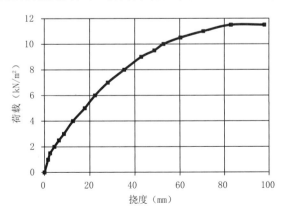

图6-30　DB42-0-C板荷载-位移曲线

16）DB42-0-M 板试验结果

DB42-0-M 叠合板在第 5 级荷载施加完毕后陆续出现裂缝，初始裂缝宽度约 0.05mm，随着荷载施加裂缝条数逐渐增多，荷载–位移曲线斜率基本不变，表明裂缝对构件刚度影响不大。达到最大荷载时，挠度变形为89.6mm（相当于$l_0/47$），板底面出现33条横向裂缝，最大裂缝宽度为1.28mm，叠合面未出现滑移裂缝；持荷2h后，挠度变形发展到95.6mm，并保持稳定。卸载时构件弹性恢复性能较好，残余挠度为40.5mm，残余裂缝宽度为0.55mm。构件承载力检验系数为1.95，大于1.2，挠度检验、裂缝宽度检验均符合规范要求。DB42-0-M板荷载–位移曲线见图6-31。

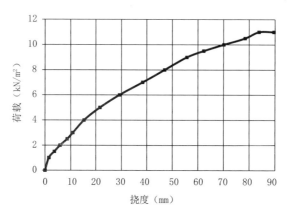

图6-31　DB42-0-M板荷载–位移曲线

17）DB42-0-ϕ10板试验结果

DB42-0-ϕ10叠合板在第5级荷载施加完毕后陆续出现裂缝，初始裂缝宽度约0.05mm，随着荷载施加裂缝条数逐渐增多，荷载–位移曲线斜率缓慢变化，表明裂缝对构件刚度有所影响。达到最大荷载时，挠度变形为87.2mm（相当于$l_0/48$），板底面出现42条横向裂缝，最大裂缝宽度为1.17mm，叠合面未出现滑移裂缝；持荷2h后，挠度变形发展到95.6mm，并保持稳定。卸载时构件弹性恢复性能较好，残余挠度为37.5mm，残余裂缝宽度为0.4mm。构件承载力检验系数为1.95，大于1.2，挠度检验、裂缝宽度检验均符合规范要求。DB42-0-ϕ10板荷载–位移曲线见图6-32。

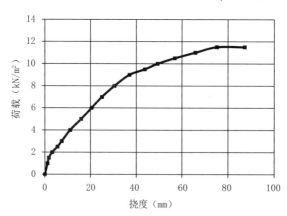

图6-32　DB42-0-ϕ10板荷载–位移曲线

18）DBW42-0-ZL板试验结果

DBW42-0-ZL叠合板在第3级荷载施加完毕后陆续出现裂缝，初始裂缝宽度约0.05mm，随着荷载施加裂缝条数逐渐增多,荷载－位移曲线斜率基本不变,表明裂缝对构件刚度影响不大。达到最大荷载时,挠度变形为 87.7mm(相当于 $l_0/48$),板底面出现 32 条横向裂缝,最大裂缝宽度为 1.7mm,叠合层未出现明显滑移;持荷 2h 后,挠度变形发展到 102.2mm,并保持稳定。卸载时构件弹性恢复性能较好,残余挠度为 48.6mm,残余裂缝宽度为 0.6mm。构件承载力检验系数为 1.88,大于 1.2,挠度检验、裂缝宽度检验均符合规范要求。DBW42-0-ZL 板荷载－位移曲线见图 6-33。

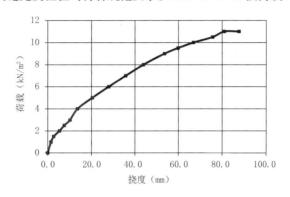

图6-33　DBW42-0-ZL板荷载-位移曲线

19)DBE42-25-ZL 板试验结果

DBE42-25-ZL 叠合板在第 4 级荷载施加完毕后陆续出现裂缝,初始裂缝宽度约 0.05mm,随着荷载施加裂缝条数逐渐增多,荷载－位移曲线斜率缓慢变化,表明裂缝对构件刚度有所影响。达到最大荷载时,挠度变形为 88.6mm(相当于 $l_0/47$),板底面出现 35 条横向裂缝,最大裂缝宽度为 1.22mm,叠合面未出现滑移裂缝;持荷 2h 后,挠度变形发展到 94.5mm,并保持稳定。卸载时构件弹性恢复性能较好,残余挠度为 45.6mm,残余裂缝宽度为 0.42mm。构件承载力检验系数为 1.75,大于 1.2,挠度检验、裂缝宽度检验均符合规范要求。DBE42-25-ZL 板荷载－位移曲线见图 6-34。

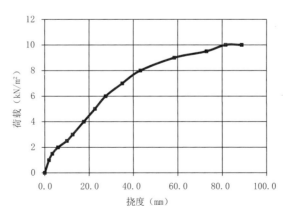

图6-34　DBE42-25-ZL板荷载-位移曲线

20)DBM42-25-ZL 板试验结果

DBM42-25-ZL 叠合板在第 5 级荷载施加完毕后陆续出现裂缝,初始裂缝宽度约 0.1mm,随着荷载施加裂缝条数逐渐增多，荷载－位移曲线斜率缓慢变化，表明裂缝对构件刚度有所影响。达到最大荷载时，挠度变形为92.1mm（相当于$l_0/48$），板底面出现33条横向裂缝，最大裂缝宽度为1.28mm，叠合面未出现滑移裂缝；持荷2h后，挠度变形发展到95.6mm，并保持稳定。卸载时构件弹性恢复性能较好，残余挠度为37.5mm，残余裂缝宽度为0.45mm。构件承载力检验系数为1.77，大于1.2，挠度检验、裂缝宽度检验均符合规范要求。DBM42-25-ZL板荷载－位移曲线见图6-35。

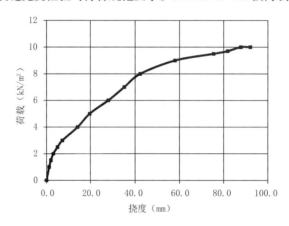

图6-35　DBM42-25-ZL板荷载-位移曲线

21）DBE42-50-ZL 板试验结果

DBE42-50-ZL叠合板在第2级荷载施加完毕后陆续出现裂缝，初始裂缝宽度约0.1mm，随着荷载施加裂缝条数逐渐增多，荷载－位移曲线斜率缓慢变化，表明裂缝对构件刚度有所影响。达到最大荷载时，挠度变形为84.5mm（相当于$l_0/50$），板底面出现32条横向裂缝，最大裂缝宽度为1.1mm，叠合面未出现滑移裂缝；持荷2h后，挠度变形发展到93.7mm，并保持稳定。卸载时构件弹性恢复性能较好，残余挠度为45.2mm，残余裂缝宽度为0.55mm。构件承载力检验系数为1.54，大于1.2，挠度检验、裂缝宽度检验均符合规范要求。DBE42-50-ZL板荷载－位移曲线见图6-36。

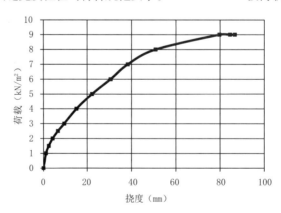

图6-36　DBE42-50-ZL板荷载-位移曲线

22）DBM42-50-ZL 板试验结果

DBM42-50-ZL叠合板在第2级荷载施加完毕后陆续出现裂缝，初始裂缝宽度约0.05mm，随着荷载施加裂缝条数逐渐增多，荷载 – 变形曲线斜率缓慢变化，表明裂缝对构件刚度有所影响。达到最大荷载时，挠度变形为 84.4mm（相当于 $l_0/48$），板底面出现 28 条横向裂缝，最大裂缝宽度为 1.1mm，叠合面未出现滑移裂缝；持荷 2h 后，挠度变形发展到 92.8mm，并保持稳定。卸载时构件弹性恢复性能较好，残余挠度为 36.5mm，残余裂缝宽度为 0.5mm。构件承载力检验系数为 1.54，大于 1.2，挠度检验、裂缝宽度检验均符合规范要求。DBM42-50-ZL 板荷载 – 位移曲线见图 6-37。

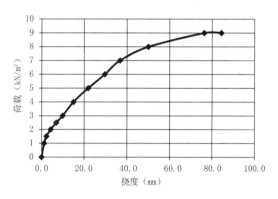

图6-37　DBM42-50-ZL板荷载-位移曲线

23）DB42-100-ZL 板试验结果

DB42-100-ZL 叠合板在第 4 级荷载施加完毕后陆续出现裂缝，初始裂缝宽度约 0.05mm，随着荷载施加裂缝条数逐渐增多，荷载 – 位移曲线斜率缓慢变化，表明裂缝对构件刚度有所影响。达到最大荷载时，挠度变形为 92.1mm（相当于 $l_0/46$），板底面出现 22 条横向裂缝，最大裂缝宽度为 0.75mm，叠合面出现滑移裂缝；持荷 2h 后，挠度变形发展到 105.3mm，并保持稳定。卸载时构件弹性恢复性能较好，残余挠度为 45.3mm，残余裂缝宽度为 0.4mm。构件承载力检验系数为 1.54，大于 1.2，挠度检验、裂缝宽度检验均符合规范要求。DB42-100-ZL 板荷载 – 位移曲线见图 6-38。

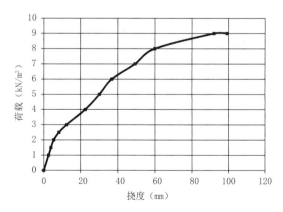

图6-38　DB42-100-ZL板荷载-位移曲线

24）DBW42-100-ZL 板试验结果

DBW42-100-ZL 叠合板在第 3 级荷载施加完毕后陆续出现裂缝，初始裂缝宽度约 0.05mm，随着荷载施加裂缝条数逐渐增多，荷载－位移曲线斜率缓慢变化，表明裂缝对构件刚度有所影响。达到最大荷载时，挠度变形为94.7mm（相当于$l_0/44$），板底面出现26条横向裂缝，最大裂缝宽度为0.82mm，叠合面出现滑移裂缝；持荷2h后，挠度变形发展到116.4mm，并保持稳定。卸载时构件弹性恢复性能较好，残余挠度为57.8mm，残余裂缝宽度为0.45mm。构件承载力检验系数为1.54，大于1.2，挠度检验、裂缝宽度检验均符合规范要求。DBW42-100-ZL板荷载－位移曲线见图6-39。

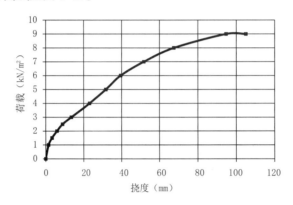

图6-39　DBW42-100-ZL板荷载-位移曲线

叠合板试验数据汇总见表6-3，所有试验构件承载力检验系数均大于1.2，表明常规跨度简支单向叠合板具有较大的安全储备，实际工程中叠合板现浇层内一般布置双向钢筋，叠合板受力状态介于单向板和双向板之间，相比单向板具有更大的安全储备。

跨度3.3m、4.2m叠合板缺陷位置影响对比见图6-40、图6-41，跨度3.3m、4.2m叠合板粗糙面处理方式影响对比见图6-42、图6-43，跨度3.3m、4.2m叠合板桁架钢筋影响对比见图6-44、图6-45。

表6-3　叠合板试验数据汇总

序号	构件编号	破坏荷载（kN/m^2）	检验系数	最大裂缝宽度（mm）	挠度（mm）
1	DB33-0-ZL	20.8	3.21	1.52	53.9
2	DB33-0-HL	20.8	3.21	1.55	50.6
3	DB33-0-C	22.1	3.29	1.56	46.9
4	DB33-0-M	19.6	3.03	1.58	47.6
5	DB33-0-ϕ10	22.1	3.29	1.52	46.7
6	DBW33-0-ZL	19.6	3.03	1.52	48.1
7	DBE33-25-ZL	20.2	3.13	1.58	55.3
8	DBM33-25-ZL	20.6	3.21	1.58	54.7

序号	构件编号	破坏荷载 （kN/m²）	检验系数	最大裂缝宽度 （mm）	挠度 （mm）
9	DBE33-50-ZL	19.6	3.03	1.52	67.1
10	DBM33-50-ZL	19.6	3.03	1.57	62.3
11	DB33-100-ZL	19.6	3.03	1.50	74.3
12	DBW33-100-ZL	18.9	2.87	1.55	87.5
13	DB42-0-ZL	10.5	1.91	1.10	84.5
14	DB42-0-HL	11.5	1.95	1.02	84.6
15	DB42-0-C	11.5	1.95	1.12	97.9
16	DB42-0-M	10.5	1.95	1.28	89.6
17	DB42-0-ϕ10	11.5	1.95	1.17	87.2
18	DBW42-0-ZL	11.0	1.88	1.70	87.7
19	DBE42-25-ZL	10.0	1.75	1.22	88.6
20	DBM42-25-ZL	10.0	1.77	1.28	92.1
21	DBE42-50-ZL	9.0	1.54	1.10	84.5
22	DBM42-50-ZL	9.0	1.54	1.10	84.4
23	DB42-100-ZL	9.0	1.54	0.75	92.1
24	DBW42-100-ZL	9.0	1.54	0.82	94.7

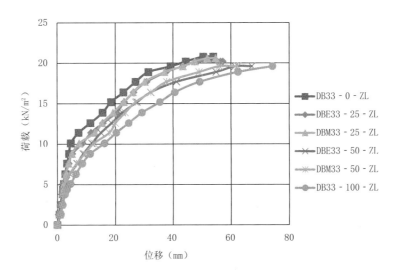

图6-40　跨度3.3m叠合板缺陷位置影响对比

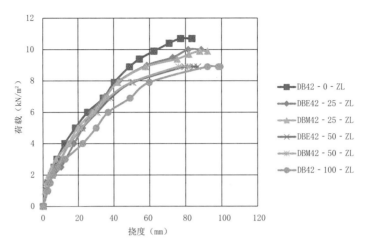

图6-41　跨度4.2m叠合板缺陷位置影响对比

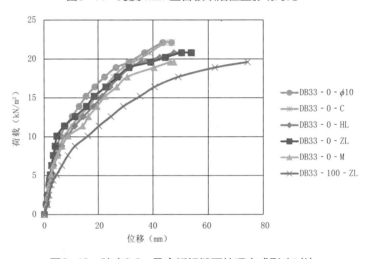

图6-42　跨度3.3m叠合板粗糙面处理方式影响对比

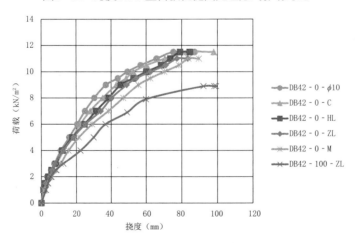

图6-43　跨度4.2m叠合板粗糙面处理方式影响对比

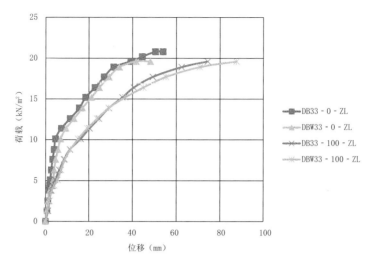

图6-44　跨度3.3m叠合板桁架钢筋影响对比

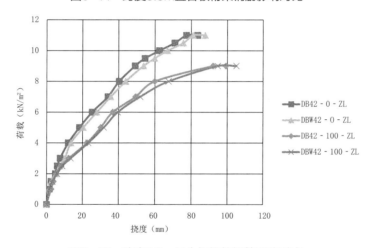

图6-45　跨度4.2m叠合板桁架钢筋影响对比

6.3　叠合面缺陷检测

叠合板的常见缺陷是叠合不良，浇筑叠合层混凝土时板面杂物、浮土、油污或积水等未彻底清理会形成结合面缺陷，影响叠合板受力性能，但缺陷被后浇混凝土隐蔽，无法直接观察。目前可以采用混凝土超声断层扫描仪或扫描式冲击回波仪进行检验，两种仪器均可三维成像，能够准确识别结合面缺陷。根据研究结果，超声断层扫描法和冲击回波法可识别 $50mm \times 50mm$ 以上的反射异常区域，对于 $3.3m \times 1.2m$ 的叠合板而言，仅相当于 0.06%，缺陷分辨力可满足实际工程要求。

俄罗斯 MIRA A1040 混凝土超声断层扫描仪见图 6-46，断层扫描仪现场检测见图 6-47，美国 Olson 冲击回波仪见图 6-48，冲击回波仪现场检测见图 6-49，叠合板缺陷设置及识别效果见

图 6-50。

图6-46 超声断层扫描仪　　　　　　　　图6-47 超声断层扫描仪现场检测

图6-48 冲击回波仪设备　　　　　　　　图6-49 冲击回波仪现场检测

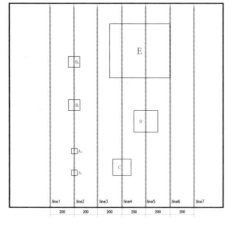

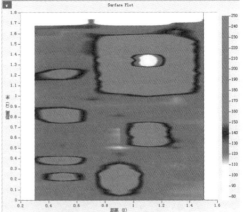

（a）缺陷设置　　　　　　　　　　（b）缺陷识别效果

图6-50 叠合板缺陷设置及识别

对于反射异常区是否为缺陷，是否影响构件受力性能，尚需进一步检测。检测可采用原位取芯拉拔法，在反射异常区代表部位避开板内埋设的管线，随机布置 3 处取芯位置。钻取混凝土芯样试件，芯样直径为 50～75mm，钻进深度为穿过结合面进入预制板内 10mm 左右，用拉拔仪进行拉拔，记录拉拔力大小，检查芯样试件结合面质量状况，分析反射波异常的原因。根据第二章粗糙面劈裂抗拉试验结果，取与纵向拉毛等同的结合效果，如拉拔力平均值不小于 1.4MPa，则认为结合面检测异常区不影响叠合板受力性能；如拉拔力平均值小于 1.4MPa，则认为结合面检测异常区影响叠合板受力性能，建议由设计单位出具处理意见。

6.4 叠合板质量验收方法

每个楼层的叠合板可划分为一个检验批，对叠合板的质量验收包括资料核查、预制板安装质量验收和叠合板整体质量验收三部分。

6.4.1 资料核查

资料核查包括：

（1）预制板合格证、进场验收记录；

（2）预制板混凝土强度同条件试块试验报告；

（3）钢筋复检试验报告；

（4）管线复检试验报告；

（5）结合面粗糙度检验记录；

（6）后浇混凝土强度同条件试块试验报告；

（7）钢筋保护层厚度检验报告；

（8）预制构件安装施工图、节点安装详图；

（9）管线隐蔽验收记录等。

6.4.2 预制板安装质量验收

对安装后的预制板应全数检查，项目和要求包括：

（1）预制板搁置平稳，不应翘曲晃动；

（2）钢筋外观完好，无断裂、损伤、明显锈蚀，绑扎可靠；支撑马凳牢固，垫块齐全；

（3）板底支撑应稳定、牢固，与板底面贴合紧密，支撑数量应符合《施工方案》要求，临时支撑在后浇混凝土强度达到设计要求后方可拆除；

（4）板面管线应位于桁架钢筋下方，管线之间不应交叉；

（5）管线数量、规格符合设计要求，与板内线盒连接牢固，穿线钢丝齐全；

（6）板面清理干净，无杂物、浮土、油污或积水等。

施工单位应对允许偏差项目进行全数自检，自检合格后由监理单位组织验收，随机选取10%的预制板进行实测实量，并形成验收记录。允许偏差和检验方法见表6-4。

表6-4　预制板安装验收允许偏差和检验方法

验收项目	允许偏差（mm）	检验方法
轴线位置	5	经纬仪或钢卷尺
标高	±5	水准仪或钢卷尺
平整度	5	2m靠尺和塞尺
构架搁置长度	±10	钢卷尺
支座中心位置	±10	钢卷尺
接缝宽度	±5	钢卷尺
板面钢筋间距	±10	钢卷尺
钢筋搭接长度	+10，0	钢卷尺
钢筋深入支座长度	+10，0	钢卷尺
线管外露长度	+10，0	钢卷尺
预留洞中心线位置	15	钢卷尺
钢筋弯钩角度、长度	±5°、±5	角度尺、钢卷尺

6.4.3　叠合板整体质量验收

浇筑混凝土后进行叠合板整体质量验收，验收前由施工单位对叠合板外观质量进行全数自检，自检合格后由监理单位组织验收，项目包括：板面标高检验、板面平整度检验、板厚检验、叠合面浇筑质量检验和外观检查等，验收允许偏差和检验方法见表6-5。

表6-5　叠合板整体验收允许偏差和检验方法

验收项目	允许偏差	检验方法
钢筋保护层厚度	+8mm，-5mm	磁感应仪
板面标高	±5mm	水准仪或钢卷尺
板面平整度	5mm	2m靠尺和塞尺
板厚	±5mm	楼板测厚仪
缺陷面积占比	≤25%	超声断层扫描仪或扫描式冲击回波仪

1）同条件试块试验

每个检验批的叠合板制作1组同条件试块，龄期达到设计要求后进行抗压强度试验，按《混凝土强度检验评定标准》（GB/T 50107—2010）进行评定，评定结果符合要求时判定叠合板后浇混凝土强度合格。

2）钢筋保护层厚度检验

宜采用磁感应仪进行钢筋保护层厚度测试，仪器处于检定合格期内，测试误差不大于1mm，测试前使用标准块对仪器进行标定。

对悬挑板随机选取 10% 且不少于 20 个构件进行检验，对非悬挑板随机选取 2% 且不少于 5 个构件进行检验，对每块叠合板抽取不少于 6 根钢筋进行保护层测试，对于每根钢筋应在不同位置测量 3 次取平均值。

当叠合板全部钢筋保护层厚度合格率为 90% 及以上时，可判定该批叠合板钢筋保护层厚度合格。当全部钢筋保护层厚度合格率小于 90% 但不小于 80% 时，可再抽取相同数量的构件进行检验，当按两次抽样总和计算的合格率为 90% 及以上时，仍可判定该批叠合板钢筋保护层厚度合格。其余情况判定该批叠合板钢筋保护层厚度不合格，应进行返修处理。

3）板面标高检验

选取 10% 的叠合板进行板面标高检验，采用水准仪测量板四边支座及跨中部位的相对高程，引入楼层标高控制点，计算各测点标高。板面标高允许偏差见表 6-5，板面标高合格率为 80% 及以上时，判定检验批板面标高合格。

4）板面平整度检验

选取 10% 的叠合板进行板面平整度检验，采用 2m 靠尺沿两条相互垂直的轴线方向分别测量板面平整度，用塞尺测量靠尺与板面之间的缝隙高度。板面平整度允许偏差见表 6-5，板面平整度合格率为 80% 及以上时，判定检验批板面平整度合格。

5）板厚检验

选取 1% 且不少于 3 块叠合板采用楼板测厚仪进行测试，在同一对角线上测量中间及距离两端各 0.1m 处的板厚，取 3 点平均值。板厚允许偏差见表 6-5，板厚合格率为 80% 及以上时，判定检验批板厚合格。

6）叠合面浇筑质量检验

选取 10% 的板块进行叠合面浇筑质量检验，在 1/4 跨和跨中截面沿横向布置 3 条扫查面，扫查面宽度约 300mm，如图 6-51 所示。采用超声断层扫描仪或扫描式冲击回波仪进行测试，测试时如未发现反射波异常则判定叠合面浇筑质量合格；如发现异常则应对整块板进行扫描，记录异常区域部位、面积。计算异常区域面积占比，如面积占比不大于 25%，可验收合格；如面积占比大于 25%，则采用钻芯拉拔法测试结合面拉拔力，在异常区域代表位置布置 3 个取芯测点，测点应避开管线、预埋件，钻取芯样并对结合面进行拉拔试验，检查结合面外观，分析反射波异常的原因，如 3 个测点的拉拔力平均值不小于 1.4MPa，则认为结合面反射异常区不影响叠合板受力性能，仍可验收合格；如 3 个测点的拉拔力平均值小于 1.4MPa，则判定结合面浇筑质量不合格，建议由设计单位出具处理方案。

7）外观检查

结构验收时叠合板不得出现露筋、蜂窝、孔洞、夹渣、疏松、裂缝等缺陷，对存在的缺陷予以记录并修整，修整后重新验收。

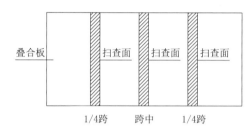

图6-51 叠合面浇筑质量扫查面布置

6.5 本章小结

根据叠合板试验结果，得到的结论如下：

（1）叠合板跨度不同，其承载力极限状态标志有所不同。跨度3.3m的叠合板达到承载力极限状态时，跨中裂缝宽度超过1.5mm；跨度4.2m的叠合板达到承载力极限状态时，挠度达到跨度的1/50。

（2）结合面采用冲刷、拉毛、钢筋压痕方式处理的叠合板受弯性能良好，是较为理想的粗糙度处理方式；板面压光、钢板压花处理方式的结合效果较差。

（3）结合面的端部缺陷未导致明显的变形不对称，缺陷位于端部或中部时对构件承载力影响的差异很小。

（4）随跨度增大，缺陷对承载力的影响更加明显。当跨度为3.3m，缺陷面积占比为25%时，极限荷载几乎不降低；缺陷面积占比为50%~100%时，极限荷载约降低6%；当跨度为4.2m，缺陷面积占比为25%时，极限荷载约降低10%；缺陷面积占比为50%~100%时，极限荷载降低20%。

（5）接近承载力极限状态时，在相同荷载作用下，构件挠度随缺陷百分率增加而增大。相对于无缺陷叠合板，缺陷面积占比为25%时，挠度增大约20%；缺陷面积占比为50%时，挠度增大约60%；缺陷面积占比为100%时，挠度增大约90%。

（6）缺陷面积占比为25%和50%时，预制层和后浇层未发生相对滑移；全截面叠合不良构件在试验后期出现结合面相对滑移，预制层和后浇层竖向裂缝发展不连续。

（7）桁架钢筋对板受弯承载力、刚度影响不大。

（8）叠合板受弯承载力的安全储备较大，即使在全截面叠合不良、不设桁架钢筋等不利情况下，构件承载力、挠度及裂缝宽度检验仍能符合《混凝土结构工程施工质量验收规范》（GB 50204—2015）要求。

第7章 结构施工质量验收

7.1 质量管理

  发达国家非常重视管理措施，对整个建筑行业从制度、人员、机具、材料、方法、过程几个方面加强质量控制，首先是在国家层面建立了相对完善的建筑法规体系，在行业协会、企业层面建立了技术标准和质量管理体系，并认真落实执行，执行过程中还会收集集中出现的问题，不断完善管理制度。人员方面，操作人员和质量监管人员的素质相对较高，体现在学历、培训、技术水平和责任意识等方面，行业协会会建立从业人员信用档案，记录该员工从业以来奖惩、培训情况，对施工操作人员定期开展技术培训、考核，考核通过后发证，操作人员持证上岗，建立奖惩制度，对被检查出问题的人员予以罚款或扣分，信用档案全国通用。材料方面，涉及结构安全的材料、配件，生产企业专业化程度较高，视产品质量为企业生命，可以把某一种产品的性能做到极致，并不断推陈出新，使用者更关注产品的质量而不是价格，建立认证制度，通过第三方机构认证保证产品质量水平。过程方面，操作人员按规程施工，可以确保施工质量达到基本要求，遇到异常情况及时通报解决，将问题消灭于萌芽状态，监管人员严格监督，对质量控制一丝不苟，对工程质量的控制很大程度上靠从业人员的诚信来保证。

  国内建筑工程质量管理制度相对欠缺，有些企业虽然建立了成套的管理体系，但仅停留在纸面上，未落到实处。人员方面，国内施工人员数量众多，流动性大，技术水平参差不齐，未建立统一的诚信档案，违规操作处罚力度小，违规成本低。企业因工期、成本等原因，对组织技术培训往往热情不高。材料方面，国内施工企业竞争激烈，项目利润较低，对产品更加注重价格，甚至会牺牲质量。国内产品生产企业处于产业链条的下游，鱼龙混杂，竞争激烈，有时会为压缩成本而降低质量要求，虽然主要产品需要提供合格证、试验报告等资料，但试验产品往往由企业送样，检测部门也只对来样负责，造成工程中实际使用的产品与送样试验产品有时会完全不同。过程方面，操作人员按件计价或按工时计价，遇到异常情况为不耽误工期往往掩盖、瞒报，监管人员有的责任意识不强，有时关键环节监管缺失，甚至伙同施工人员瞒报问题，对自检、验收记录弄虚作假。

  管理是根本、技术是手段，在施工质量控制环节，有些管理问题不能由技术措施来解决，对装配式结构的质量不可能由几本标准、几项检测技术就可以保证，还是应当回到建立人员信用档案、定期技术培训、重视材料进场验收和复检、加强过程控制的道路上来，施工人员和验收人员必须具有基本的责任心和职业道德，能够同心协力、荣辱与共，否则工程质量难以保证，验收工作也不可能顺利完成。

  装配式混凝土建筑与传统建筑不同，各专业必须整体策划、密切联系、相互配合、协调一致，体现设计、生产、安装一体化的特点，综合建筑、结构、机电、装修等专业的要求，制订整套的施工组织设计和验收方案，施工组织设计应体现装配式工法的特点，最大程度发挥装配技术的优势。装配式混凝土结构施工相对于传统现浇结构有其特性，对于不同岗位的技术要求也有别于传统施工方式，施工作业人员应具备岗位必要的基础知识和技能。施工前应对管理人员、操作人员进行安全、质量和技术交底。施工时宜采用建筑信息模型（Building Information Modeling，简称BIM）技术对全过程和关键工艺进行信息化模拟，指导施工，并且制订合理的工序计划，对各种配件精确计算用量，提高施工管理水平和安装效率，减少浪费。

装配式混凝土建筑施工安装前应制订专项验收方案，包括工程概况、进度计划、场地布置、构件运输与堆放、吊装与节点施工、技术依据、绿色施工、安全管理、质量控制、信息化管理、应急预案等内容，目的是节约资源、减少人工、提高质量和缩短工期。进度计划应结合构件生产能力和运输计划制订，运输方案包括车辆型号及数量、发货安排、运输路线、装卸方法等；场地布置包括循环通道布置、吊装设备布置、吊装能力确定、构件码放场地确定等；吊装与节点施工包括测量方法、吊装顺序、构件安装方法、节点连接方式、防水措施、后浇混凝土施工方案、成品保护及修补措施等；质量控制措施包括渗漏、裂缝等质量问题的防治措施，出现缺陷、漏浆等问题的处理措施等。对施工中采用的新技术、新材料、新工艺、新设备应进行论证、审批、备案。

7.2 结构安装质量控制

为避免由于设计或施工缺乏经验造成质量问题，在工程进入预制层安装前，宜选择代表性单元进行构件预安装，根据预安装结果对施工工艺、方案进行调整和优化。这样不但可以验证设计和施工方案的正确性，还可以培训人员、调整设备、优化工艺、完善方案。

预制构件吊装时应对已完成的结构和基础进行验收，确保基层混凝土强度、预留预埋件设置、外观质量、尺寸偏差符合设计要求，安装前应进行测量放线，设置构件定位标线，控制合理误差。

吊装前应确认构件混凝土强度、型号、吊点、重心、内外面符合设计要求，复核塔吊设备的吊装能力。对当天需要吊装的构件预先编号，按编号顺序起吊。采用7字码保证构件轴线位置，采用钢垫片调整构件标高，构件吊装就位后应及时校准轴线位置、垂直度、拼缝尺寸、高低差等，并用临时斜撑固定。

根据《建筑工程施工质量验收统一标准》（GB 50300—2013），装配式结构属于混凝土结构子分部工程中的分项工程，验收时应由监理单位组织，施工单位参加，共同完成检查验收。

7.2.1 进场材料

对灌浆料、套筒、钢筋接头等主要材料应进行抽样复检。

同一成分、同一批号的灌浆料不超过50t为一批，不足50t也应作为一批进行复检试验，项目包括：拌合物30min流动度、泌水率及1d抗压强度、3d抗压强度、28d抗压强度、3h竖向膨胀率、24h 与 3h 竖向膨胀率差值，材料性能应符合表 7-1 要求。如一项指标不符合要求，则应从同一批次材料中重新取样，对不合格项目加倍试验，试验合格可判定材料复检合格，否则判定材料不合格。

同一批号、类型、规格的灌浆套筒不超过 1000 个为一批，采用工程实际使用的灌浆料，每批随机抽取 3 个制作对中接头试件进行抗拉强度试验，每个接头试件的抗拉强度不应小于连接钢筋抗拉强度标准值，且破坏时应断于接头外钢筋。

对进场钢筋应进行接头工艺检验，提供工艺检验报告，当更换钢筋生产企业或钢筋外形尺寸有较大变化时，应再次进行工艺检验。接头工艺检验应符合下列规定：

（1）工艺检验应在预制构件生产前进行，当现场灌浆施工单位与工艺检验时的施工单位不同时，灌浆前应再次进行工艺检验；

（2）工艺检验宜模拟施工条件采用平行构件法制作接头试件，试件制作符合接头提供厂家的工艺要求；

（3）每种规格钢筋制作 3 个对中接头试件，采用 X 射线法检查试件灌浆质量；

（4）用灌浆料拌合物制作不少于 1 组 40mm×40mm×160mm 试件；

（5）接头试件及灌浆料试件在标准养护条件下养护 28d；

（6）每个接头试件的抗拉强度不应小于连接钢筋抗拉强度标准值，且破坏时应断于接头外钢筋，屈服强度不小于连接钢筋屈服强度标准值，接头试件残余变形平均值小于 0.1mm（$d \leqslant 32$mm，d 为钢筋直径）或 0.14mm（$d > 32$mm），灌浆料性能应符合表 7-1 要求；

（7）接头工艺检验报告见表 7-2，如 1 个试件的抗拉强度或 3 个试件的残余变形平均值不符合要求时，可再抽 3 个试件进行试验，试验合格可判定接头工艺检验合格，否则判定接头工艺检验不合格。

表 7-1　灌浆料材料性能要求

检测项目		性能指标
流动度（mm）	初始	≥ 300
	30min	≥ 260
抗压强度（MPa）	1d	≥ 35
	3d	≥ 60
	28d	≥ 85
膨胀率（%）	3h	≥ 0.02
	24h 与 3h 差值	0.02 ~ 0.5
氯离子含量（%）		≤ 0.03
泌水率（%）		0

表 7-2　钢筋套筒接头工艺检验报告

委托单位		工程名称	
套筒品牌、型号		钢筋规格	
灌浆料品牌、型号		制作地点	
制作人员及单位			

	试验项目	1#	2#	3#	规范要求
单向拉伸试验	屈服强度（MPa）				
	抗拉强度（MPa）				
	残余变形（mm）				
	总伸长率（%）				
	破坏形式				钢筋拉断

灌浆料抗压强度	抗压强度试验值（MPa）							
	1	2	3	4	5	6	均值	规范要求

评定结果	

批准：　　　审核：　　　检验：　　　年　　月　　日

7.2.2　预制构件安装

对预制柱应按角柱、边柱、中柱的顺序安装，与现浇部分连接的柱应先行吊装。预制柱以轴线和外轮廓线为控制线，就位前设置柱底调平装置，控制柱底标高，安装时通过斜撑的微调装置进行垂直度、扭转调整。预制柱的斜撑不少于 2 道，应设置在两个相邻侧面上，水平投影相互垂直。预制柱安装时采用钢垫片调整构件水平度及标高，构件就位后及时校准轴线位置、垂直度、拼缝尺寸、高低差等，记录测量结果，并用临时斜撑固定。对柱脚连接部位采用模板封堵，保证密闭，满足节点灌浆压力要求。

对预制剪力墙应按先外墙后内墙的顺序安装，内墙以轴线和轮廓线为控制线，外墙以轴线和外轮廓线为控制线。预制剪力墙就位前在墙底面设置钢垫片等装置调平，采用灌浆套筒、浆锚搭接连接的夹心保温剪力墙应在保温材料部位采用弹性密封材料进行封堵。采用灌浆套筒、浆锚搭接连接的剪力墙优先选用分仓方式灌浆，使用专用封堵料进行分仓，分仓间距不大于 1.5m。采用坐浆方式时，均匀铺设坐浆料，厚度为 25 ~ 30mm，留置坐浆料试块，保证材料强度满足设计要求。预制墙的临时支撑设置在同一侧面，不宜少于 2 道，剪力墙底部没有水平约束时，应包括上部斜撑和下部支撑。预制剪力墙安装时采用钢垫片调整构件水平及标高，构件吊装就位后及时校准轴线位置、垂直度、拼缝尺寸、高低差等，记录测量结果，并用临时斜撑固定。对墙底部连接部位采用模板封堵，保证密闭，满足节点灌浆压力要求。随后进行附加钢筋安装，附加钢筋与现浇区域钢筋绑扎牢固。

临时斜撑与预制构件之间通过预埋件铰接连接，考虑到临时斜撑主要承受水平荷载，对预制剪力墙、预制柱的上部斜支撑，其支撑点距离构件底部不宜小于构件高度的 2/3，不应小于构件高度的 1/2，斜撑与地面或楼面应可靠连接，不得出现松动、滑移。

预制梁、叠合梁按先主梁后次梁、先低后高的顺序安装。安装前测量并调整临时支撑标高，确保梁底标高一致，支撑基础应平整坚实，支撑间距应通过计算确定，竖向连续支撑层数不宜少于 2 层且上下层的支撑位置应对准。复核梁、柱钢筋位置、尺寸，如钢筋位置冲突，按设计单位确认的技术方案调整。在梁支座上弹出梁边缘控制线，确定梁轴线及标高位置，安装后根据控制线进行构件就位，确保梁伸入支座的长度或搁置长度符合设计要求。叠合梁后浇混凝土强度达到设计要求后可拆除临时支撑。

叠合板支撑基础应平整坚实，支撑间距应通过计算确定，竖向连续支撑层数不宜少于 2 层且上下层的支撑位置应对准。预制板吊装至梁、墙上方 300 ～ 500mm 时，调整板位置，使板锚固筋与梁箍筋错开，根据板边线和板端控制线准确就位，测量板底接缝高差、宽度，不符合设计要求时应将构件起吊，重新调节托梁，使所有支撑立杆共同受力。叠合板后浇混凝土强度达到设计要求后可拆除临时支撑。

7.2.3　节点连接

典型的灌浆套筒节点如图 7-1 所示。

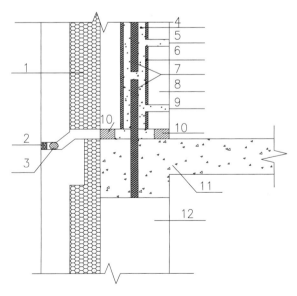

图7-1　典型的灌浆套筒节点

1—保温材料；2—密封胶；3—发泡聚乙烯芯棒；4—灌浆料；5—出浆孔；6—钢筋套筒；
7—连接钢筋；8—上层剪力墙；9—灌浆孔；10—垫块；11—现浇混凝土；12—下层剪力墙

灌浆套筒及浆锚连接节点验收时以每个楼层作为一个检验批，灌浆前检查灌浆设备、材料及人员情况，按表 7-3 要求填写灌浆申请单。灌浆结束后，检查封堵及胶塞状态，留置灌浆料、坐浆料试块，按表 7-4 要求填写灌浆质量验收记录。

表 7-3　灌浆申请单

工程名称				
施工单位				
灌浆部位				
灌浆时间	自　　年　月　日起至　　　年　月　日止			
灌浆人员	姓名	操作证书编号	姓名	操作证书编号
准备工作	灌浆设备	灌浆设备型号： 灌浆设备是否满足施工要求　是□　否□		
	灌浆人员	是否通过考核　是□　否□		
	灌浆材料	灌浆料品牌：　检验是否合格　是□　否□		
	环境温度	环境温度：　是否符合要求　是□　否□		
工作条件	界面检查	套筒内是否清理干净　是□　否□		
		灌浆孔、出浆孔是否完好　是□　否□		
	通气检查	是否通畅　是□　否□		
		不通畅套筒位置、编号：		
	插筋检查	外观是否整洁、无锈蚀　是□　否□		
		位置及长度是否符合要求　是□　否□		
	分仓检查	分仓材料：　是否按要求分仓　是□　否□		
	封堵检查	封堵材料：　是否密实　是□　否□		
审批结论	同意灌浆□不同意□ 整改意见：			
	项目经理		签发时间	
	总监		签发时间	

专业质检员：　　　　　　日期：

表 7-4 灌浆质量验收记录

记录编号：

工程名称		施工单位	
构件编号		套筒数量	个
施工时间	年 月 日 时	灌浆料批号	
环境温度	℃	灌浆料用量	kg
搅拌时间	min	配合比	水：kg，灌浆料：kg
开始时间		结束时间	
开始时流动度	mm	结束时流动度	mm
灌浆料试块	组	坐浆试块	组
平行试件	组	补浆位置	个
封堵材料状态		胶塞拆除状态	
异常情况记录		影像资料编号	
灌浆孔、出浆孔编号示意图			
验收结果			
施工单位	工长： 质检员：	监理单位	监理员：
备注：			

专业质检员：　　　　日期：

可采用平行构件法进行套筒灌浆节点施工质量验收。每工作班、每种规格的钢筋制作一组 3 个平行试件，为提高效率，可在同一平行构件中制作多组平行试件。对灌浆后的平行试件首先进行 X 射线缺陷检验，确定套筒内部灌浆质量状况。成像时如受钢筋、进出浆孔影响，缺陷难以分辨时，可将试件轴向旋转 90° 再次成像。为节约试验成本，可将多个试件同时成像。套筒灌浆缺陷长度不满足要求时应调整灌浆材料、工艺，对已灌浆的部位进行无损检测。对平行试件接头标准养护 28d 后进行抗拉强度试验，接头的屈服强度不应小于连接钢筋屈服强度标准值。所有试件的抗拉强度不应小于连接钢筋抗拉强度标准值，且破坏时应断于接头外钢筋。试验采用一次性加载，达到连接钢筋抗拉强度标准值的 1.15 倍时如试件未破坏，可停止加载。灌浆 24h 后，将平行构件中砂石倒掉，拆解箱体，露出底部坐浆或分仓层，检查浇筑质量，饱满度应不低于 80%。

预留插筋中心位置应采用专用设备进行测量，计算与套筒、浆锚孔间的位置偏差，偏差应在规范允许偏差范围内，插筋和套筒中心线位置偏差不宜大于 3mm。偏差超过规范要求时构件不能吊装，应采取措施进行修整，使之符合规范要求，不能满足要求时应会同设计单位制订专项处理方案，严禁随意切割、强行调整插筋。插筋外露长度、倾斜量应符合设计及规范要求，插筋倾斜量超过规范允许偏差时应进行调直。构件套筒、预留孔规格、位置、数量、倾斜和深度应在构件进场验收时完成，安装前应将套筒、插筋清理干净，确保没有杂物，不影响灌浆施工并满足节点受力要求。

向套筒内灌浆必须使用专用灌浆料，严禁使用水泥浆、不合格灌浆料等。使用前检查产品包装有效期和产品外观，拌合用水应符合《混凝土用水标准》（JGJ 63—2006）的要求，加水量应按说明书要求按重量计量，灌浆料拌合物应采用电动设备搅拌均匀、充分，静置 2min 待气泡排除后使用，搅拌完成后不得再次加水。每工作班应检查拌合物初始流动度及灌浆结束流动度不少于 1 次。合理控制材料用量，灌浆料应在加水后 30min 内用完，灌浆期间不得向拌合物内掺加水、灌浆料、外加剂等。

灌浆作业是装配式结构质量控制的关键环节，灌浆操作应按施工方案执行，操作人员应经考核合格后持证上岗。灌浆质量在施工后难以检查，因此应由施工、监理单位专职质检人员全过程监督，拍摄视频资料并形成验收记录。检验批验收时，如对灌浆质量有怀疑，可委托第三方检测机构进行检测。

环境温度应符合灌浆料产品使用说明书要求，环境温度低于 5℃时不宜施工，当环境温度高于 30℃时应采取措施降低灌浆料拌合物温度。对竖向套筒，应采用压浆法从套筒下的灌浆孔注浆，当灌浆料拌合物从其他灌浆孔、出浆孔流出后及时用胶塞封堵。对水平套筒，应从灌浆孔注浆，出浆孔出浆后用胶塞封堵。散落的灌浆料不得二次使用，剩余拌合物不得再次添加灌浆料、水继续使用。灌浆施工出现无法正常出浆、漏浆等情况时，应立即查明原因，拌合物处于流动状态时应立即补浆，拌合物无法流动时，可采用细管压力设备从出浆孔补浆，并在灌浆料凝固后再次检查，确保符合设计要求。

灌浆料同条件养护试块抗压强度达到 35MPa 后方可进行后续扰动施工，灌浆料强度达到设计要求后方可拆除临时支撑。

施工时现场制作灌浆料试件，每工作班取样不得少于 1 次，每楼层取样不得少于 3 次，每次制作 1 组 40mm×40mm×160mm 试件，标准养护 28d 后进行抗压强度试验，试验结果应符合设计及《钢筋连接用套筒灌浆料》（JG/T 408—2013）要求。

灌浆后检查所有灌浆孔、出浆孔和构件底部封堵，不应出现漏浆情况。

灌浆料强度、灌浆质量不符合要求时，应由施工单位制订处理方案，经设计、监理单位认可后进行处理，处理后重新验收。

灌浆套筒及浆锚连接节点主要材料验收要求见表7-5。

表7-5　主要材料验收要求

项目	数量	规格（mm）	检验时间	合格要求
灌浆料试块	3组	$40 \times 40 \times 160$	28d	强度达到设计要求
坐浆料试块	3组	$70.7 \times 70.7 \times 70.7$	28d	强度达到设计要求
试件力学性能	3个	同构件	28d	大于钢筋抗拉强度标准值破坏时断于接头外钢筋
灌浆质量	3个	同构件	1d	端部缺陷 $\leq 1d$ 中部缺陷 $\leq 0.5d$ 均布缺陷，不允许 水平缺陷弦高 $\leq 0.08d$
坐浆质量	1个	平行构件	1d	饱满度 $\geq 80\%$

7.2.4　后浇混凝土

后浇混凝土施工前，应进行隐蔽工程验收，主要包括以下内容：

（1）混凝土粗糙面质量，键槽尺寸、数量、位置；

（2）钢筋牌号、规格、数量、位置、间距，箍筋弯钩角度及平直段长度；

（3）钢筋连接方式、接头位置及数量、接头百分率、搭接长度、锚固方式和锚固长度；

（4）预埋件、预留管线规格、数量、位置；

（5）预制构件接缝防水、防火等构造措施；

（6）保温及节点措施；

（7）预制构件结合面混凝土外观质量。

墙、梁端部及顶部结合面可采用冲毛、钢筋压痕、键槽等方式进行处理，叠合板结合面可采用拉毛、钢筋压痕等方式进行处理，可取得较好的结合效果。墙构件结合部位及接缝处混凝土因空间狭小、难以振捣，建议采用自密实混凝土。根据本书第2章研究结果，结合面质量可采用取样试验的方法进行实体检验，试验操作按《钻芯法检测混凝土强度技术规程》（JGJ/T 384—2016）要求进行。

对于结合面的质量，每楼层可作为一个检验批，每检验批钻取一组3个混凝土芯样进行劈裂抗拉试验，如劈裂抗拉强度平均值不低于同强度等级混凝土抗拉强度标准值，可判定该批混凝土结合面质量合格。

装配式混凝土结构尺寸偏差及检验方法见表7-6。

表7-6 允许偏差及验收方法

项目		允许偏差	验收方法
轴线位置	竖向构件（柱、墙）	8 mm	经纬仪或尺量检查
	水平构件（梁、板）	5 mm	
标高	构件底面	±5 mm	水准仪测量
层间垂直度	层高 < 5m	5 mm	经纬仪、全站仪或吊线
	层高 ≥ 5m 且 < 10m	10 mm	
	层高 ≥ 10m	20 mm	
平面外倾斜	梁、桁架	5 mm	吊线和钢尺检查
相邻构件平整度	板端面	5 mm	钢尺、塞尺检查
	梁、板底面	3 mm	
	柱、墙侧面	5 mm	
搁置长度	梁、板	±10 mm	尺量检查
支座位置	梁、板、柱、墙	10 mm	尺量检查
预制板接缝	宽度	±5 mm	尺量检查
剪力墙接缝	宽度	±5 mm	尺量检查
	中心线位置		
插筋	中心线位置	3 mm	中心距卡尺检查
	外露长度	+15 mm，0	尺量检查
	垂直度	1°	角度尺
套筒灌浆缺陷	端部缺陷	≤ 1d	试件射线检测
	中部缺陷	≤ 0.5d	
	均布缺陷	不允许	
	水平缺陷	弦高 ≤ 0.08d	
饱满度	坐浆、分仓	≥ 80%	百格网
截面尺寸	柱、梁、墙、板	+10mm，−5mm	尺量检查
电梯井	中心位置	10mm	尺量检查
	长、宽尺寸	+10mm，0	尺量检查
平整度	柱、梁、墙、板	8mm	2m 靠尺和塞尺
全高垂直度	H ≤ 300m	$H/30000+20$mm	经纬仪测量
	H > 300m	$H/10000$ 且 ≤ 80mm	

7.2.5 资料核查

装配式混凝土结构属于混凝土结构子分部中的分项工程，验收时应具备完整的资料、文件及试验报告，报告中灌浆套筒规格、级别、尺寸及灌浆料型号应与现场一致。型式检验报告应在 4 年有效期内。

对资料的要求，应按《混凝土结构工程施工质量验收规范》（GB 50204—2015）有关规定整理组卷，主要包括以下内容：

（1）工程设计图纸、洽商变更、预制构件安装深化图和加工详图；

（2）钢筋、灌浆料、坐浆料等主要材料的进场复检报告；

（3）预制构件、主要材料及配件的质量证明文件、进场验收记录；

（4）预制构件安装记录；

（5）灌浆套筒型式检验报告、工艺检验报告、施工检验记录，浆锚搭接施工检验记录；

（6）后浇混凝土隐蔽验收记录；

（7）混凝土同条件试块试验报告；

（8）结构实体检验记录；

（9）外墙防水验收记录；

（10）分项工程验收记录；

（11）重大质量问题的处理方案和验收记录。

7.3　本章小结

装配式结构安装质量的验收与传统现浇结构基本相同，较明显的区别为结构由大量预制构件拼装，构件之间存在较多节点和接缝，对节点和接缝的质量验收是装配式结构验收的重点和特点。部分预制构件之间现浇混凝土，对现浇混凝土的验收与传统现浇结构相同。

第8章 整体厨卫施工质量验收

8.1 交接检验

对于大多数工业化建筑而言，结构、装修等工程可以由总包单位自行施工，但整体厨卫部品安装专业化程度较高，普遍采用由生产厂家或生产厂家委托的安装公司施工，因此在整体厨卫安装单位进场前需要进行交接验收，确保整体厨卫安装边界、管线接口符合要求，明确质量责任。

整体内装及厨卫部品采用建筑设计、部品生产、施工安装一体化的管理模式，安装前编制专项施工方案，包括安全、质量、环境保护及施工进度计划，明确各分项工程的技术要求和步骤，工序交接过程应有齐全的记录。厨卫间墙面、顶面和地面应采用标准规格的产品，通过模块化组合成型，不应切割、打孔。

施工前对主要材料进行复检，检查产品合格证、安装说明和操作要求，确认配件是否齐全，材料无破损，无影响使用功能的质量问题。

整体内装及厨卫部品安装时严禁擅自改动主体结构、破坏结构构件，施工材料、设备的存放和安装不应破坏地面、墙面的防水层，不应超过楼面的使用荷载。

现场的技术人员和安装人员应经过专业培训，考核合格，施工过程遵守相关的安全、劳动保护、文明施工等规定。

整体内装及厨卫部品安装前应完成主体结构、管道、卫生间防水的施工，并验收合格，部品生产及安装企业进行场地勘察、验线，结合施工现场进行施工方案会审，总包与分包单位办理工序交接、场地交接，形成验收记录。

整体厨卫部品安装前的交接检验项目及允许偏差见表8-1。

表8-1 交接检验项目及允许偏差

项目		允许偏差（mm）	检查方法
顶板	净高	±10.0	水准仪、钢卷尺
	标高	10.0	水准仪、钢卷尺
	平整度	8.0	2m靠尺、塞尺
墙面	平整度	8.0	2m靠尺、塞尺
	垂直度	5.0	吊线、钢卷尺
	阴阳角	4.0	直角尺
	开间、进深	10.0	钢卷尺
板材隔墙	平整度	3.0	2m靠尺、塞尺

续表

项目		允许偏差（mm）	检查方法
板材隔墙	垂直度	3.0	吊线、钢卷尺
	阴阳角	4.0	直角尺
	接缝高差	3.0	钢直尺、塞尺
地面	平整度	3.0	2m 靠尺、塞尺
	标高	±10.0	水准仪
预留孔洞	中心位置	3.0	沿纵横两方向测量，取偏差较大值
	尺寸	10.0	钢卷尺
预埋件	中心位置	3.0	沿纵横两方向测量，取偏差较大值
管道接口	中心位置	5.0	钢卷尺

8.2 安装质量验收

相同材料、工艺和施工条件的外围护部品每 1000m^2 划分为一个检验批，不足 1000m^2 的也应划分为一个检验批，每个检验批每 100m^2 抽查一处，每处不小于 10m^2。民用建筑内装、整体厨卫部品每个楼层划分为一个检验批。

多专业综合或有特殊功能的部品，如现行标准未作出规定时，可由建设单位组织监理、施工单位协商制订专项验收方案。

外围护部品安装质量验收时应进行下列现场试验：

（1）饰面砖粘结强度试验；

（2）外墙预制构件接缝及外门窗淋水试验；

（3）隔声检测；

（4）外墙导热系数测试。

部品安装隐蔽工程验收项目如下：

（1）预埋件位置、数量、尺寸；

（2）与主体结构连接节点；

（3）接缝处封堵构造做法；

（4）变形缝及墙面转角构造做法；

（5）防火构造。

厨卫部品安装后，应由施工单位根据设计图纸及相关规范进行自检，对自检中发现的问题自行整改、处理，再次自检合格后报监理单位申请验收。监理单位组织施工单位对部品安装质量进行全面的检查和验收，验收项目包括外观质量、尺寸偏差、综合性能、资料核查等方面。建设单位、设计单位根据需要也可参加验收。

8.2.1 外观质量检查

柜体应安装牢固，手扳检查不应活动；表面不应有碰伤、污渍、开裂和压痕等缺陷；门板上下、左右、前后齐整，缝隙宽度均匀。

铰链应使柜门打开角度不小于95°，开闭顺畅，不应卡死或出现摩擦声。

抽屉和拉篮应抽拉自如，无阻滞，并有限位保护装置，防止直接拉出；柜体外露的锐角必须磨钝；金属件应磨光处理，不允许有毛刺和锐角。

滑轨各连接件应连接牢固，在额定承重条件下，无明显摩擦声和卡滞现象，滑轨滑动顺畅；喷塑处理的滑轨，喷塑层厚度不应小于0.1mm。

水嘴手柄或手轮动作应轻便、平稳、无卡阻；开启时水正常流出，关闭时无渗漏；冷热水混合水嘴开启时应流出相应冷热水。

灶具安装平稳，防水、隔热胶垫安装效果良好，配件齐全，进气接头与燃气管道接口之间的软管连接应严密，连接部位应用卡箍紧固，不得有漏气现象，试用无异常。

油烟机安装高度应符合设计图纸，手扳无松动，排气管与接口处密封严密，开机试运行5min，应无异响或抖动。

洗面盆表观完好，安装平稳，手扳无松动，注满水后打开落水塞，排水机构各连接部位无渗漏。

给水管道、水嘴及接头试压时不应渗水。

排水机构（下水口、溢水嘴、排水管、连接件等）各接头连接应严密，不得有渗漏，软管连接部位应用卡箍紧固。

整体厨卫应能通风换气，排风扇开机5min，应无异响或抖动。

坐便器、洗面盆、水槽排水应通畅，不渗漏，应自带存水弯或配有专门存水弯，水封深度不少于50mm。

地面应便于清洗，清洗后地面不积水。

门窗框型材、玻璃、密封材料、五金件及配件应齐全，并符合以下要求：

（1）品种、规格、类型、开启方向、安装位置、连接方式符合设计要求；

（2）门窗框固定点个数、位置、固定方式符合设计要求；

（3）门窗框型材表面洁净、平整、色泽一致，无明显锈蚀、划痕、损伤；

（4）门窗玻璃厚度、钢化情况符合要求，无明显裂纹、爆边、气泡、针眼、斑点、划伤、脱胶及内表面污染等问题；

（5）密封材料表面光滑、饱满、平整、密实，厚度及宽度符合设计要求；

（6）五金件规格符合要求，表面洁净、镀膜完好；

（7）门窗安装牢固、开关灵活、关闭严密，无翘曲。

平开门窗扇平铰链的开关力应不大于 80N，滑撑铰链的开关力应不大于 80N，并不应小于 30N；推拉门窗扇的开关力应不大于 100N。

8.2.2　尺寸偏差检验

整体厨卫尺寸偏差应符合《装配式整体厨房应用技术标准》（JGJ/ T477—2018）、《装配式整体卫生间应用技术标准》（JGJ/T 467—2018）、《住宅整体厨房》（JG/T 184—2011）、《住宅整体卫浴间》（JG/T 183—2011）等标准的要求，整体厨卫间空间尺寸允许偏差为 ±5mm，管道安装允许误差为 ±5mm。整体厨卫柜体及门窗尺寸验收项目和允许偏差见表 8-2、表 8-3。

表 8-2　柜体的形状和位置允许偏差　　　　　　　　　　　（mm）

序号	检查项目			技术要求
1	正视面板件翘曲度	对角线长度≥ 1400		≤ 3.0
		700 ≤对角线长度＜ 1400		≤ 2.0
		对角线长度＜ 700		≤ 1.0
2	底脚着地平稳性			≤ 0.5
3	平整度	面板、正视面板件 0 ～ 150 范围内局部平整程度		≤ 0.2
4	邻边垂直度	门板及其他板件		≤ 2.0
		台面板		≤ 3.0
		框架	对角线长度≥ 1000	≤ 3.0
			对角线长度＜ 1000	≤ 2.0
5	位差度	门与框架、门与门相邻表面间的距离偏差（非设计要求的距离）		≤ 2.0
		抽屉与框架、门、其他抽屉相邻的表面距离		≤ 1.0
		灶具与吸油烟机中心线		≤ 20
6	分缝	嵌装式开门	上、左、右分缝	≤ 1.5
			中、下分缝	≤ 2.0
		盖装式开门	门背面与框架平面的间隙	≤ 3.0
		嵌装式抽屉	上、左、右分缝	≤ 2.5
		盖装式抽屉	抽屉面背面与框架平面的间隙	
7	抽屉下垂度、摆动度			≤ 10

注：可调底脚不需测试。

表 8-3　门窗安装的允许偏差　　　　　　　　　　　　（mm）

序号	检查项目		允许偏差
1	门、窗框外形（高、宽）尺寸长度差	≤ 1500	2
		＞ 1500	3

续表

序号	检查项目		允许偏差
2	门、窗框两对角线长度差	≤ 2000	3
		> 2000	5
3	门、窗框（含拼樘料）正、侧面垂直度		3
4	门、窗框（含拼樘料）水平度		3
5	门、窗下横框的标高		5
6	门、窗竖向偏离中心		5
7	双层门、窗内外框间距		4
8	平开门窗及上悬、下悬、中悬窗	门、窗扇与框搭接宽度	2
		同樘门、窗相邻扇的水平高度差	2
		门、窗框扇四周的配合间隙	1
9	推拉门窗	门、窗扇与框搭接宽度	2
		门、窗扇与框或相邻扇立边平行度	2
10	组合门窗	平整度	3
		缝直线度	3

8.2.3 综合性能检验

整体厨卫的综合性能包括壁板强度、通电、光照度、耐湿热性等性能，验收项目及方法如下：

（1）闭水试验：对有防水要求的地面施工后应进行闭水试验，试验时蓄水深度一般为 30 ~ 40mm，且不小于 20mm，蓄水时间不少于 24h，前期每 1h 到楼下检查一次，后期每 2 ~ 3h 到楼下检查一次。若发现漏水情况，应立即停止蓄水试验，查找渗漏原因，对防水层进行修复处理，处理后再次进行蓄水试验。

（2）耐渗水性试验：密封地漏，将防水盘注满水，24h 以后检查渗漏情况。

（3）门窗试验：检查门窗的气密、水密、抗风压、保温、采光、空气隔声等性能，以及可见光透视比、遮阳系数。

（4）耐湿热试验：检验浴缸等玻璃纤维制品的性能，密闭卫浴间、浴缸排水口，用流量 7L/min、温度（70 ± 2）℃的热水，经淋浴器喷洒在浴缸内，热水从防水盘地漏流出，1h 后检查构件及连接部位。

（5）强度试验：在耐湿热试验后进行，对壁板、门进行冲击试验，在直径约 200mm 的布袋中装入质量为（15±0.5）kg 的干细砂，用绳索吊挂，砂袋中心至吊点距离为（1000±10）mm。砂袋偏移使绳索倾斜至 30°角，对壁板、门部件内表面中心点进行自有冲击，如图 8-1 所示，检查壁板、门及连接部位损伤情况。

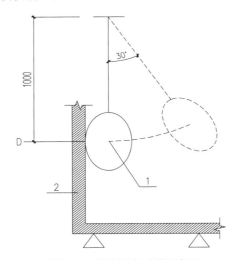

图8-1　部件强度试验示意图

1—沙袋；2—测试部件；D—撞击点

（6）防水盘冲击试验：在防水盘中央部位上方（1000±10）mm，用质量（7±0.5）kg 的砂袋反复冲击 5 次，检查底板和连接部位损伤情况。

（7）挠度试验：包括顶板挠度、防水盘挠度和壁板挠度试验，试验设备包括百分表、表支架、橡胶板、压力弹簧秤。百分表：量程 50mm，最小刻度 0.01mm；表支架：可升降，支撑百分表；橡胶板：直径 150mm，厚度 5mm，邵氏硬度 65±5；压力弹簧秤：量程 300N。顶板挠度试验是在厨卫间内部顶板中央位置支放百分表，在外部顶板中央部位放置橡胶板，在橡胶板上放置 4kg 砝码，1h 后测量顶板中央挠度。防水盘挠度试验是在底面中央下部支放百分表，在底面上部放置橡胶板，橡胶板上放置 100kg 砝码，并将浴缸内加水至 80%，1h 后测量防水板中央挠度。壁板挠度试验是在壁板内部中央位置支放百分表，在外壁相应位置通过橡胶板用压力弹簧秤施加 100N 的水平荷载，百分表读数稳定后，测量壁板中部挠度。

（8）通电试验：接通电源后，用电笔检查插座是否正常供电，电器设备开启后是否正常工作。

（9）光照度试验：采用照度计测试，测试距底面 1000mm 高、四壁 300mm 的空间内及洗面盆上方 150mm 处的照度，照度计探头不能正对光源，如照明光源带有彩色时，应予以修正。

（10）绝缘电阻试验：使用欧姆表，规格 500V、500MΩ，精度等级 1.0 级。耐湿热试验后，将内壁表面擦干，切断电源，测量带电部位（灯口、插座）与不应带电金属件（门框、毛巾架、龙头、水嘴等）之间的绝缘电阻。

（11）耐电压试验：绝缘电阻试验后，采用高压试验车（输入电压220V，输出电压0～2500V连续可调）在带电部位（灯口、插座）与不应带电金属件（门框、毛巾架、龙头、水嘴等）之间施加1500V的交流电压，1min后检查是否存在击穿、烧焦情况。

（12）密封性检查：用喷枪检查壁板与壁板、壁板与顶板、壁板与防水盘连接处的渗漏情况，在厨卫间内侧检查，保持水嘴压力0.3MPa，喷射角60°，喷嘴与连接部位距离约300mm，以小于70mm/s的速度移动喷枪，沿连接部位喷水，然后在厨卫间外侧检查接缝部位有无渗漏情况。为方便检查，可事先在厨卫间外侧接缝部位铺设吸水纸带。

（13）给水管道渗漏检查：试验采用试压泵，最高压力不低于1MPa，压力表量程为1.5MPa，精度等级为1.0级。从进水口注入常温清水，排出管道内空气，关闭所有供水管终端阀门，用试压泵打压至0.9MPa，持压2min以上，观察管线、接头渗漏情况。试验中应徒手关闭阀门，不应使用辅助工具。

（14）排水管抗渗漏检查：封闭排水口末端，加水至防水盘溢水口，放置30min，检查连接处。打开浴缸、洗面盆、厨房水槽的排水栓塞，密封排水管末端，加水至溢水口，放置30min后，检查管道连接处。

（15）排水机构检查：浴缸、洗面盆、厨房水槽等储水容器，应能在2min内将20L水排除干净。

（16）排污管抗渗漏检查：封闭排污管末端，加水至坐便器上沿，放置30min，检查连接处。如设有水箱，检查水箱水管渗漏情况。

整体厨卫部品综合性能要求见表8-4，台面板力学性能应符合表8-5的规定，地柜柜体力学性能应符合表8-6的规定，吊柜力学性能应符合表8-7的规定。

表8-4　整体厨卫综合性能要求

项目		部位	性能要求
通电		电气设备	工作正常、安全、无漏电
光照度		厨卫间	> 70lx
		洗面盆上方150mm处	> 150lx
耐湿热性		玻璃纤维制品	无裂纹、气泡、剥落，无变色
电绝缘	绝缘电阻	带电部位与金属配件	> 5MΩ
	耐电压	电气设备	1500V电压，1min无击穿、烧焦
强度	砂袋冲击	壁板、防水盘	无裂纹、剥落、破损
刚度	挠度	顶板	≤ 6mm
		壁板	≤ 5mm

续表

项目		部位	性能要求
刚度	挠度	防水盘	≤ 3mm
密封		壁板、顶板、防水盘之间	无渗漏现象
渗漏		给水、排水管	无渗漏现象
耐渗水性		防水盘	24h 无渗漏

表 8-5　台面板力学性能

序号	试验项目	试验条件	技术要求
1	静荷载试验	施加 750N 力，压 10s，10 次	台面无损伤，无影响使用功能的磨损或变形，无断裂或豁裂，连接件未出现松动
2	垂直冲击试验	质量为 28.1g 铜球在 450mm 高度落下，3 处	
3	垂直静荷载	加载 200kg/m², 7d	
4	耐久性试验	150N，30000 次	

表 8-6　地柜柜体力学性能

序号	试验项目	试验条件	技术要求
1	搁板弯曲试验	加载 200kg/m²，加载 7d	无断裂或豁裂，不出现永久变形
2	搁板倾翻试验	100N	不倾翻
3	搁板支撑件强度	1.7kg 钢块冲击，冲击能为 1.66N·m，10 次	搁板销孔未出现磨损或变形，支承件位移 ≤ 3mm
4	柜门安装强度试验	离门沿 100mm 处挂 25kg 砝码，反复开启 10 次	各部无异常，外观及功能无影响
5	柜门水平荷载试验	门端 100mm 处，水平加 60N 力，10s，10 次	
6	底板强度试验	用 750N 力，压 10s，10 次	底板未出现严重影响使用功能的磨损或变形
7	柜门耐久性试验	施加 1.5kg 荷载反复开闭 40000 次	门与橱柜仍紧密相连，门与五金件均无破损，并未出现松动，铰链功能正常，门开关灵活，无阻滞现象
8	拉门强度试验	施加 35kg 荷载，拉门 10 次	
9	拉门猛开试验	施加 2kg 荷载，拉门猛开 10 次	
10	翻门强度试验	施加 300N 力，翻门 10 次	
11	翻门耐久性试验	翻门 20000 次	

续表

序号	试验项目	试验条件	技术要求
12	抽屉和滑轨耐久性	施加 33kg/m² 载荷，开闭 40000 次	滑轨未出现永久性松动，抽屉及拉篮活动灵便、无异常噪声
13	抽屉快速开闭试验	以 1.0m/s 施加 50N 力，快速开闭 10 次	
14	抽屉及滑轨强度试验	抽底均布 25kg/m²，前端加 250N 力，每次持续 10s，试验 10 次	
15	主体结构和底架强度	侧面施加 300N 力（4 处），高 ≤ 1.6m，每次持续 10s，试验 10 次	未出现松动，位移小于 10mm

表 8-7 吊柜力学性能

序号	试验项目	试验条件	技术要求
1	吊码强度试验	加载 100kg，7d	吊码无变形、开裂、断裂现象
2	吊柜搁板超载试验	底板施加 200kg/m² 荷载，搁板施加 100kg/m² 荷载	搁板及支承件无破坏，卸载后变形量 ≤ 3mm
3	吊柜跌落试验	柜门关闭从 600mm 高度跌落	吊柜无结构损坏，无任何松动
4	吊柜主体结构强度	施加 450N 力于柜体，10 次	位移 ≤ 10mm
5	吊柜水平冲击试验	150N 力冲击门中缝处，10 次	吊柜无任何松动和损坏
6	吊柜垂直冲击试验	150N 力冲击底板中心处，10 次	

8.2.4 隔声性能检验

随着生活质量的提高，人们对居住、工作空间的声环境要求越来越高。声波传入围护结构共有三种途径：第一种途径是空气，通过孔洞、缝隙传入；第二种途径是透射，声波使结构产生振动，再辐射；第三种途径是撞击和机械振动，使结构产生振动，再辐射。同一构件或结构，对不同频率的声波的透射能力不同，隔声性能也不同，从而形成隔声曲线（一般采用 100 ～ 5000Hz 的 18 个 1/3 倍频带隔声曲线），见图 8-2。

《民用建筑隔声设计规范》（GB 50118—2010）对住宅建筑和办公建筑的允许噪声级给出了相应的规定，见表 8-8 和表 8-9。该标准对住宅建筑和办公建筑的隔墙、楼板以及房间之间的空气声隔声性能也给出了相应的规定，见表 8-10 ～ 表 8-13。该标准还对住宅建筑和办公建筑的外窗、外墙、户门和户内分室墙的空气声隔声性能给出了相应的规定，见表 8-14 和表 8-15。

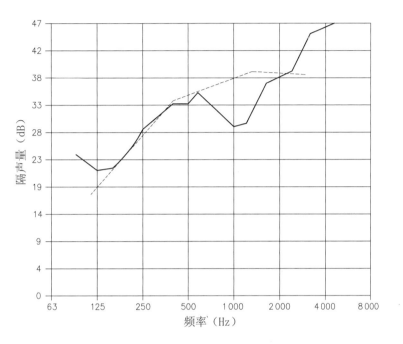

注：图中实线为实际隔声量，虚线为标准曲线

图8-2　隔声曲线示意图

表 8-8　住宅建筑允许噪声级

房间名称	允许噪声级（dB）	
	昼间	夜间
卧室	≤ 45	≤ 37
客厅	≤ 45	

表 8-9　办公建筑允许噪声级

房间名称	允许噪声级（dB）	
	高要求标准	低限标准
单人办公室	≤ 35	≤ 40
多人办公室	≤ 40	≤ 45
电视电话会议室	≤ 35	≤ 40
普通会议室	≤ 40	≤ 45

表 8-10 分户构件空气声隔声标准

构件名称	空气声隔声单值评价量 + 频谱修正量（dB）	
分户墙、分户楼板	计权隔声量 + 粉红噪声频谱修正量	> 45
楼板	计权隔声量 + 交通噪声频谱修正量	> 51

表 8-11 办公室、会议室隔墙、楼板的空气声隔声标准

构件名称	空气声隔声单值评价量 + 频谱修正量（dB）	高要求标准	低限标准
办公室、会议室与产生噪声房间之间的隔墙、楼板	计权隔声量 + 交通噪声频谱修正量	> 50	> 45
办公室、会议室与普通房间之间的隔墙、楼板	计权隔声量 + 粉红噪声频谱修正量	> 50	> 45

表 8-12 房间之间空气声隔声标准

房间名称	空气声隔声单值评价量 + 频谱修正量（dB）	
卧室、起居室（厅）与邻户房间之间	计权标准化声压级差 + 粉红噪声频谱修正量	≥ 45
住宅和非居住用途空间分隔楼板上下的房间之间	计权标准化声压级差 + 交通噪声频谱修正量	≥ 51

表 8-13 办公室、会议室与相邻房间之间的空气声隔声标准

房间名称	空气声隔声单值评价量 + 频谱修正量（dB）	高要求标准	低线标准
办公室、会议室与产生噪声的房间之间	计权标准化声压级差 + 交通噪声频谱修正量	≥ 50	≥ 45
办公室、会议室与普通房间之间	计权标准化声压级差 + 粉红噪声频谱修正量	≥ 50	≥ 45

表 8-14 外窗、外墙、户门和户内分室墙的空气声隔声标准

构件名称	空气声隔声单值评价量 + 频谱修正量（dB）	
交通干线两侧卧室、起居室窗	计权隔声量 + 交通噪声频谱修正量	≥ 30
其他窗	计权隔声量 + 交通噪声频谱修正量	≥ 25
外墙	计权隔声量 + 交通噪声频谱修正量	≥ 45
户门	计权隔声量 + 粉红噪声频谱修正量	≥ 25
户内卧室墙	计权隔声量 + 粉红噪声频谱修正量	≥ 35
户内其他分室墙	计权隔声量 + 粉红噪声频谱修正量	≥ 30

表 8-15　办公室、会议室的外墙、外窗和门的空气声隔声标准

构件名称	空气声隔声单值评价量＋频谱修正量（dB）	
外墙	计权隔声量＋交通噪声频谱修正量	≥ 45
临交通干线的办公室、会议室外窗	计权隔声量＋交通噪声频谱修正量	≥ 30
其他外窗	计权隔声量＋交通噪声频谱修正量	≥ 25
门	计权隔声量＋粉红噪声频谱修正量	≥ 20

　　用于隔声性能检验、评价的规范包括《建筑隔声评价标准》（GB/T 50121—2005）、《民用建筑隔声设计规范》（GB 50118—2010）、《声学－建筑和建筑构件隔声测量》（GB/T 19889-2005）等，测试对象包括楼板、墙体、门窗等。根据测试目的的不同，可分为建筑构件空气声隔声实验室检测、外墙构件空气声隔声现场检测、房间之间空气声隔声现场检测等。

　　隔声测试设备包括：多通道噪声分析仪、传声器、十二面体声源、功率放大器、声级校准器和操作电脑，如图 8—3 所示。测量设备应满足《声学　建筑和建筑构件隔声测量　第 5 部分：外墙构件和外墙空气声隔声的现场测量》（GB/T 19889.5—2006）中第 4 章的要求，声压级测量仪器应满足《电声学　声级计　第 1 部分：规范》（GB/T 3785.1—2010）关于 1 级仪器的要求，应采用 1 级或优于 1 级的声校准器对测量系统进行校准。

图8-3　隔声测试设备

　　建筑构件空气声隔声实验室布置如图 8-4 所示，检测步骤如下：

　　（1）测量试件的尺寸和重量，在隔声实验室测试洞口内砌筑与被测试件尺寸相适应的填充墙，将试件嵌入洞口，然后对试件周边与洞口之间的缝隙进行密封处理；

（2）将声学测量设备按照要求布置并通电调试，用声级校准器对传声器进行校准；

（3）将十二面体声源放置于接收室内相应位置，测量接收室的混响时间，并保存混响时间文件；

（4）将十二面体声源移至声源室并放置于相应位置，将之前测量的混响时间文件导入测试软件，进行构件的空气声隔声测量，生成隔声特性曲线，保存相关文件并生成测量报告。

声源室所产生的声音应是稳态的，声源应有足够的声功率，保证接收室内任一频带的声压级都高出背景噪声 15dB 以上，接收室的混响时间不大于 2s，两个传声器间距不小于 0.7m，传声器与房间边缘或扩散体间距不小于 0.7m，传声器与声源间距不小于 1.0m，传声器与试件间距不小于 1.0m。

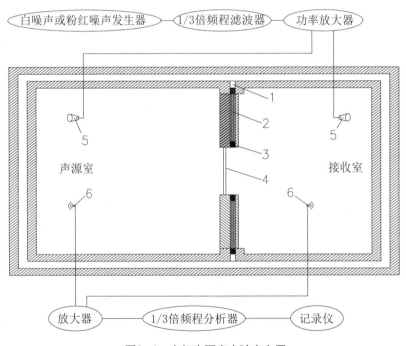

图8-4 空气声隔声实验室布置

1—测试洞口；2—填充墙；3—测试洞口；4—试件；5—扬声器；6—传声器

外墙构件空气声隔声现场检测步骤如下：

（1）根据测试的墙体或楼板选择声源室和接收室，测量并记录试件的规格、形状和尺寸；

（2）布置声源和测点，关闭门窗，连接仪器，通电调试，采用声级校准器对传声器进行校准；

（3）将十二面体声源放置于被测构件所在建筑物的接收室内相应位置，测量接收室的混响时间，保存混响时间文件；

（4）将十二面体声源置于建筑物外离被测外墙或构件距离为 d（d 的位置根据辐射声波

入射角 θ 确定）的一个或多个位置，其辐射声波的入射角 θ 应为 45°±5°，见图 8-5；

（5）将之前测量的混响时间文件导入测试软件，在被测试件表面（当为构件隔声测量时）或距建筑物外墙面 2m（当为外墙隔声测量时）处以及在接收室内用传声器测得各自的平均声压级后，即可算出表观隔声量或声压级差；

（6）在所有测量频带中，声源应有足够的声功率，使接收室的声压级至少比接收室背景噪声级高出 6dB。当利用扬声器噪声测量构件隔声时，声源距被测试件中心的距离 r 应至少为 5m（$d > 3.5m$）。当利用扬声器噪声测量外墙隔声时，r 应至少为 7m（$d > 5m$）。各传声器之间间隔不小于 0.7m，任一传声器位置与房间界面或物体之间距离不小于 0.5m，任一传声器位置与被测试件间距离不小于 1.0m。

房间之间空气声隔声检测时，选择适合的房间，一间为声源室，一间为接收室，若是空房间，最好在每个房间内加装扩散体（如几件家具、建筑板材等），扩散体面积不小于 1m²，一般有 3～4 件即可。以中间的墙体或楼板为试验体。试件为楼板时，声源室应布置在楼下，见图 8-6。需要进行隔声性能检验的单位工程，同一测试对象不少于 3 处，也可根据合同约定协商确定。

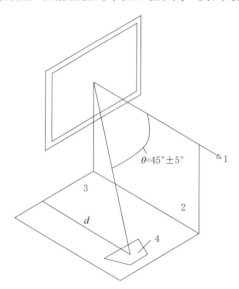

图8-5 扬声器噪声测量隔声的几何表示图
1—外墙面法线；2—垂直面；3—水平面；4—扬声器

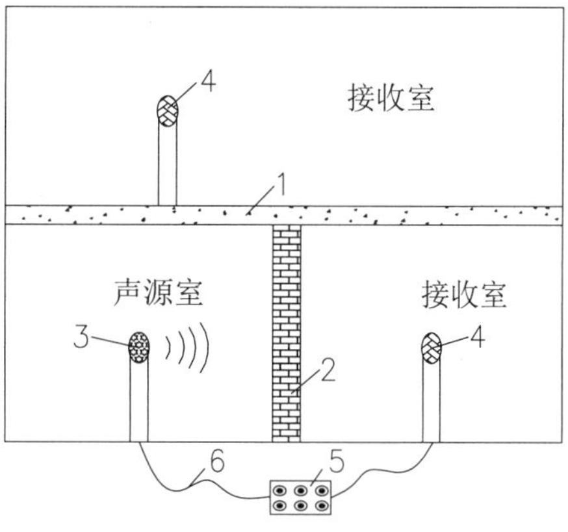

图8-6 隔声测试示意
1—待测楼板；2—待测墙体；3—传声器；
4—接收器；5—频谱分析仪；6—导线

房间之间空气声隔声现场检测步骤如下：

（1）布置声源和测点，关闭门窗，连接仪器，通电调试，采用声级校准器对传声器进行校准；

（2）将十二面体声源放置于被测构件所在建筑物的接收室内相应位置，测量接收室的混响时间，保存混响时间文件；

（3）声压级检测应采用 1/3 倍频程，应采用以下中心频率：100Hz、125Hz、160Hz、200Hz、250Hz、315Hz、400Hz、500Hz、630Hz、800Hz、1000Hz、1250Hz、1600Hz、2000Hz、2500Hz、3150Hz。条件允许时，将测试中心频率范围扩大至 4000Hz、5000Hz；

（4）把之前测量的混响时间文件导入测试软件，调整软件播放信号源，发出中心频率为 100 ~ 3150Hz（或 100 ~ 5000Hz）1/3 频程的白噪声，测量得到声源室内的平均声压级 L_1、接收室内的平均声压级 L_2。

按式（8-1）计算房间之间的空气声隔声量：

$$D=L_1-L_2 \qquad (8-1)$$

式中：D——声压极差（dB）；

L_1——声源室内平均声压级（dB）；

L_2——接收室内平均声压级（dB）。

按式（8-2）计算标准化声压级差：

$$D_{nT}=D+10\lg(T/T_0) \qquad (8-2)$$

式中：D_{nT}——标准化声压级差（dB）；

T——接受室内的混响时间（s）；

T_0——参考混响时间，对于住宅 $T_0=0.5s$。

再根据式（8-3）、式（8-4）计算表观隔声量 R：

$$R=D+10\lg S/A \qquad (8-3)$$

$$A=0.163V/T \qquad (8-4)$$

式中：R——表观隔声量（dB）；

S——试验墙体面积（m²）；

A——接收室吸声量（m²）；

V——接收室体积（m³）；

T——混响时间（s）。

声源系统应稳定，声源应有足够的声功率，保证接收室内任一频带的声压级比环境噪声声压高 10dB。接收室的混响时间不大于 2s。两个传声器间距不小于 0.7m，传声器与房间边缘或扩散体间距不小于 0.5m，传声器与声源间距不小于 1.0m。

8.2.5　资料核查

对整体厨卫验收资料进行核查，主要包括以下内容：

（1）竣工图、变更洽商技术资料等；

（2）材料及产品的说明书、合格证、性能检测报告、进场验收记录、复检报告等；

（3）主体结构与装修施工的交接检验记录；

（4）施工记录；

（5）隐蔽工程验收记录；

（6）检验、试验记录；

（7）重大技术问题处理记录。

第9章 围护结构施工质量验收

9.1 围护结构质量控制要点

围护结构是装配式建筑的重要组成部分，主要功能是抵御风、雨等环境作用。框架结构的承重部分和围护部分一般是分开的，剪力墙结构的承重部分和围护部分一般是整体的，例如常用的三明治剪力墙，兼具承重、围护及保温等多项功能。

装配式结构由众多预制构件组合而成，对预制构件接缝之间的防水性能检验是验收工作的重点之一，验收方法有密封胶检验和外墙淋水试验。

外墙板接缝打胶前，应将板缝空腔清理干净，按设计要求填充背衬材料，密封胶嵌填应饱满、密实、均匀、顺直、平滑，厚度符合设计要求。

9.2 外墙密封胶种类

外墙密封胶的主要功能是阻止室外雨水渗入，保持室内环境的气密性，典型的密封缝做法见图9-1。预制构件间的密封是影响建筑物长期使用性能的关键因素，装配式建筑外墙板位于建筑外立面，密封胶直接处在大气环境下，受到温度、湿度、荷载、地震、光照等多种因素影响，要求具有防水、气密、隔声、防尘、防火、防腐蚀等能力。密封如果失效将导致建筑物透风、渗漏、结露、钢材锈蚀和其他结构损伤，会受到用户的投诉和抱怨，同时维修工作费工费时，而且往往较难根治，所以应当慎重对待建筑物的接缝密封施工，保证材料的有效期不少于建筑物的设计使用年限。建筑密封胶的有效性和耐久性取决于接缝的合理设计、正确选材和专业施工等因素，密封性能是否达到预期要求，必须通过施工过程控制和验收技术来保证。

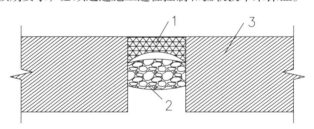

图9-1 典型的密封缝做法

1—密封胶；2—背衬材料；3—基材

常用的密封胶有硅酮胶（Synthetical Rubber，简称SR）、聚氨酯胶（Poly Urethane，简称PU）和硅烷改性聚醚胶（Silane Modified Polymer，简称SMP）。硅酮胶以聚二甲氧基硅氧烷为主要原料制备而成，具有优良的弹性，耐候性好，但是也有一些缺陷，如可涂饰性差。聚氨酯胶以聚氨酯预聚体为主要成分，具有较高的拉伸强度，优良的弹性，但是耐候性、耐碱性、耐水性相对较差，不能长期耐热而且单组分胶贮存稳定性受外界影响较大，高温热环境下使用可能产生气泡或裂纹。硅烷改性聚醚胶以端硅烷基聚醚为基础聚合物制备而成，具有弹性优良、低污染性等特点，与混凝土板、石材等建筑材料粘结性能良好。密封胶主要性能要求及各类胶性能比较情况如下：

（1）力学性能，在荷载、温度等作用下，预制外墙板之间会产生相对位移，装配式建筑用密封胶必须具有一定的弹性，具有一定的自由伸缩变形能力，并有优良的弹性恢复能力。装配式建筑用密封胶的力学性能应包括位移能力、弹性恢复率、拉伸模量、断裂伸长率等指标。

（2）耐候性，《装配式混凝土结构技术规程》（JGJ 1—2014）中规定建筑接缝密封材料应选用耐候性材料，如果材料选择不当，建筑物使用过程中密封胶开裂、甚至失效、引起渗漏，则会影响建筑物的性能和安全。聚氨酯胶主链中含有大量碳 – 氮键（简称 C–N 键），与硅酮胶和硅烷改性聚醚胶相比，其键能最低，在长期的阳光照射下，聚氨酯胶分子链中的 C–N 键容易发生断链，密封胶出现粉化、开裂现象，这也是聚氨酯胶耐候性不如硅酮胶和硅烷改性聚醚胶的主要原因。

（3）环保性，绿色环保是经济和社会发展的需求，聚氨酯胶含有一定量游离的异氰酸酯，对人体健康有一定的危害，而硅酮胶和硅烷改性聚醚胶的环保性明显优于聚氨酯胶。

（4）涂饰性，聚氨酯胶和硅烷改性聚醚胶可以形成光滑、均一的乳胶漆膜，涂饰性较好；而硅酮胶由于表面能低，乳胶漆会收缩，不能形成均一的漆膜，涂饰性较差。

（5）固化速率，聚氨酯胶、硅酮胶和硅烷改性聚醚胶均需要吸收空气中的湿气由表及里逐渐反应固化，聚氨酯胶 24h 时固化厚度为 2 ~ 3mm，15d 时固化厚度为 15 ~ 17mm；硅酮胶 24h 时固化厚度为 2 ~ 3mm，15d 时固化厚度为 20 ~ 22mm；单组分硅烷改性聚醚胶反应活性强，24h 固化厚度为 4 ~ 5mm，15d 固化厚度为 28 ~ 30mm；双组分硅烷改性聚醚胶固化时与自身体系中的水分反应，内外同时发生，24h 内可以完全固化。

从以上所述可以看出，聚氨酯胶、硅烷改性聚醚胶和硅酮胶可为装配式建筑提供可靠的防水密封解决方案，保障装配式建筑的安全及使用寿命。但是需要注意的是，有涂饰性要求的装配式建筑接缝密封不能选用硅酮密封胶。不同种类密封胶性能比较见表 9-1。

表 9-1　不同种类密封胶性能比较

品种	粘结性	弹性	耐候性	涂饰性
硅酮胶	好	好	很好	差
聚氨酯胶	好	好	一般	好
硅烷改性聚醚胶	很好	好	好	好

密封胶应保持足够的弹性，位移能力应大于接缝设计位移量，基材应能够与密封胶相容。建筑接缝密封胶基本型别标记见表 9-2。

表 9-2 建筑接缝密封胶基本型别标记

项目	分类方式	标记
型别	按聚合物结构	PS-聚硫型；SR-硅酮型；PU-聚氨酯型；AC-聚丙酸型；STPU-端硅烷聚氨酯型；STPE-端硅烷聚醚型
用途	适用基材	G-玻璃；M-金属；Q-其他
组成	组分	1-单组分；2-双组分
位移能力	循环位移幅度	25—±25%；20—±20%；12.5—±12.5%；7.5—±7.5%
模量	定伸长时的应力	LM-低模量；HM-高模量
类别	固化机理	M-湿气固化；C-化学固化；V-溶剂挥发固化；D-水乳液干燥固化
工艺特性	流动性	N-非下垂型；L-自流平型
使用季节	固化温度	S-夏季用；W-冬季用；A-全年用

《建筑胶粘剂分级和要求》（GB/T 22083—2008）按变形位移幅度、模量和弹塑性将密封胶划分为 7 个等级：25LM、25HM、20LM、20HM、12.5E、12.5P、7.5P，其中数字代表接缝承受位移幅度的百分比，如 25 表示位移幅度为 25%；LM 代表低模量，HM 代表高模量，在 23℃时拉伸弹性模量大于 0.4MPa 或在 -20℃时拉伸弹性模量大于 0.6MPa 则密封胶分级为高模；12.5 级密封胶按其弹性恢复率分为 E 级和 P 级，E 级表示为弹性体，弹性恢复率 ≥ 40%，P 级表示为塑性体，弹性恢复率 < 40%。因此 25 级、20 级和 12.5E 级密封胶称为弹性密封胶，12.5P 级和 7.5P 级密封胶称为塑性密封胶。为防止接缝位移使胶体产生较大拉应力，导致基材开裂，混凝土基材不宜选用高模量密封胶。

密封胶材料选择时应避免对建筑外观产生不良影响，如导致外观变色、黏性积尘、渗油等，产品类型、级别、颜色、背衬材料、防粘材料及填充物种类、规格必须符合设计要求。

密封胶嵌填深度与基材种类、接缝宽度等有关，应保证密封胶的粘结面积具有足够的位移适应能力，密封胶嵌填深度符合设计要求，斜接、搭接等接缝的密封胶嵌填深度应增加 15%，宽度大于 50mm 的接缝密封胶嵌填型式和深度应与生产厂家协商后确定。常用的密封胶嵌填深度见表 9-3。

表 9-3 密封胶嵌填深度   （mm）

基材种类	接缝宽度	嵌填深度
金属、玻璃	6 ~ 12	6
	12 ~ 18	1/2 宽度
	18 ~ 50	9
混凝土、砌体、石材	6 ~ 13	同宽度
	13 ~ 25	1/2 宽度
	25 ~ 50	13

密封胶背衬材料及填充物可参考表 9-4 选择。

表 9-4　密封胶背衬材料及填充物

材料	成分	适用范围	性能	施工方式
柔性泡沫塑料	聚乙醚、聚氨酯、聚氯乙烯、聚丙烯	适用于多种接缝	预先压入、恢复性好、无吸收性	手工压入
胶条或海绵条	橡胶	膨胀缝、施工缝	不吸收、不可压缩	混凝土中预埋
海绵条	聚氯乙烯、丁基橡胶	窄接缝	高压缩性、高恢复性	手工压入
泡沫塑料条	聚苯乙烯	膨胀缝	恢复性差	手工压入
沥青浸润纤维	沥青	膨胀缝	中等恢复性	与混凝土同时浇筑
绳	麻、棕	衬垫	低压缩性	手工压入

9.3　围护结构质量验收

密封胶施工前，应清理板缝空腔，按设计要求埋置背衬材料，板面粘贴隔离胶带。施工机具表面应清洁，密封胶应充实接缝空间，表面连续、光滑、均匀、顺直，厚度满足设计要求，施工后避免暴晒。

围护结构质量验收前应由施工单位全数自检，对存在问题的部位自行整改，整改后由监理单位组织验收，包括资料核查、材料进场检验、外观检查和实体检验等内容。

9.3.1　资料核查

核查进场材料产品合格证、型式检验报告、相容性试验报告、复检报告，进口材料须具有商检证明，进场材料必须在有效期之内。

9.3.2　材料进场检验

按照设计图纸对密封胶产品进行检查，核查密封胶包装标识、生产厂家、出厂日期、类别、级别、模量、等级，核对进场产品外观和数量。

根据《建筑密封材料试验方法》（GB/T 13477—2002）要求，对密封胶的挤出性、下垂度、表干性、相容性、粘结性能等进行复检。

9.3.3　质量验收项目及要求

对外观质量应全数检查，围护结构应表面平整、接缝顺直。密封胶外观应光滑，无气泡、夹杂、开裂，无离析、渗油和沉积，颜色一致，对构件和饰面材料无污染。

围护结构实体检验内容包括尺寸测量、密封胶原位剥离试验和外墙淋水试验。检验时可将外墙每 $1000m^2$ 划分为一个检验批，不足 $1000m^2$ 时也应划分为一个检验批，每个检验批至少抽查 1 处，抽查部位为相邻两层 4 块墙板形成的十字形接缝区域，面积不应少于 $10m^2$。尺寸允许偏差及检验方法见表9-5。

表9-5 尺寸允许偏差及检验方法

项目		允许偏差（mm）	检验方法
构件垂直度	层高≤6m	5	经纬仪或吊线、尺量
	层高＞6m	10	
相邻构件平整度		5	2m靠尺和塞尺
墙板接缝宽度		±5	钢卷尺或卡尺
密封胶厚度		+2，0	卡尺

密封胶原位剥离试验用于现场检验密封胶的粘结质量，一般在密封胶施工20d之后，待密封胶完全固化后进行。试验时首先沿接缝一端的宽度方向水平切割密封胶，直至基材面；在水平切口处沿两侧基材边缘各切割约75mm的长度，用卡尺测量胶体厚度，密封胶厚度应符合设计要求。用钳子夹紧胶体端部，施加拉力，以90°角拉扯剥离密封胶，如图9-2所示。拉伸速度控制在5～6mm/min，采用钢板尺测量胶体拉伸长度并计算伸长率。胶体伸长率达到表9-6要求之前不应出现裂缝、断裂，随后加力将胶体拉断，检查基材清理状况和胶体根部破坏状态，密封胶应保持与基材的有效粘结。胶体厚度、伸长率、破坏状态、基材清理均符合要求时，则判定密封胶施工质量合格。

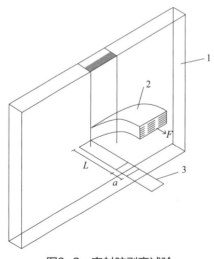

图9-2 密封胶剥离试验

1—预制构件；2—密封胶；3—钢板尺；L—初始长度；a—拉伸长度；F—施加拉力

对试验部位采用相同的密封胶修补，修补后的密封胶应与原胶面贴合紧密并嵌满接缝。

外墙围护结构应具有防水功能，对外墙防水功能的检验可采用淋水试验的方法。相同材料、工艺和施工条件的外墙防水工程每1 000㎡应划分为一个检验批，不足1 000㎡时也应划分为一个检验批，每个检验批至少抽查 1 处，检查部位为相邻 4 块墙板形成的水平和竖向十字接缝区域，每处面积不少于 10 ㎡。外墙接缝的现场淋水试验应在室内精装修施工前完成。

表 9-6　密封胶伸长率

密封胶级别	试验胶体长度（mm）	伸长率（%）	伸长值（mm）
25		≥ 25	≥ 19
20	75	≥ 20	≥ 15
12.5		≥ 12.5	≥ 10

外墙淋水试验应满足以下要求：

（1）持续淋水试验应在建筑顶层安装淋水管网，采用管径为 25mm 的 PPR 管材形成管网，管网孔间距约 10cm，孔径约 3mm，淋水水压不低于 0.3MPa，淋水量控制在 3L/（㎡·min）以上，淋水管距外墙表面约 80mm，喷水孔成直线均匀分布；

（2）自顶层向下逐点试验，每处测点持续淋水时间不少于 24h；

（3）淋水开始前应关闭该墙面上的所有窗户；

（4）淋水管应确保外墙体的每个测点均可以覆盖，并做有效固定，保证淋水管不变形，在 PPR 管挠度过大不能满足有效淋水的情况下，采用固定或悬垂方式处理；

（5）开始全面淋水后的第 2h、第 4h、第 8h、第 12h 检查所淋水范围内的外墙及门窗结合位置是否有渗水情况，对渗漏位置按检查次数逐次标记，由施工单位进行整改处理，整改完成后重新对渗漏部位进行淋水试验，直至不出现渗漏点为止。

第10章 装饰装修工程质量验收

装饰装修工程在单位工程中属于一个分部工程，根据《建筑工程施工质量验收统一标准》（GB 50300—2013），对装饰装修分部工程的验收应由监理单位组织，施工单位参加，完成地面、门窗、饰面砖、饰面板等子分部工程的检验。

10.1 地面工程

地面材料、坡向、坡度应符合设计要求，地面不应积水。地面骨架与基层、骨架与面层之间的连接应牢固可靠，无异响和松动，防水措施无破损。管线接口数量及位置、墙与地面节点做法应符合设计要求，地面验收项目及允许偏差见表10-1。

验收时对有防水要求的地面应100%进行闭水试验，蓄水深度最浅处不应小于10mm，蓄水高度一般为30～40mm，蓄水时间不应少于24h，每2～3h到楼下检查一次，无漏水现象视为合格。若发现漏水情况，应立即停止试验，查明渗漏原因并处理，处理后重新进行闭水试验。

表10-1 地面验收项目及允许偏差

检验项目	允许偏差	检查方法
表面平整度	2.0mm	2m靠尺、塞尺
接缝直线度	2.0mm	拉线、钢直尺
接缝宽度	2.0mm	钢直尺
接缝高差	0.5mm	钢直尺、塞尺
地漏位置	5.0mm	钢卷尺
排水坡度	1°	水准仪、卷尺

10.2 墙面工程

墙面材料应符合设计要求，墙面骨架与基层、骨架与面层之间的连接应牢固可靠，无异响和松动，龙骨规格、间距、数量应符合设计要求，龙骨与构件防水、防腐、防火处理应符合设计要求，墙面板块之间接缝应密闭。墙面材料应平整、洁净、色泽一致，无裂痕及损伤，饰面造型、图案颜色、排布形式、外形尺寸符合设计及样板间要求。管线接口数量及位置，墙与地面、墙与顶面节点做法应符合设计要求，墙面验收项目及允许偏差见表 10-2。

表 10-2　墙面验收项目及允许偏差

项目	允许偏差（mm）	检查方法
表面平整度	3.0	2m 靠尺、塞尺
立面垂直度	2.0	吊线、钢直尺
接缝直线度	2.0	拉线、钢直尺
接缝宽度	1.0	钢直尺
接缝高差	0.5	钢直尺、塞尺
阴阳角	3.0	钢直尺、塞尺

10.3　门窗工程

门窗工程验收包括安装质量和工程性能两部分内容，依据的主要标准如下：

《建筑装饰装修工程质量验收标准》（GB 50210—2018）；

《建筑门窗工程检测技术规程》（JG/T 205—2010）；

《建筑节能工程施工质量验收标准》（GB 50411—2019）；

《建筑外窗气密、水密、抗风压性能现场检测方法》（JG/T 211—2007）；

《建筑外门窗气密、水密、抗风压性能分级及检测方法》（GB/T 7106—2008）；

《建筑门窗空气声隔声性能分级及检测方法》（GB/T 8485—2008）；

《建筑外窗采光性能分级及检测方法》（GB/T 11976—2015）；

同一品种、类型和规格的木门窗、金属门窗、塑料门窗及门窗玻璃每 100 樘应划分为一个检验批，不足 100 樘也应划分为一个检验批，每个检验批应至少抽查 5%，并不得少于 3 樘，不足 3 樘时应全数检查；高层建筑的外窗，每个检验批应至少抽查 10%，并不得少于 6 樘，不足 6 樘时应全数检查。

10.3.1　安装质量检查

安装质量验收主要包括外观质量、连接固定、排水构造、开闭、密封等项目。外观质量检查包括以下主要内容：

（1）外观完整，表面洁净，色泽一致，无压痕及损伤，金属件无锈蚀；

（2）拼缝严密平整，框及扇裁口顺直，槽孔边缘光滑、无毛刺；

（3）密封条顺直、完整，贴合严密；

（4）玻璃完好，无裂纹、明显气泡。

门窗安装尺寸验收方法及允许偏差见表 10-3。

表 10-3　门窗安装尺寸验收方法及允许偏差

检查项目	检查方法	允许偏差（mm）
洞口尺寸	卷尺或激光测距仪测量距角部 100mm 的洞口宽度、高度	2
对角线长度	卷尺或激光测距仪测量两个对角线，计算差值的绝对值	4
垂直度	1m 靠尺测量门窗框正面、开口侧面垂直度	2
横框水平度	水平尺水准泡居中，用塞尺测量水平尺与横框间隙，用水准仪及钢尺测量横框两端高差	2
横框标高	卷尺测量横框中点与标高基准线的距离	5
轴线偏差	卷尺测量门窗中心与中心基线的距离	5
内外框间距	打开门窗扇，用卷尺测量距上下边 100mm 处内外立框距离	4
对口缝	关闭门窗扇，用卷尺测量距上下边 100mm 处的对口缝间隙	2
推拉扇与竖框平行度	开启门窗扇 20mm，用钢直尺测量距上下边 100mm 处的间隙，计算间隙差的绝对值	2
推拉扇与框搭接长度	钢直尺测量上部、下部、中部，取平均值	2

门窗连接固定检查包括门窗框和扇的牢固性、配件牢固性和防脱落措施。门窗框和扇的牢固性可采用观察和手扳检查。

（1）用手扳动门窗侧框中部不松动，反复扳动不晃动时，可判定门窗框安装牢固；

（2）检查门窗框连接件规格、尺寸、数量，用卡尺测量连接片的厚度和宽度，用卷尺测量连接片间距；

（3）门窗框与门窗扇连接螺钉数量与质量应符合设计要求；

（4）用手扳动门窗开启扇不松动，可判定门窗开启扇安装牢固；

（5）用手扳动门窗推拉扇不脱落，可判定门窗推拉扇安装牢固；

（6）门窗批水、盖头条、压缝条、密封条可通过手扳端部检查，不松动时可判定连接牢固；

（7）手扳合页、把手等配件，不松动时可判定连接牢固。

外门窗排水可按以下步骤检查：

（1）检查外门窗下框排水孔位置、数量，应符合设计要求；

（2）封堵排水孔，向外门窗下框内注满水，打开排水孔，如在 1min 内水能完全排出且不排向室内，则可判定排水孔符合要求；

（3）在窗外淋水，窗台不积水且不排向室内，可判定排水做法符合要求。

连续开启、关闭 5 次门窗开启扇，检查门窗扇关闭严密程度、有无倒翘现象。

用管形测力计检测门窗扇的开关力，金属门窗推拉门窗扇开关力应不大于 50N；塑料门窗平铰链的开关力不应大于 80N；滑撑铰链的开关力不应大于 80N，并不应小于 30N；推拉扇的开关力不应大于 100N。

10.3.2　门窗性能检验

根据《建筑装饰装修工程质量验收标准》（GB 50210—2018），对建筑外窗的气密性能、水密性能和抗风压性能应进行复检。对门窗性能的检测分为实验室检测和现场检测两类，实验室检测依据《建筑外门窗气密、水密、抗风压性能分级及检测方法》（GB/T 7106—2008），现场检测依据《建筑外窗气密、水密、抗风压性能现场检测方法》（JG/T 211—2007），当建筑外门窗高度或宽度大于 1.5m 时，根据《建筑门窗工程检测技术规程》（JG/T 205—2010），其水密性能宜用现场淋水的方法检测，其抗风压性能宜用静载方法检测。

建筑外窗的气密性、水密性、抗风压性能检测原理是在现场利用密封板、围护结构和外窗形成静压箱，通过供风系统从静压箱抽风和向静压箱吹风方式，在检测对象两侧形成正压差或负压差。在静压箱引出测量孔测量压差，在管路上安装流量装置测量空气渗透量，在外窗外侧布置适量喷嘴进行水密试验，在适当位置安装位移传感器测量杆件变形。

检测仪器主要包括淋水装置、水流量计、位移传感器及其安装件、供风设备、压差传感器、流量传感器等，设备示意见图 10-1。

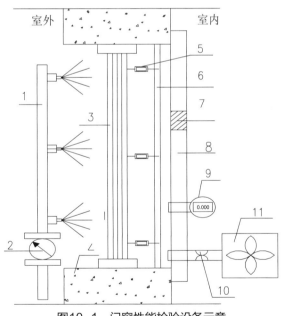

图10-1　门窗性能检验设备示意

1—淋水装置；2—水流量计；3—外窗；4—围护结构；5—位移计；6—位移计安装杆；
7—检查门；8—静压箱密封板（透明膜）；9—差压传感器；10—流量传感器；11—供风系统

检测顺序宜按照抗风压变形性能、气密性、水密性、抗风压安全性能的顺序依次进行。

1）外门窗气密性检测

气密性检测前，测量外窗面积，弧形窗、折线窗按展开面积计算，从室内侧用厚度不小于 0.2mm 的塑料膜覆盖整个窗范围，并沿窗边框处密封。在室内侧窗洞口安装密封板。

气密性检测压差顺序见图 10-2，试验步骤如下：

（1）预备加压：正负压检测前，分别施加 3 个压差脉冲，压差绝对值为 150Pa，加压速度约为 50Pa/s，压差稳定作用时间不少于 3s，泄压时间不少于 1s，检查密封板与透明塑料膜的密封状态。

（2）附加渗透量测定：按照图 10-2 逐级加压，每级压力作用时间约 10s，先正压，后负压，记录测量值。附加空气渗透量指非通过试验窗本身，而是通过设备、密封板以及各处连接缝等部位的空气渗透量。

（3）总空气渗透量：打开密封板检查门，去除试件上的透明塑料膜，再次关闭检查门并密封，按（1）、（2）的程序加压。

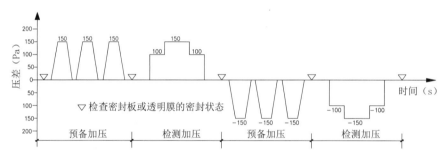

图10-2　气密性加载

外门窗试件渗透量计算结果见式（10-1）：

$$q_t = q_z - q_f \tag{10-1}$$

式中：q_t——外门窗渗透量测定值（m^3/h）；

$\quad\quad$ q_z——总渗透量（m^3/h）；

$\quad\quad$ q_f——附加渗透量（m^3/h）。

按式（10-2）将 q_t 换算为标准状态下的渗透量 q'：

$$q' = 293 \left(q_t \times P \right) / \left(101.3 \times T \right) \tag{10-2}$$

式中：q'——标准状态下外门窗空气渗透量（m^3/h）；

$\quad\quad$ P——环境气压（kPa）；

$\quad\quad$ T——环境温度（K）。

将 q' 除以试件开启缝长度 l，可得出单位开启缝长度，即 $q'_1 = q' / l [m^3/ (m \cdot h)]$，将 q' 除以试验门窗面积，可得到单位面积的空气渗透量，即 $q'_2 = q' / A [m^3/ (m^2 \cdot h)]$。按式（10-3）、式（10-4）将 q'_1 和 q'_2 换算为 10Pa 压力差时的测试值：

$$q_1 = q'_1 / 4.65 \tag{10-3}$$

$$q_2=q_2'/4.65 \qquad\qquad (10\text{-}4)$$

根据《建筑外门窗气密、水密、抗风压性能分级及检测方法》（GB/T 7106—2008），外窗气密性分级共 8 级，如表 10-4 所示，将 3 樘试验外窗的 q_1、q_2 取平均值后，分别确定等级，取两者中不利级别为该组试件等级。

表 10-4　建筑外门窗气密性分级

分级	1	2	3	4
q_1 [m³/(m·h)]	$4.0 \geqslant q_1 > 3.5$	$3.5 \geqslant q_1 > 3.0$	$3.0 \geqslant q_1 > 2.5$	$2.5 \geqslant q_1 > 2.0$
	5	6	7	8
	$2.0 \geqslant q_1 > 1.5$	$1.5 \geqslant q_1 > 1.0$	$1.0 \geqslant q_1 > 0.5$	$q_1 \leqslant 0.5$
分级	1	2	3	4
q_2 [m³/(m²·h)]	$12 \geqslant q_2 > 10.5$	$10.5 \geqslant q_2 > 9.0$	$9.0 \geqslant q_2 > 7.5$	$7.5 \geqslant q_2 > 6.0$
	5	6	7	8
	$6.0 \geqslant q_2 > 4.5$	$4.5 \geqslant q_2 > 3.0$	$3.0 \geqslant q_2 > 1.5$	$q_2 \leqslant 1.5$

2）外门窗水密性检测

外门窗水密性可采用淋水试验方法判定，外门窗高度或宽度大于 1.5m 时，其水密性能宜用现场淋水的方法检测。

图10-3　外门窗水密性现场检测

水密性能检测采用稳定加压法，分为一次加压法和逐级加压法。当有设计指标值时，宜采用一次加压法。外门窗淋水设备应包括控制阀、压力表、增压泵、喷嘴和水管，设备喷出的水流应能在被检门窗表面形成连续水幕。检测部位包括窗框与窗扇之间的开启缝、窗框之间的拼接缝、门窗与洞口的安装缝。

水密一次加压法检测顺序如图 10-4 所示，检测步骤如下：

（1）预备加压：施加 3 个压差脉冲，压差值为 500Pa，加载速度约为 100Pa/s，压差稳定作用时间不少于 3s，泄压时间不少于 1s。

（2）淋水：在室外侧对检测对象均匀地淋水。淋水量为 2L/（m²·min），台风及热带风暴地区淋水量为 3L/（m²·min），淋水时间为 5min。

（3）加压：在稳定淋水的同时，一次加压至设计指标值，持续 15min 或至产生严重渗漏为止。

（4）观察：在检测过程中，观察并参照《建筑外门窗气密、水密、抗风压性能分级及检测方法》（GB/T 7106—2008）记录检测对象渗漏情况，在加压完毕后 30min 内安装连接部位出现水迹记作严重渗漏。

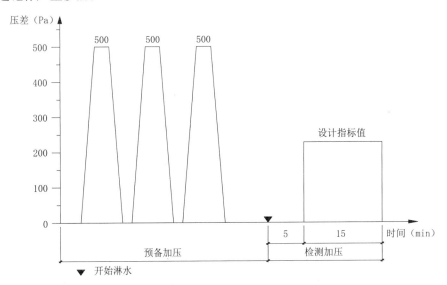

图10-4 一次加压法加载

水密逐级加压法检测顺序如图 10-5 所示，检测步骤如下：

（1）预备加压：施加 3 个压差脉冲，压差值为 500Pa，加载速度约为 100Pa/s，压差稳定作用时间不少于 3s，泄压时间不少于 1s。

（2）淋水：在室外侧对检测对象均匀地淋水。淋水量为 2L/（m²·min），台风及热带风暴地区淋水量为 3L/（m²·min），淋水时间为 5min。

（3）加压：在稳定淋水的同时，逐级加压至产生严重渗漏或加压至最高级为止。

（4）观察：观察并参照《建筑外门窗气密、水密、抗风压性能分级及检测方法》（GB/T 7106—2008）记录渗漏情况。在最后一级加压完毕后 30min 内安装连接部位出现水迹记作严重渗漏。

3）外门窗抗风压性能检测

外门窗抗风压性能检测前，在外窗室内侧安装位移传感器及密封板（或透明膜），条件允许时也可将位移计安装在室外侧，位移计安装位置应符合《建筑外门窗气密、水密、抗风压性能分级及检测方法》（GB/T 7106—2008）的规定。加压顺序如图 10-6 所示，检测步骤如下：

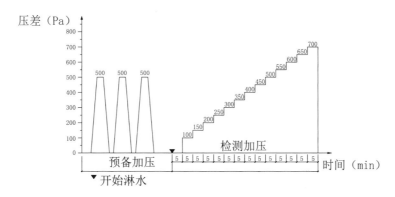

图10-5　逐级加压法加载

（1）预备加压：正负压变形检测前，分别施加 3 个压差脉冲，压差 P_0 绝对值为 500Pa，加载速度约为 100Pa/s，压差稳定作用时间不少于 3s，泄压时间不少于 1s。

（2）变形检测：先进行正压检测，后进行负压检测，检测压差逐级升、降。每级升降压差值不超过 250Pa，每级检测压差稳定作用时间不少于 10s。压差升降直到面法线挠度值达到 $\pm l/300$ 时为止，但最大不超过 ± 2000Pa，检测级数不少于 4 级。记录每级压差作用下的面法线位移量，并依据达到 $\pm l/300$ 面法线挠度时的检测压差级的压差值，利用压差和变形之间的相对关系计算出 $\pm l/300$ 面法线挠度的对应压差值作为变形检测压差值，标以 $\pm P_1$。在变形检测过程中压差达到工程设计要求 P_3' 时，检测至 P_3' 为止。杆件中点面法线挠度的计算按《建筑外门窗气密、水密、抗风压性能分级及检测方法》（GB/T 7106—2008）进行。

（3）安全检测：当工程设计值大于 2.5 倍 P_1 时，终止抗风压性能检测。当工程设计值小于等于 2.5 倍 P_1 时，可根据需要进行 P_3' 检测。压差加至工程设计值 P_3' 后降至零，再降至 $-P_3'$ 后升至零。加压速度为 300 ~ 500Pa/s，泄压时间不少于 1s，持续时间为 3s。记录检测过程中发生损坏和功能障碍的部位。当工程设计值大于 2.5 倍 P_1 时，以定级检测取代工程检测。

（4）连接部位检查：检查安装连接部位的状态是否正常，并进行必要的测量和记录。

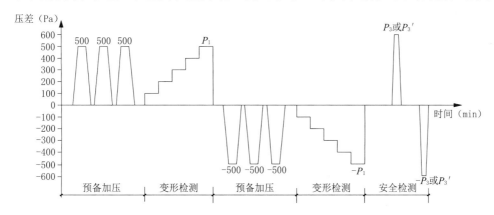

图10-6　外门窗抗风压性能加载

根据《建筑门窗工程检测技术规程》（JGJ/T 205—2010），当建筑外门窗高度或宽度大于 1.5m 时，宜采用静载试验方法进行门窗抗风压性能试验，门窗静载试验装置包括支撑架、荷载装置、位移计等。支撑架应牢固可靠，门窗静载可采用推力及拉力方法，受力的支撑杆应有足够的刚度，受力变形不得影响试验结果。门窗静载试验可采用 1/2 高度单排加载、1/3 高度双排加载或多排加载方式，宽度大于高度的门窗可采用 1/3 宽度双行加载或多行加载方式，有开启扇的外窗可在中框上施加拉力静载检验，无开启扇的外窗可在中框上施加推力静载检验。位移计安装在加载位置和距加载门窗框端点 10mm 的位置。测杆布置见图 10-7，测点布置见图 10-8，挠度测量见图 10-9。

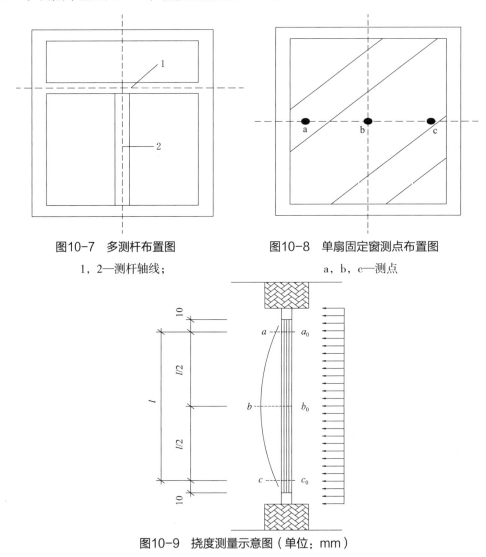

图10-7　多测杆布置图　　　　图10-8　单扇固定窗测点布置图

1，2—测杆轴线；　　　　　　　a，b，c—测点

图10-9　挠度测量示意图（单位：mm）

a_0，b_0，c_0—测点初始值；a，b，c—测试读数；l—测点距离

门窗静载试验步骤如下：

（1）用分度值 1mm 的钢卷尺测量门窗外框之间的宽度、高度和内框长度、位置，确定门窗加载位置和方式；

（2）安装门窗静载试验装置和加载装置；

（3）分级施加荷载，每级荷载施加的时间间隔为 5 ~ 10min，测量并记录每级荷载下的位移变形，施加荷载最大值不小于该门窗承受风荷载设计值的等效力值；

（4）加载过程中出现超过允许挠度的位移时，可停止试验，卸除荷载；

（5）达到预期荷载时，应保持 10min 再测量位移，然后卸除荷载；

（6）卸除荷载 10min 后再次测量残余位移。

门窗静载试验结果按以下原则判定：

（1）当连接固定处出现沿加载方向的位移时，应判定连接固定节点存在施工质量问题；

（2）按式（10-5）计算门窗法线挠度；

（3）当法线挠度大于允许挠度时，应判定门窗抗风压性能不符合要求；

（4）当法线挠度小于允许挠度时，尚应对卸荷后的残余变形进行分析，当残余法线挠度大于 1mm 时，应判定门窗抗风压性能不符合要求。

$$B = (b - b_0) - \frac{(a - a_0) + (c - c_0)}{2} \qquad （10\text{-}5）$$

式中：B——门窗法线挠度（mm）；

a_0，b_0，c_0——初始读数（mm）；

a，b，c——检测读数（mm）。

允许法线挠度见表 10-5。

表 10-5　允许法线挠度

外窗类型	允许挠度	角位移值
单层、夹层玻璃	$\pm l/120$	$\pm l/300$
中空玻璃	$\pm l/180$	$\pm l/450$
单扇固定扇	$\pm l/60$	$\pm l/150$
单扇平开窗	20mm	10mm

根据设计要求，可对门窗进行现场撞击性能试验，试验装置包括支架、悬挂钢丝、撞击体和释放装置，如图 10-10 所示。

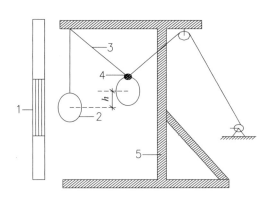

图10-10 门窗现场撞击性能试验装置

1—试件；2—撞击体；3—悬挂钢丝；4—释放装置；5—支架

支架应牢固、稳定，可在现场搭设；撞击体质量为（30±1）kg，采用直径350mm的球状皮袋内装干砂制成，干砂应通过2mm的筛孔筛选，悬挂的撞击体边缘距被检测门窗表面宜为20mm。悬挂钢丝直径宜为5mm，释放装置应能准确定位撞击体的提升高度，并保证撞击体的中心线和悬挂钢丝中心线在同一直线上。试验前门窗扇应处于关闭状态，撞击体有效下落高度 h 按下式计算：

$$h=E/(9.8 \times m) \tag{10-6}$$

式中：h——撞击体有效下落高度；

E——撞击能量（N·m）；

m——撞击体质量（kg）。

撞击点应选择门窗扇中梃的中点、中框的中点、拼樘框中点等部位，采用安全玻璃的门窗也可选择面板中心部位。门窗撞击试验时，应在撞击点的另一侧采取安全措施，避免窗扇或玻璃脱落伤人。

门窗现场撞击性能试验步骤如下：

（1）提升撞击体中心至设定高度并静止；

（2）释放撞击体，撞击门窗一次，撞击后防止二次撞击；

（3）撞击后观察门窗变形、零件脱落情况。

门窗撞击后应吸收撞击能量，保持原有性能或在撞击力消失后恢复正常使用功能，不应出现影响使用的永久变形和零件脱落，门窗面板应达到产品标准约定的撞击性能。

对于建筑外门窗性能检验不符合设计要求和国家现行标准规定的，应查找原因、进行修理，使其达到要求后重新进行检测，合格后方可通过验收。

10.3.3 门窗资料核查

门窗验收应对以下资料进行核查：

（1）工程名称、工程概况、工程地点、设计要求；

（2）外窗产品名称、规格型号、主要尺寸、图样（立面图、剖面图、节点图）、型材种类、密封条截面、排水构造及排水孔位置、主要受力构件尺寸、开启方式；

（3）玻璃种类、厚度及镶嵌方式；

（4）密封胶材质、种类；

（5）五金配件种类、数量及位置；

（6）气密性单位缝长及面积，正负压级别；

（7）水密性检测压差值，加压方式、渗漏部位及状态描述，定级结果；

（8）抗风压性能测试值及所属级别，主要受力构件状态、压力差、挠度曲线图。

10.4　室内空气质量检测

根据《民用建筑工程室内环境污染控制规范》（GB 50325—2010）规定，民用建筑工程验收时，应抽选代表性的房间检测氡、甲醛、苯、氨、TVOC（总挥发性有机化合物，简称 TVOC）的污染物浓度，污染物浓度应符合表10–6的要求。表10–6中Ⅰ类民用建筑包括住宅、医院、老年建筑、幼儿园、学校等，Ⅱ类民用建筑包括办公楼、商场、旅馆、图书馆、体育馆等。室内环境污染物浓度抽检量不少于房间总数的5%，每个单位工程不少于3间，当房间数量少于3间时应全数测定。进行样板间检测且检测结果符合要求的，抽检数量可以减半，但不得少于3间。

表10–6　室内污染物浓度限值

污染物	Ⅰ类民用建筑	Ⅱ类民用建筑
氡（Bq/m³）	≤ 200	≤ 400
甲醛（mg/m³）	≤ 0.08	≤ 0.1
苯（mg/m³）	≤ 0.09	≤ 0.09
氨（mg/m³）	≤ 0.2	≤ 0.2
TVOC（mg/m³）	≤ 0.5	≤ 0.6

对氡的检测，可按《建筑物表面氡析出率的活性炭测量方法》（GB/T 16143—1995）规定，使用采样泵或自由扩散方法将待测空气中的氡抽入或扩散进入测量室，通过直接测量所收集氡产生的子体产物或经静电吸附浓集后的子体产物的 α 放射性，推算出待测位置空气中氡的浓度。测量结果的不确定度不应大于25%。

对空气中甲醛的检测，可按《公共场所卫生检验方法 第2部分：化学污染物》（GB/T 18204.2—2014）第7章酚试剂分光光度法测定。空气中的甲醛与酚试剂反应生成嗪，嗪在酸性溶液中被高价铁离子氧化形成蓝绿色化合物，比色定量。采样前用一级皂膜流量计对采样流量计进行校准，误差 ≤ 5%，将5mL硫酸铁铵吸收液装入气泡吸收管，以 0.5L/min 流量采样，采集气体体积10L，记录采样点的温度和大气压力。室温下样品应在24h内进行分析。

对空气中氨的检测，可按《公共场所卫生检验方法 第 2 部分：化学污染物》（GB/T 18204.2—2014）第 8 章靛酚蓝分光光度法测定。空气中的氨被稀硫酸吸收，在亚硝基铁氰化钠及次氯酸钠条件下，与水杨酸产生化学反应生成蓝绿色的靛酚蓝染料，根据着色深浅，比色定量。采样前用一级皂膜流量计对采样流量计进行校准，误差 ≤ 5%。用一个内装 10mL 稀硫酸吸收液的大型气泡吸收管，以 0.5L/min 的流量采样 5L，记录采样点的温度计大气压力。采样后，样品在室温下保存，于 24h 内分析。

对空气中苯的检测，可按《公共场所卫生检验方法 第 2 部分：化学污染物》（GB/T 18204.2—2014）第 10 章便携式气相色谱法测定。便携式气相色谱仪内置恒流采样泵，抽取一定体积的空气样品，当气流流经装有少量吸附剂的预浓缩器时，待测组分在室温被捕集，解吸时瞬间加热预浓缩器，通过逆向载气流将化合物吹入色谱柱，经色谱柱分离后以微氩离子检测器检测，以保留时间定性、峰面积定量。在选定的色谱条件下，在现场采用便携式气相色谱仪内置恒流泵直接采样分析，1h 内可完成 4 次采样分析，相邻 2 次采样间隔时间为 15min，采样点浓度为 4 次采样测定结果的平均值。记录现场采样时的气温和大气压力。

对空气中 TVOC 的检测，可按《民用建筑工程室内环境污染控制规范》（GB 50325—2010）规定进行，采用玻璃或内壁光滑的不锈钢 Tenax-TA 吸附管，管内装有 200mg 粒径 0.18 ~ 0.25mm(60 ~ 80 月) 的 Tenax-TA 吸附剂。使用前应通过氮气加热活化，活化温度应高于解吸温度，活化时间不应少于 30min，活化至无杂质峰为止。在采样地点打开吸附管，与空气采样器入气口垂直连接，调节流量在 0.5L/min 范围内，用皂膜流量计校准采样系统的流量，采集约 10L 空气，记录采样时间、采样流量、采样温度及大气压。采样后应密封吸附管两端，放入可密封的金属或玻璃容器中，样品最长可保存 14d。采用热解吸直接进样的气相色谱法，将吸附管置于热解吸直接进样装置中，经温度 280 ~ 300℃ 充分解吸后，使解吸气体直接由进样阀快速进入气相色谱分析仪进行色谱分析，应以保留时间定性、峰值面积定量。

室内环境污染物浓度检测应按表 10-7 布置测点，测点距内墙面不小于 0.5m，距楼地面高度在 0.8 ~ 1.5m 范围内，测点应避开通风道或通风口。当房间有 2 个及以上测点时，应采用对角线、斜线、梅花形均匀布置，取各测点检测结果平均值作为该房间代表值。

表 10-7　室内环境污染物浓度测点布置

房间使用面积（m²）	测点数量（个）
< 50	1
≥ 50，< 100	2
≥ 100，< 500	≥ 3
≥ 500，< 1000	≥ 5
≥ 1000，< 3000	≥ 6
≥ 3000	每 1000m²，≥ 3

检测甲醛、苯、氨、TVOC 时，对采用集中空调的建筑，应在空调正常运转下进行；对自然通风的建筑，应将外门窗关闭 1h 后进行，室内已完成的固定家具应保持正常使用状态。检测氡浓度时，应在空调正常运转下进行；对自然通风的建筑，应将外门窗关闭 24h 后进行。

民用建筑工程及室内装修工程的室内环境质量验收应在装修工作完工后 7d 后、工程交付使用前进行。当室内环境污染物浓度的全部测试结果符合表 10-6 要求时，判定室内环境空气质量合格。当室内环境污染物检测结果不合格时，应查找原因，采取措施进行处理。处理后对不合格项再次检测，抽检量应增加一倍，并应包括同类型房间及原来不合格房间，再次检测结果全部符合要求时判定室内环境空气质量合格。对室内环境空气质量不合格的民用建筑工程严禁投入使用。

第11章 设备安装工程施工质量验收

装配式混凝土建筑中包括建筑电气、给排水及供暖等分部工程的施工质量验收，验收项目及要求与传统的现浇结构基本相同。根据《建筑工程施工质量验收统一标准》（GB 50300—2013），对建筑电气、给排水等分部工程的验收应由监理单位组织，施工单位参加。

11.1 材料进场验收

进场设备、材料、器具和产品应外观完好，配件齐全、无松动，型号、规格、数量符合订货文件要求。

设备、材料、器具和产品应具有合格证、说明书、性能试验报告、铭牌，实行强制性认证的产品应具有 CCC 认证标识。

对 PVC 给排水管、散热器、风机盘管、电缆及电线等重要材料应抽样复检，取得复检报告，试验合格后方可安装。

进口设备、材料、器具应具有商检证明。

11.2 施工要求

设备与管线施工前应根据设计图纸及管线参数对预埋管套及预留洞口尺寸、位置进行复核，合格后方可进行下一步施工。排水管道支架及管座安装时应按排水坡度排列整齐，支架与管道结合紧密，非金属管道采用金属支架时，应在接触处设置橡胶垫片。在装饰层内隐蔽的管线应安装牢固，管道安装部位的装饰材料应便于对管道进行更换和维修。在叠合板内布置的管线，应设置在桁架上弦钢筋下方，管道之间不宜交叉。

设备及管线与结构构件连接时，宜采用预埋件的连接方式，当采用后置埋件等连接方式时，不应破坏混凝土构件的完整性和安全性。

11.3 电气工程验收

对建筑电气的检查验收采用万用表、电阻仪、温度计、测力计等设备。验收项目包括电气设备及电动机通电试运行、接地电阻测试、绝缘电阻测试、接地故障回路阻抗测试、剩余电流动作保护器测试、电气设备空载试运行和负荷试运行、EPS 应急供电持续时间测试、灯具固定装置及悬吊装置荷载强度试验、照明通电试运行、接闪线和接闪支架拉力测试、接地连接导通性测试等。

插座、开关，采暖、太阳能及智能控制面板应安装牢固，与墙面贴紧、无缝隙。照明、排风、供暖等设备应与顶面安装牢固，接口无明显缝隙。排风设备连续通电试运行 10min 运转正常，无明显颤动和异响。插座、开关等安装位置允许偏差见表 11-1。

表 11-1　插座、开关等安装位置允许偏差

项目		允许偏差（mm）	检查方法
开关	轴线位置	5	钢卷尺
	标高	5	水准仪
	高差	3	钢卷尺
	距门框边缘	5	钢卷尺
插座	轴线位置	5	钢卷尺
	标高	5	水准仪
	高差	3	钢卷尺
排风扇	轴线位置	5	钢卷尺
	标高	5	水准仪
灯具	中心位置	10	钢卷尺

公共建筑照明系统连续通电试运行 24h，住宅建筑照明系统连续通电试运行 8h，所有照明灯具同时开启，每 2h 按回路记录运行参数，连续试运行期间应无故障。

对设计有照度、色温要求的场所，在试运行期间采用照度仪检测照度、色温，检测结果应符合设计要求。

对电动机、电加热器及电动执行机构设备全数检查，采用拧紧装置检查，外露可导电部分必须与保护导体可靠连接。

电气设备交接检验项目包括绝缘电阻、低压电气动作等项目，采用 500V 兆欧表检测绝缘电阻，一般环境不小于 1mΩ，潮湿环境不小于 0.5mΩ；采用电压、液压或气压的低压电器设备在 85% ~ 110% 范围内应有可靠动作。

一般建筑物的接地连接分三种：保护接地、防雷接地和防静电接地。电气设备的金属外壳需要进行保护接地，独立的保护接地电阻不应大于 4Ω。建筑物为防止雷电过电压对电气设备、人身财产安全造成损害，通过防雷设备将雷电引入地下，独立的防雷接地电阻不应大于 10Ω。为防止静电危险影响，应将燃油、天然气储罐和管道、电子设备接地，防静电接地电阻不大于 100Ω。各类接地电阻值应符合设计要求。随时间推移、地下水位变化、土壤导电率变化等，接地电阻会发生变化，因此需要对接地电阻值进行监测，每栋建筑物设置接地装置检查点，通常不少于 2 处。

电动机通电试运行转向及机械转动应符合设计要求，各种仪表指示正常，空载试运行时间 2h，记录机身和轴承温升、电压和电流等指标，应符合设备说明书的空载运行要求。空载

状态下可启动次数及间隔时间应符合产品技术文件要求；无要求时，连续 2 次启动时间不应小于 5min，在电动机冷却至常温下再次启动。

UPS 及 EPS 整流、逆变、静态开关、储能电池或蓄电池的规格、型号应符合设计要求，设备接线正确、牢固，紧固件齐全。输入端、输出端对地绝缘电阻不应小于 2MΩ，连线间绝缘电阻不应小于 0.5MΩ。

由应急电源供电时，应急照明持续工作时间要求如下：疏散照明不宜小于 30min。根据不同要求可分为 30min、45 min、60 min、90 min、120 min、180min 等 6 档；安全照明和备用照明的持续工作时间应符合具体设计要求。

灯具应可靠固定，在砌体和混凝土结构上严禁采用木楔、尼龙塞或塑料塞固定，质量大于 10kg 的灯具，固定装置和悬吊装置应按灯具重量的 5 倍荷载进行实荷试验，试验时间不少于 15min。

防雷装置的接闪器和引下线必须采用焊接或卡接器连接，防雷引下线与接地装置必须采用焊接或螺栓连接。接闪线和接闪带应平正顺直、无急弯，固定支架应间距均匀、安装牢固，固定支架高度不应小于 150mm，最大间距应符合表 11-2 要求；抽取 30% 的固定支架进行拉力检测，每个固定支架应能承受 49N 的拉力。

表 11-2　接闪线和引下线固定支架最大间距　　　　（mm）

布置方式	扁形支架	圆形支架
水平布置	500	1000
垂直布置		
20m 以上垂直面		
20m 以内垂直面	1000	1000

建筑电气工程验收时，应具备以下资料：

（1）设计文件、图纸会审记录、设计洽商变更资料；

（2）设备、材料、器具合格证和进场验收记录；

（3）隐蔽工程验收记录；

（4）电气设备交接检验记录；

（5）电动机检查记录；

（6）接地电阻测试记录；

（7）绝缘电阻测试记录；

（8）接地故障回路阻抗测试记录；

（9）剩余电流动作保护器测试记录；

（10）电气设备空载试运行和负荷试运行记录；

（11）EPS 应急供电持续时间记录；

（12）灯具固定装置及悬吊装置荷载强度试验记录；

（13）照明通电试运行记录；

（14）接闪线和接闪支架拉力测试记录；

（15）接地连接导通性测试记录。

11.4　给排水及供暖工程验收

对建筑给水、排水及供暖工程的检查验收采用水压计、水准仪、卷尺等设备。验收项目包括承压管道系统和阀门水压试验，排水管道灌水、通球、通水试验，雨水管道灌水及通水试验，给水管道通水试验及冲洗、消毒处理，卫生器具通水、满水试验，地漏及地面清扫口排水试验，消火栓系统试射试验，采暖系统冲洗及测试，安全阀及报警联动测试，锅炉 48h 满负荷试验。

建筑给水、排水及供暖工程安装前，应与相关专业之间进行交接检查，形成检查记录。管线穿过建筑物墙体的部位应采取防水措施，对有严格防水要求的建筑物，应采用柔性套管，避免建筑物因沉降等情况挤压管线，导致管线破裂、渗漏。

给水管道验收时应采用水压计进行水压试验，试验水压应符合设计要求。当设计资料未注明试验水压时，各种材质的给水管道试验压力取工作压力的 1.5 倍，且不得小于 0.6MPa。对于金属及复合给水管道在试验压力下稳压 10min，压力降低不大于 0.02MPa，然后降至工作压力，继续观测 10min，管道应无渗漏。塑料给水管道应在试验压力下稳压 1h，压力降低不大于 0.05MPa，然后在 1.15 倍工作压力下稳压 2h，压力降低不大于 0.03MPa，连接处不应渗漏。为保证用水安全，生活给水管道在交付使用前必须冲洗和消毒，除去杂质使管道清洁，进行水质取样化验，水质应符合《生活饮用水卫生标准》（GB 5749—2006）。

采暖系统验收时应进行水压试验，试验压力应符合设计要求，但设计资料未注明试验压力时，对蒸汽、热水采暖系统，以系统顶点工作压力加 0.1MPa 作为试验压力；高温热水采暖系统，以系统顶点工作压力加 0.4MPa 作为试验压力，10min 内压力降低不应大于 0.02MPa，降至工作压力后，同时管道系统及接头无渗漏；塑料管及复合管采暖系统，以系统顶点工作压力加 0.2MPa 作为试验压力，1h 内压力降低不应大于 0.05MPa，降至 1.15 倍工作压力后，稳压 2h，压力降低不应大于 0.03MPa，同时管道系统及接头无渗漏。

消火栓系统验收时应进行试射试验，一般选择 3 处有代表性的位置，在屋顶或水箱间内选择 1 处，在首层选择 2 处，检验消防水柱能达到的最远距离，试射距离应符合设计要求。

灌水试验：隐蔽、埋地的排水管道在隐蔽前必须进行灌水试验，主要是防止管道本身及管道接口处的渗漏，灌水高度不应低于低层卫生器具的上边缘或底层地面高度，满水 15min 后进行观察，液面不降低，管道及接口不应出现渗漏。

通水试验：将室内给水系统的 1/3 配水点同时开启，各排水点应畅通，接口应无渗漏，对渗漏和排水不畅处，及时进行处理，再次进行通水试验。

通球试验：室内排水立管及水平干管验收时应进行通球试验，需用直径不小于管径 2/3 的橡胶球或木球进行管道通球试验，立管通球试验时，为了防止球滞留在管道内，必须用线系牢小球，线长略大于立管总高度，然后将球从伸出屋面的通气口向下投入，看球能否顺利地通过主管并从出户弯头处流出，如能顺利通过，说明主管无堵塞。干管通球试验时，从干管起始端投入塑料小球，并向干管内通水，在户外的第一个检查井处观察，发现小球流出为合格，通球合格率应为 100%。

洁具满水试验：将卫生洁具排水口封堵，向洁具内注满自来水，静置 1h，液面应不下降，连接件应无渗漏，去除封堵物后用自来水冲洗，排水应畅通。

采用水准仪、拉线及尺量方法检查排水管道坡度，应符合设计要求，不应出现无坡或倒坡。排水管道允许偏差及检验方法见表 11-3。

表 11-3　排水管道允许偏差及检验方法

验收项目		允许偏差（mm）	检验方法
坐标	埋地	100	拉线、尺量
	沟槽内	50	
标高	埋地	20	水准仪、拉线、尺量
	沟槽内	20	
弯曲	每 5m 长	10	拉线、尺量
	全长	30	

雨水管道验收时应进行灌水及通水试验，因雨水管属于满流管，应具备必要的承压能力，将雨水管底部堵住，向雨水管内灌水，灌水高度应至雨水管上部雨水斗，灌水试验时间为 1h，管道及接口处不应渗漏。雨水管道通水试验可与屋顶消火栓试射试验同时进行，试验用水应能够顺利通过雨水口进入雨水管并排至地面，雨水管畅通，屋面无积水。

锅炉的汽、水系统安装完毕后，应进行水压试验，试验应符合表 11-4 要求。

表 11-4　锅炉水压试验规定　　　　　　　　　　　　　　　　（MPa）

设备名称	工作压力 P	试验压力
锅炉本体	$P < 0.59$	$1.5P$ 但不小于 0.2
	$0.59 \leq P \leq 1.18$	$P+0.3$
	$P > 1.18$	$1.25P$
可分式省煤器	P	$1.25P+0.5$
非承压锅炉	大气压	0.2

工作压力 P 对蒸汽锅炉为锅筒工作压力，对热水锅炉为额定出水压力。试验时，在试验

压力下 10min 内压力降低不超过 0.02MPa，降至工作压力时，压力不降低，锅炉不应渗漏。锅炉外观不应出现残余变形，受压元件金属壁和焊缝不应有水珠或水雾。

为保证锅炉在超温、超压、满水或缺水等情况下能及时报警，避免事故，报警装置及联锁保护必须齐全、可靠有效，应采用外观检查及启动、联动试验等方式进行检查，对检查结果进行记录。

锅炉水压试验合格后，应进行 48h 的满负荷连续试运行，全面检验锅炉及附属设备的安装质量和锅炉设计、制造及燃料适用性，满负荷试运行应状态正常，仪表参数符合设计要求。

给水排水及供暖工程验收时，应具备以下资料：

（1）设计文件、图纸会审记录、设计洽商变更资料；

（2）设备、材料、成品、半成品和器具合格证和进场验收记录；

（3）隐蔽工程验收记录；

（4）承压管道系统和阀门水压试验记录；

（5）排水管道灌水、通球、通水记录；

（6）雨水管道灌水及通水记录；

（7）给水管道通水试验及冲洗、消毒记录；

（8）卫生器具通水试验记录；

（9）洁具满水试验记录；

（10）地漏及地面清扫口排水试验记录；

（11）消火栓系统试射试验记录；

（12）采暖系统冲洗及测试记录；

（13）安全阀及报警联动测试记录；

（14）锅炉 48h 满负荷试运行记录。

11.5　本章小结

装配式建筑中电气、给排水及供暖等分部工程的施工质量验收项目和要求与传统建筑基本相同，本章列出了分部工程验收时的检查重点和资料核查内容。装配式结构及装修工程尺寸偏差应当优于传统建筑，为设备工程减小安装偏差起到积极作用，并且装配式建筑采用 BIM 技术生产预制构件和指导设计、施工，水、电、暖通、机电专业接力建模，通过模拟施工、管线碰撞检查、可视化等措施，避免专业之间的相互干扰，提高施工效率，保证工程质量，具备提高验收要求的条件，但收集的数据较少，目前仍按照现行规范进行检查验收。

第12章 节能工程验收

我国建筑节能检测技术是与建筑节能工作的开展同步发展起来的，具体分为直接检测和间接检测两大类。直接检测是采用能源计量法，即对拟进行检测的建筑物单元提供热源，待稳定后，测试室内外温度，计量热源供应总量，据建筑面积、实测室内外空气温差、实测能源消耗推算标准规定的温差条件下的建筑物单位耗热量。间接法是通过测试建筑物围护结构传热系数和气密性，计算建筑物的耗热量。测试围护结构的传热系数通常是设法在被测结构的两侧形成较为稳定的温度场，测试该温度场作用下通过被测结构的热流量，从而获得被测结构的传热系数。实际现场测试围护结构传热系数的方法有热流计法和热箱法。直接法必须在冬季供暖稳定期测试，即使对于北方采暖建筑使用也有一定的局限性，对于夏热冬冷地区，就更加不便应用。间接法虽然理论上基本不受供暖季节的限制，但为了在被测结构两侧获得较为稳定的热流密度，通常也以在冬夏两季测试为宜。建筑节能工程试验及验收的常用标准如下：

《建筑节能工程施工质量验收标准》（GB 50411—2019）；

《公共建筑节能检测标准》（JGJ/T 177—2009）；

《居住建筑节能检测标准》（JGJ/T 132—2009）；

《建筑外门窗气密、水密、抗风压性能分级及检测方法》（GB/T 7106—2008）；

《建筑外窗气密、水密、抗风压性能现场检测方法》（JG/T 211—2007）；

《建筑外门窗保温性能分级及检测方法》（GB/T 8484—2008）；

《外墙外保温工程技术标准》（JGJ 144—2019）；

《绝热材料稳态热阻及有关特性的测定防护热板法》（GB/T 10294—2008）；

《公共建筑节能设计标准》（GB 50189—2015）；

《民用建筑热工设计规范》（GB 50176—2016）；

《低能耗居住建筑节能设计标准》（DB42/T 559—2013）；

《红外热像法检测建筑外墙饰面粘结质量技术规程》（JGJ/T 277—2012）；

《红外热像法检测建筑外墙饰面层粘结缺陷技术规程》（CECS 204：2006）。

根据《建筑节能工程施工质量验收标准》（GB 50411—2019），建筑围护结构施工完成后，应由建设单位（监理）组织并委托有资质的检测机构对围护结构的外墙节能构造和严寒、寒冷、夏热冬冷地区的外窗气密性进行现场实体检验，并出具报告。对墙体保温材料种类、保温层厚度、保温层构造做法进行核查，也可直接对围护结构的传热系数或热阻进行检测。对建筑物的节能检测涉及材料、围护结构，主要检测内容如下：

（1）建筑保温绝热材料节能检测；

（2）建筑保温粘结材料、防护及加强材料检测；

（3）门窗工程检测；

（4）建筑玻璃节能检测；

（5）保温材料现场拉拔试验；

（6）围护结构传热系数检测。

12.1　材料进场验收

用于墙体节能工程的材料、构件等，其品种、规格、性能应符合设计要求和相关标准的规定。复验应为见证取样送检，具体材料和检测项目为：

（1）保温隔热材料：导热系数或热阻、密度、压缩强度或抗压强度、垂直于板面方向的抗拉强度、吸水率，有机保温材料的燃烧性能；

（2）复合保温板等墙体节能定型产品：传热系数或热阻、单位面积质量、拉伸粘结强度、燃烧性能；

（3）保温砌块等墙体节能定型产品：传热系数或热阻、压缩强度、吸水率；

（4）反射隔热涂料：太阳光反射比、半球发射率；

（5）粘结材料：拉伸粘结强度；

（6）抹面材料：拉伸粘结强度、压折比；

（7）增强网：力学性能、抗腐蚀性能。

用于建筑外门窗（包括天窗）节能工程的门窗、玻璃或遮阳材料，复验应为见证取样送检，具体材料和检测要求按所属气候区类别不同，具体材料和检测项目为：

（1）严寒、寒冷地区：门窗的传热系数、气密性能；

（2）夏热冬冷地区：门窗的传热系数、气密性能，玻璃遮阳系数、可见光透射比；

（3）夏热冬暖地区：门窗的气密性能，玻璃遮阳系数、可见光透射比；

（4）所有地区：透光、部分透光遮阳材料的太阳光透射比、反射比；

（5）所有地区：中空玻璃密封性能。

用于屋面节能工程使用的保温材料复验应为见证取样送检，具体材料和检测项目为：

（1）保温隔热材料：导热系数或热阻、密度、压缩强度或抗压强度、吸水率、燃烧性能；

（2）反射隔热材料：太阳光反射比，半球发射率。

用于地面节能工程使用的保温材料，复验应为见证取样送检，具体材料和检测项目为：导热系数或热阻、密度、压缩强度或抗压强度、吸水率、燃烧性能。

观察检查进场节能材料与构件的外观和包装，外观应完整无破损，符合设计要求和产品标准的规定。

12.2　验收检查数量

在施工现场应随机抽取检验位置，应有代表性且分布均匀，并应为见证检验。

采用相同材料、工艺和施工做法的墙面，扣除门窗洞后的保温墙面面积每 1000m² 划分为一个检验批。

采用相同材料、工艺和施工做法的屋面，扣除天窗、采光顶后的屋面面积，每 1000m² 面积划分为一个检验批。

同一厂家的同材质、类型和型号的门窗，每 200 樘划分为一个检验批。

外墙节能构造实体检验应按单位工程进行，每种节能构造的外墙检验不得少于 3 处，每处检查一个点。

外窗气密性现场实体检验应按单位工程进行，每种材质、开启方式、型材类型的外窗检验不得少于 3 樘。

同工程项目、同施工单位且同期施工的多个单位工程，可合并计算建筑面积，每 30000 m² 可视为一个单位工程进行抽样，不足 30000m² 也应视为一个单位工程。

围护结构节能构造、建筑外窗气密性不符合要求时，应查找原因，对因此造成的对建筑节能的影响程度进行计算或评估，采取技术措施予以弥补或消除后重新进行检测，再次检测时扩大一倍数量抽样，对不符合要求的项目或参数重新检验，合格后方可通过验收，仍然不符合要求时应给出"不符合设计要求"的结论。对于不符合设计要求和国家现行标准规定的，应查找原因进行修理，使其达到要求后重新进行检测，合格后方可通过验收。

12.3　施工要求

墙体节能工程施工前应对基层进行检查验收，基层应无脱层、空鼓和裂缝，并应平整、洁净，含水率应符合饰面层施工的要求。之后按照设计图纸和施工方案对基层进行处理，处理后的基层应符合保温层施工方案的要求，应按下列方法进行检查：

采用现场尺量、钢针插入或剖开等方法检查保温隔热材料的厚度，采用手扳检查保温板材与基层及各构造层之间的粘结质量，保温板材与基层的连接方式、拉伸粘结强度和粘结面积比应符合设计要求，保温板材与基层的拉伸粘结强度应进行现场拉拔试验，粘结面积比应进行剥离检验。拉伸粘结强度按照《建筑节能工程施工质量验收标准》（GB50411—2019）附录 B 的方法进行现场检验。保温板粘结面积比剥离检验按照《建筑节能工程施工质量验收标准》（GB50411—2019）附录 C 的方法进行现场检验。保温用锚栓抗拉承载力按《外墙保温用锚栓》（JG/T 366—2012）的方法进行现场检测。

对装配式混凝土建筑，建议优先采用带有保温层的三明治外墙板，采用反打面砖、反打石材或涂料面层等作为外墙装饰层，7 层及以上建筑的外墙外保温工程不得采用粘贴饰面砖做饰面层，当 7 层以下建筑的外墙外保温工程采用粘贴饰面砖做饰面层时，应单独进行型式检验和方案论证，其安全性与耐久性必须符合设计要求。耐候性检验中应包含耐冻融周期试验，饰面砖应按《建筑工程饰面砖粘结强度检验标准》（JGJ 110—2017）要求进行粘结强度拉拔试验。

采用预制保温墙板现场安装的墙体，保温墙板的结构性能、热工性能及与主体结构的连接方法应符合设计要求，与主体结构连接必须牢固；保温墙板的板缝处理、构造节点及嵌缝做法应符合设计要求；施工后进行淋水试验，保温墙板板缝不得渗漏。每个检验批抽查 5%，并不少于 3 处。

当采用保温浆料做外保温时，厚度大于 20mm 的保温浆料应分层施工。保温浆料与基层之间及各层之间的粘结必须牢固，不应脱层、空鼓和开裂。应在施工中制作同条件养护试件，检测其导热系数、干密度和抗压强度。保温浆料的同条件养护试件应见证取样送检。按照《建筑节能工程施工质量验收标准》（GB50411—2019）附录 D 制作同条件试件进行试验。

当采用保温砌块做外保温时，应采用具有保温功能的砂浆砌筑。砌筑砂浆的强度等级及导热系数应符合设计要求。用百格网检查灰缝砂浆饱满度，每个检验批检查一次，每次抽查 5处，每处不少于 3 个砌块。水平灰缝饱满度不应低于 90%，竖直灰缝饱满度不应低于 80%。

当墙体节能工程的保温层采用预埋或后置锚固件固定时，锚固件数量、锚固位置、锚固深度、胶结材料性能和锚固拉拔力应符合设计和施工方案要求。后置锚固件当设计或施工方案对锚固力有具体要求时应做锚固力现场拉拔试验。

当采用增强网作为防止开裂的措施时，增强网的铺贴和搭接应符合设计和施工方案的要求。砂浆抹压应密实，不得空鼓，加强网应铺贴平整，不得皱褶、外露。施工后观察检查，每个检验批抽查不少于 5 处，每处不少于 2m²。

屋面保温隔热层的敷设方式、厚度、缝隙填充质量及屋面热桥部位的保温隔热做法，应符合设计要求和有关标准的规定。

屋面的通风隔热架空层，其架空高度、安装方式、通风口位置及尺寸应符合设计及有关标准要求。架空层内不得有杂物。架空面层应完整，不得有断裂和露筋等缺陷。

屋面的隔汽层位置应符合设计要求，隔汽层应完整、严密。

热反射屋面的颜色应符合设计要求，色泽应均匀一致，没有污迹，无积水现象。

地下室顶板和架空楼板底面保温板应粘贴牢固，并进行现场拉伸粘结强度检验。

地面保温层、隔离层、保护层等各层的设置和构造做法应符合设计要求，并应按施工方案施工。

当门窗采用隔热型材时，隔热型材生产企业应提供型材所使用的隔热材料的物理力学性能检测报告。当不能提供隔热材料的物理力学性能检测报告时，应按照产品标准对隔热型材至少进行一次横向抗拉强度和抗剪强度值的抽样检验。

金属外门窗框的隔断热桥措施应符合设计要求和产品标准的规定，金属副框应按照设计要求采取保温措施。外门窗框或副框与洞口之间的间隙应采用弹性闭孔材料填充饱满，并进行防水密封，夏热冬暖地区采用防水砂浆填充间隙的，窗框与砂浆间应用密封胶密封；外门窗框与副框之间的缝隙应使用密封胶密封。

外窗遮阳设施的性能、位置、尺寸应符合设计和产品标准要求；遮阳设施的安装应位置正确、牢固，满足安全和使用功能的要求。

门窗扇密封条和玻璃镶嵌的密封条，其物理性能应符合相关标准中的要求。密封条安装位置应正确，镶嵌牢固，不得脱槽。接头处不得开裂。关闭门窗时密封条应接触严密。

12.4　隐蔽工程验收

墙体节能工程施工中，应根据设计要求进行隐蔽工程的检查验收，部位及内容如下：

（1）保温层附着的基层及其表面处理；

（2）保温板粘结或固定；

（3）被封闭的保温材料厚度；

（4）锚固件及锚固节点做法；

（5）增强网铺设；

（6）抹面层厚度；

（7）墙体热桥部位处理；

（8）保温装饰板、预置保温板或预制保温墙板的位置、界面处理、板缝、构造节点及固定方式；

（9）现场喷涂或浇筑有机类保温材料的界面；

（10）保温隔热砌块墙体；

（11）各种变形缝处的节能施工做法。

屋面节能工程施工中，应根据设计要求进行隐蔽工程的检查验收，部位及内容如下：

（1）基层及其表面处理；

（2）保温材料的种类、厚度，保温层的敷设方式，板材缝隙填充质量；

（3）屋面热桥部位处理；

（4）隔汽层。

地面节能工程施工中，应根据设计要求进行隐蔽工程的检查验收，部位及内容如下：

（1）基层及其表面处理；

（2）保温材料种类和厚度；

（3）保温材料粘结；

（4）地面热桥部位处理。

建筑外门窗节能工程施工中，应对门窗框与墙体接缝处的保温填充做法和门窗附框等进行隐蔽工程验收，并应有隐蔽工程验收记录和必要的图像资料。隐蔽工程的材料及做法应符合设计图纸要求，验收合格后方可进行下一步施工。

12.5　围护结构传热系数检测

严寒、寒冷、夏热冬冷地区的装配式混凝土结构外墙一般采用三明治墙板，对三明治墙板可根据进场资料验收。

对于后粘贴保温材料的围护结构，可采用钻芯法检查墙体保温材料品种、厚度及构造做法是否符合设计和施工方案要求。取样部位应选取有代表性且相对隐蔽的部位，兼顾不同朝向和楼层。对一个单位工程，每种节能保温做法至少取 3 个芯样。取样部位宜均匀分布，不宜在同一个房间外墙上取 2 个或 2 个以上芯样。钻芯检验外墙节能构造可采用空心钻头，从保温层一侧钻取直径约 70mm 的芯样。钻取芯样深度为钻透保温层到达结构层或基层表面，必要时也可钻透墙体。钻取芯样时应尽量避免冷却水流入墙体内及污染墙面。钻取芯样后应恢复原有外墙的表面装饰层。取样后，核查保温材料品种，应符合设计要求。用钢尺测量保温层厚度，精确到 1mm，当实测厚度的平均值达到设计厚度的 95% 及以上时，可判定保温层厚度符合设计要求。

当不宜采用钻芯法检查时，可根据《居住建筑节能检测标准》（JGJ/T 132—2009）的热流计法、《围护结构传热系数检测方法》（GB/T 34342—2017）的热箱法直接检测围护结构的传热系数。热流计法是采用热流计及温度传感器，测量通过构件的热流密度和表面温度，计算得到被测部位传热系数的方法。热箱法是采用热箱仪测量热箱的发热量及表面温度，通过计算得到被测部位传热系数的测试方法，所依据的是一维传热原理，采用热箱装置（计量热箱、环境加热器、控制器），建立传热测试环境，使被测部位的热流保持由内侧向外传递，当热量传递达到平衡时，通过测量热箱发热量、内侧及外侧温度计算得到外墙的传导系数。当室外空气平均温度不大于 25℃时，可仅用热箱装置进行检测。当室外空气平均温度大于 25℃时，应采用热箱装置和冷箱装置联合检测。

检测前，宜采用红外热成像仪对被测部位表面拍摄红外热像图，选择构造相同、无热工缺陷的部位作为被测区域，测点应避免靠近热桥、裂缝和有空气渗漏的部位，避免受加热、制冷装置和风扇的直接影响。被测区域的外表面要避免雨雪侵袭和阳光直射。测点远离热桥位置（梁、柱、楼板及窗台等），但对于实际墙体，总是受现场条件的限制，墙体不可能无限大。经过大量模拟计算和实际工程检测，对于大部分墙体，测点与窗口的距离大于 1.5 倍墙厚，与墙角的距离大于 1 倍墙厚时，基本上可以满足工程检测的需要。

检测期间室内空气温度应保持基本稳定，建议测试时室内空气温度的波动范围在 ±2℃之内。根据《建筑物围护结构传热系数及采暖供热量检测方法》（GB/T 23483—2009），围护结构高温侧表面温度与低温侧表面温度之差应满足表 12-1 要求。表 12-1 中，K 为传热系数设计值，T_h 为测试期间高温侧表面平均温度，T_i 为测试期间低温侧表面平均温度。

表 12-1　温差要求

K [W/（㎡·K）]	$T_h - T_i$（℃）
$K \geqslant 0.8$	$\geqslant 10$
$0.4 \leqslant K < 0.8$	$\geqslant 15$
$K < 0.4$	$\geqslant 20$

检测时，现场条件应符合以下要求：

（1）室外风力不大于 5 级，避开风雨天气；

（2）室内外空气平均温差应控制在 13K 以上，且逐时最小温差应高于 10K；

（3）墙体检测时宜选择北墙或东墙，被测区域外表面应避免阳光直射；

（4）被测外墙的房间面积不宜大于 20m²，检测时房间门窗全部关闭，保持室内温度达到设定值；

（5）被测外墙的尺寸宜大于 2200mm×2400mm，热箱边缘距热桥部位大于 600mm。

为减小墙体材料含水量对检测结果的影响，外墙传热系数的检测宜在结构施工完成 12 个月后进行。

外墙传热系数的现场实体检验，其抽样数量可以在合同中约定，每种节能做法的外墙应抽查不少于 3 处。

热箱内部尺寸不宜小于 1000mm×1200mm，厚度不宜小于 2200mm，箱壁热阻不小于 1.0 ㎡·K/W，热箱开口周边设置柔性密封垫。箱体内电加热装置应均匀布置，总功率不宜大于 180W。

控制器应能设定室内空气温度和计量热箱内空气温度，使加热器加热并稳定在设定温度值，应能采集和储存各测点温度及热箱加热功率。温度传感器精度为 0.5℃，功率测定仪精度为 0.5%FS。计量热箱内空气温度波动不应超过 ±0.3K，计量热箱内外空气温度差不应大于 1K。

环境加热器采用电油汀时，距离计量热箱边缘应大于 1.5m，距室内空气温度传感器应大于 1m；当采用暖风机加热时，风口不应朝向计量热箱及室内空气温度传感器。温度测点按图 12-1 进行布置。

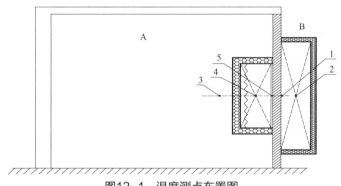

图12-1　温度测点布置图

1—外侧表面温度测点；2—室外空气温度测点（冷箱内空气温度）；3—室内空气温度测点；。
4—计量热箱内空气温度测点；5—内侧表面温度测点；A—室内；B—室外

室内空气温度测点 1 个，应布置在计量热箱正面中心，距计量热箱外表面 500～800m。计量热箱内空气温度测点 1 个，应布置在计量热箱内有效空间的几何中心位置。室外空气温度测点应按以下要求布置：

当独立使用热箱装置检测时，室外空气温度测点应布置在距被测围护结构外表面

200 ~ 400mm 的阴影区域，且应安装防辐射罩；当热箱装置和冷箱装置联合检测时，室外空气温度测点应布置在冷箱有效空间几何中心位置。

当采用空气温度计算法时，内侧表面温度测点应至少 1 个，宜布置在计量热箱中心部位；外侧表面温度测点应至少 1 个，宜与内侧表面温度测点对应布置。当采用侧表面温度计算法时，内侧表面温度测点不应少于 3 个，宜均匀布置在计量热箱中心部位；外侧表面温度测点不应少于 3 个，宜与内侧表面温度测点对应布置。

选定被测围护结构中间部位固定计量热箱，使计量热箱周边与被测围护结构内侧表面紧密接触，计量热箱边缘距被测围护结构周边热桥部位不宜小于 600mm，见图 12-2。

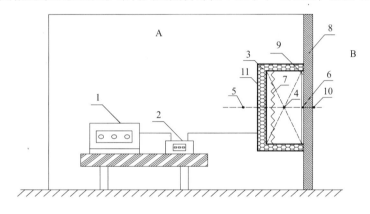

图12-2　热箱装置安装示意

1—加热器；2—控制器；3—保温材料；4—热箱内空气温度测点；5—室内空气温度测点；6—墙体内表面温度测点；7—电加热装置；8—被测围护结构；9—密封垫；10—墙体外表面温度测点；11—计量热箱；A—室内；B—室外

采用冷箱法时，在被测围护结构外侧固定冷箱。冷箱和计量热箱中心轴线重合，冷箱周边与被测围护结构外侧表面紧密接触。冷箱开口边缘应大于计量热箱外缘 300mm。热箱装置和冷箱装置联合安装示意见图 12-3。

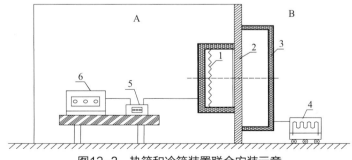

图12-3　热箱和冷箱装置联合安装示意

1—计量热箱；2—被测围护结构；3—冷箱；4—制冷装置；5—控制器；6—环境加热器；A—室内；B—室外

数据采集时间间隔宜为 30min，测试时间不小于 96h。取稳定状态的连续 24h 的检测数据计算传热系数。

采用空气温度计算时，围护结构传热系数应按式（12-1）计算。

$$U = \phi \cdot \frac{\sum_{j=1}^{m}[Q_j - (t_{ib \cdot j} - t_{in \cdot j})] \cdot S_r \cdot U_b}{S_k \cdot \sum_{j=1}^{m}(t_{ib \cdot j} - t_{cn \cdot j})} \tag{12-1}$$

式中：U——围护结构传热系数值 $[W/(m^2 \cdot K)]$；

U_b——计量热箱外壁传热系数值 $[W/(m^2 \cdot K)]$；

Q_j——第 j 个单位检测时间间隔热箱加热功率（W）；

S_r——计量热箱内侧 5 个表面面积和（m^2）；

S_k——计量热箱内开口面积（m^2）；

$t_{ib \cdot j}$——第 j 个单位检测时间的计量热箱内空气温度（℃）；

$t_{in \cdot j}$——第 j 个单位检测时间的室内空气温度（℃）；

$t_{cn \cdot j}$——第 j 个单位检测时间的室外空气温度（冷箱内空气温度）（℃）；

ϕ——热箱装置的修正系数，计算方法见（GB / T 34342—2017）附录 B；

m——数据组数，宜大于或等于 48 组。

采用表面温度计算时，围护结构传热系数应按式（12-2）计算。

$$U = \phi \cdot \frac{1}{R_j + \dfrac{\sum_{j=1}^{m} S_k(\theta_{i \cdot j} - \theta_{c \cdot j})}{\sum_{j=1}^{m}[Q_j - (t_{ib \cdot j} - t_{in \cdot j}) \cdot S_r \cdot U_b]} + R_e} \tag{12-2}$$

式中：U——围护结构传热系数值 $[W/(m^2 \cdot K)]$；

R_j——内表面换热阻（$m^2 \cdot K/W$）；

R_e——外表面换热阻（$m^2 \cdot K/W$）；

Q_j——第 j 个单位检测时间间隔热箱加热功率（W）；

S_r——计量热箱内侧 5 个表面面积和（m^2）；

S_k——计量热箱内开口面积（m^2）；

$t_{ib \cdot j}$——第 j 个单位检测时间的计量热箱内空气温度（℃）；

$t_{in \cdot j}$——第 j 个单位检测时间的室内空气温度（℃）；

U_b——计量热箱外壁传热系数值 $[W/(m^2 \cdot K)]$；

U——围护结构传热系数值 $[W/(m^2 \cdot K)]$；

$\theta_{i \cdot j}$——第 j 个单位检测时间检测的内侧表面温度（℃），取 3 个内侧表面温度传感器检测结果平均值；

$\theta_{e\cdot j}$——第 j 个单位检测时间检测的外侧表面温度（℃），取 3 个外侧表面温度传感器检测结果平均值；

ϕ——热箱装置的修正系数，计算方法见（GB/T 34342—2017）附录 B；

m——数据组数，宜大于或等于 48 组。

非均质构造围护结构应按式（12-1）计算，均质构造围护结构传热系数可按式（12-1）或式（12-2）进行计算。

在检测过程中的任何时刻高温侧表面温度均不得等于或低于低温侧表面温度。温度传感器及长度不小于 0.1m 的引线应与被测表面紧密接触。若并联使用温度传感器（热电偶），必须保证各传感器的线路电阻完全一致。在外界辐射影响较大且无法削弱的情况下，应采用适当方式将温度传感器触点的辐射率与被测物体保持一致。布置在围护结构外表面的温度传感器应采取防太阳辐射措施，避免阳光直接照射温度传感器。测量温度时要选择能代表平均水平的区域，尽可能采用多点测量取平均的办法。

热流传感器本身的热阻要小，一般越薄越好，必须紧贴在被测物体的表面，避免热流传感器与被测物体之间出现空气缝，热流传感器与被测物体之间应采用导热性能好的粘结剂。测量热阻较大或较小的对象，应对测量方案进行评价，确定合理的测量方法。

对测试数据的处理应根据不同需要和条件，采用算术平均法或动态分析法。采用算术平均法进行数据分析时，应按下式计算围护结构的热阻：

$$R = \frac{\sum_{j=1}^{n}(T_{ij} - T_{kj})}{\sum_{j=1}^{n}q_j} \tag{12-3}$$

式中：R——围护结构的热阻；

T_{ij}——围护结构内表面温度的第 j 次测量值；

T_{kj}——围护结构外表面温度的第 j 次测量值；

q_j——热流密度的第 j 次测量值。

对于轻型围护结构，宜使用夜间采集的数据计算围护结构的热阻。当经过连续 4 个夜间测量之后，相邻两次测量的计算结果相差不大于 5% 时即可结束测量。

对于普通围护结构，应使用全天数据计算围护结构的热阻，在满足下列条件时方可结束测量：

（1）末次 R 计算值与 24h 之前的 R 计算值相差不大于 5%；

（2）检测期间第一个 INT（$2 \times DT/3$）天内与最后一个同样长的天数内的 R 计算值相差不大于 5%。DT 为检测持续天数，INT 表示取整数部分。

采用动态分析法进行数据分析时，应采用按标准规定的方法编制的软件进行计算。

外墙传热系数按式（12-4）计算。

$$U=1/（R_i+R+R_e）\qquad(12-4)$$

式中：R_i——内表面换热阻，取 0.11m² · K/W；

　　　R_e——外表面换热阻，冬季取 0.04m² · K/W，夏季取 0.05m² · K/W。

受检外墙传热系数应满足设计要求，当外墙传热系数不符合设计要求时应分析原因，并扩大一倍数量抽样，对因此造成的节能影响进行计算或评估，采取技术措施弥补或消除后重新进行检测，合格后方可通过验收。

12.6　红外热像法检测

严寒和寒冷地区外墙热桥部位，应按设计要求采取隔断热桥措施。施工产生的墙体缺陷，如穿墙套管、脚手眼、孔洞等，应按照施工方案采取隔断热桥措施，不得影响墙体热工性能。对热桥、外墙饰面砖、外保温、外门窗的施工质量可采用热成像仪检测，检测依据的标准主要包括《建筑红外热像检测要求》（JG/T 269—2010）和《红外热像法检测建筑外墙饰面粘结质量技术规程》（JGJ/T 277—2012），每种抽查 20%，且不少于 5 处。

红外热像仪是集先进的光电技术、红外探测技术和红外图像处理技术于一体的高科技产品，它可以非接触、快速地测量物体表面的温度分布，能够直观地显示物体表面的温度分布范围，此外还有显示方法多、输出信息量大、可进行数据处理、操作简单、携带方便等优点。

红外热像仪波长范围为 8.0 ~ 14.0μm，检测温度范围为 –20 ~ 100℃，传感器温度分辨率应小于 0.08℃，像素不少于 320×240，温度稳定性大于 100min，测温一致性不超过 ±0.5℃。检测环境条件应符合以下要求：

（1）检测前 24h 内室外空气温度的逐时值与开始检测时的室外空气温度相比，变化不大于 10℃；

（2）检测前 24h 内和检测期间，室内外平均空气温度差不小于 10℃；

（3）检测期间与开始检测时的空气温度相比，室外空气温度逐时值变化不大于 5℃，室内空气温度逐时值变化不大于 2℃；

（4）拍摄距离不大于 50m，拍摄角度不大于 45°；

（5）检测期间室外风速小于 4m/s，风速变化不大于 2 级；

（6）环境温度范围为 –5 ~ 40℃；

（7）开始检测前 12h 内受检表面不应受到阳光及灯光直射；

（8）室外空气相对湿度不大于 75%，空气粉尘含量无异常；

（9）被测物体表面无明水。

检测前采用表面式温度计在受检表面测出参照温度，调整红外热像仪发射率，使红外热像仪的测定结果等于该参照温度。移动红外热像仪，在与目标距离接近的不同方位扫描同一部位。

受检表面同一个部位的红外热像图不少于 2 张，对图中的异常部位，应将实测热像图与预期温度分布图进行对比，必要时可打开门窗框与墙体间的缝隙确定是否存在缺陷。

采用红外热像法进行热工验收的部位主要为外墙、外飘窗、阳台板、门窗洞口，检测首先从室外开始，当发现异常点时，应在室内相应位置进行检测。

应将被检目标物的其他热能影响分类并记录，排除以下干扰因素：

（1）结构变化造成的温差；

（2）不同材料、颜色造成的温差；

（3）不同发射率造成的温差；

（4）阳光照射不均匀造成的温差；

（5）其他热源（暖气、空调）造成的温差。

根据温差初步确定热工性能异常区域，各类检测项目缺陷分级见表 12-2，温度异常参考值如下：

（1）外墙饰面粘贴质量，一般缺陷温差在晴朗天气下为 1℃（阳光直接照射）及 0.5℃（无阳光直接照射）；严重缺陷温差在晴朗天气下为 2℃（阳光直接照射）及 1℃（无阳光直接照射）；

（2）外墙渗漏，一般室外渗漏缺陷温差在晴朗天气下为 1～2℃（阳光直接照射）及 0.5～1℃（无阳光直接照射）；一般室内渗漏缺陷温差在 0.3～0.5℃；

（3）热工缺陷，热工缺陷温差在晴朗天气下为 2～5℃（阳光直接照射）及 1～3℃（无阳光直接照射）。

表 12-2　各类检测项目缺陷分级

验收项目	缺陷分级		
	一级	二级	三级
外墙饰面	最大缺陷面积小于 35mm×35mm 或相等面积	最大缺陷面积在 35mm×35mm 与 100mm×100mm 之间，或相等面积	最大缺陷面积大于 100mm×100mm 或相等面积
外墙渗漏	无明显渗漏	有明显渗漏痕迹	有明水流出
热工缺陷	最大缺陷面积小于 100mm×100mm 或相等面积	最大缺陷面积在 100mm×100mm 与 300mm×300mm 之间，或相等面积	最大缺陷面积大于 300mm×300mm 或相等面积

12.7　外门窗的节能检测

建筑外门窗的节能检测主要包括保温性和气密性能的检测。门窗是建筑外围护结构中热工性能最薄弱的构件，通过建筑门窗的能耗在整个建筑物能耗中占有相当可观的比例。调查表明，我国北方一些地区的采暖建筑由于采用普通钢门窗，冬季通过外窗的传热与空气渗透耗热量之和，可达全部建筑能耗的 50% 以上；夏季通过向阳面门窗进入室内的太阳辐射所得的热量，成为空气负荷的主体。外门窗保温性能以传热系数为评定指标，其检测方法为标定热箱法，试件一侧为热箱，模拟采暖建筑冬季室内气候条件，另一侧为冷箱，模拟冬季室外气候条件，在对试件缝隙进行密封处理，试件两侧各自保持稳定的空气温度、气流速度和热辐射条件下，测量热箱中电暖气的发热量，减去通过热箱外壁和试件框的热损失，除以试件面积与两侧空气温差的乘积，即可得出试件的传热系数。

外门窗的气密性检测一般可采用压力法，就是利用风机等增压或减压的原理，使建筑外门窗内外之间人为形成压力差，测定在该压力差条件下的空气渗透量。

12.8　资料检验

节能工程验收时，应具备以下资料：

（1）设计文件、图纸会审记录、设计变更和洽商资料；

（2）主要材料、设备和构件的质量证明文件、进场检验记录、进场核查记录、进场复验报告、见证试验报告；

（3）隐蔽工程验收记录和相关图像资料；

（4）分项工程质量验收记录；必要时应核查检验批验收记录；

（5）建筑围护结构节能构造现场实体检验记录；

（6）严寒、寒冷和夏热冬冷地区外窗气密性现场检测报告；

（7）风管及系统严密性检验记录；

（8）现场组装的组合式空调机组的漏风量测试记录；

（9）设备单机试运转及调试记录；

（10）系统联合试运转及调试记录；

（11）系统节能性能检验报告。

12.9　本章小结

节能工程涉及装修、设备等专业，结构安装方式的改变为建筑节能带来新的问题，需要通过调整验收项目来解决。三明治外墙板中的拉结件、预制构件之间的拼缝等，如设计选材或施工处理不当容易形成冷桥或热桥，这些问题应在设计环节考虑并提出验收要求，验收时可通过红外热像法等进行补充检查，检验设计和施工效果。

国家对建筑节能越来越重视，节能要求不断提高，装配式建筑不但要保证结构安全，还要保持节能效果不降低。

参考文献

［1］ 王俊，赵基达，胡宗羽. 我国建筑工业化发展现状与思考 [J]. 土木工程学报，2016，49(5)：1-8.

［2］ 国家发展和改革委员会，住房和城乡建设部. 绿色建筑行动方案 [J]. 中国勘察设计，2013(2)：50-55.

［3］ 陈瑾. 上海推进"装配式"建筑发展 [J]. 建筑设计管理，2013(11)：78.

［4］ 中华人民共和国住房和城乡建设. 装配式混凝土结构技术规程：JGJ 1—2014[S]. 北京：中国建筑工业出版社，2014.

［5］ 中华人民共和国住房和城乡建设部. 钢筋机械连接技术规程：JG/J 107—2016[S]. 北京：中国建筑工业出版社，2016.

［6］ 中华人民共和国住房和城乡建设部. 钢筋连接用套筒灌浆料：JG/T 408—2013[S]. 北京：中国标准出版社，2013.

［7］ 中华人民共和国住房和城乡建设部. 钢筋连接用灌浆套筒：JG/T 398—2012[S]. 北京：中国标准出版社，2012.

［8］ 中华人民共和国住房和城乡建设部. 钢筋套筒灌浆连接应用技术规程：JGJ 355—2015[S]. 北京：中国建筑工业出版社，2015.

［9］ 中华人民共和国住房和城乡建设部. 混凝土结构工程施工质量验收规范：GB 50204—2015[S]. 北京：中国建筑工业出版社，2015.

［10］ 马亮. 装配式建筑施工质量因素识别与控制 [J]. 居舍，2019(3)：160.

［11］ 周义，张万强，何云龙，程成，梁秋雪. 某装配式混凝土结构施工要点 [J]. 四川建材，2019，45(1)：108-110.

［12］ 闫国新，张雷顺. 新老混凝土粘结面粗糙度处理方法综述 [J]. 混凝土，2007，214(8)：98-100.

［13］ 赵勇，邹仁博，王晓锋. 预制混凝土构件结合面粗糙化处理与评价 [J]. 施工技术，2014，43(22)：37-39+64.

［14］ 中华人民共和国国家质量监督检验检疫总局，中国国家标准化管理委员会. 产品几何技术规范（GPS）表面结构轮廓法术语、定义及表面结构参数：GB/T 3505—2009[S]. 北京：中国标准出版社，2009.

［15］ 中华人民共和国住房和城乡建设部，中华人民共和国国家质量监督检验检疫总局. 混凝土结构设计规范：GB 50010—2010[S]. 北京：中国建筑工业出版社，2010.

［16］ 美国混凝土协会. 美国混凝土结构建筑规范：ACI318-11-2011[S]. 法明顿希尔斯：美国

混凝土协会，2011.

［17］CEN/TC250"欧洲结构规范"技术委员会.欧洲规范2：混凝土结构设计　第1-1部分：BSEN1992-1-1A12014(2015)[S].布鲁塞尔：欧洲标准化委员会（CEN），2015.

［18］国际结构混凝土联合会(FIB).欧洲混凝土规范：FIB MODEL CODE（MC2010）[S].洛桑：国际结构混凝土联合会(FIB)，2010.

［19］赵志方，于跃海，赵国藩.测量新老混凝土粘结面粗糙度的方法[J].建筑结构，2000(1)：26-29.

［20］张启明，张雷顺.混凝土粘结面粗糙度测试方法研究[J].河南科学，2002(4)：411-413.

［21］中华人民共和国住房和城乡建设部，国家质量监督检验检疫总局.普通混凝土力学性能试验方法标准：GB 50081—2002[S].北京：中国建筑工业出版社，2003.

［22］中华人民共和国住房和城乡建设部.钻芯法检测混凝土强度技术规程：JGJ/T 384—2016[S].北京：中国建筑工业出版社，2016.

［23］中华人民共和国住房和城乡建设部.建筑工程饰面砖粘结强度检验标准：JGJ/T 110—2017[S].北京：中国建筑工业出版社，2017.

［24］中华人民共和国国家质量监督检验检疫总局，中国国家标准化管理委员会.随机数的产生及其在产品质量抽样检验中的应用程序：GB/T 10111—2008[S].北京：中国标准出版社，2008.

［25］中华人民共和国国家质量监督检验检疫总局，中国国家标准化管理委员会.计数抽样检验程序　第1部分：按接收质量限(AQL)检索的逐批检验抽样计划：GB/T 2828.1—2012，[S].北京：中国标准出版社，2012.

［26］中华人民共和国住房和城乡建设部，中华人民共和国国家质量监督检验检疫总局.装配式混凝土建筑技术标准：GB/T 51231—2016[S].北京：中国建筑工业出版社，2016.

［27］翟国兵.装配式建筑中的整体卫浴间在我国应用前景探析[J].天津建设科技，2018，28(2)：32-35.

［28］中华人民共和国住房和城乡建设部，中华人民共和国国家质量监督检验检疫总局.建筑装饰装修工程质量验收标准：GB 50210—2018［S］.北京：中国建筑工业出版社，2018.

［29］中华人民共和国建设部.住宅整体卫浴间：JG/T 183—2006[S].北京：中国标准出版社，2006.

［30］中华人民共和国建设部.住宅整体卫浴间：JG/T 183—2011[S].北京：中国标准出版社，2011.

［31］程亚美，李志永，赵玉清，苑翔.工业化建筑部品发展现状探究[J].中国建材科技，2018，27(3)：24-26.

［32］颜世强.百色市装配式建筑部品加工厂发展方向研究[J].山西建筑，2018，44(24)：215-216.

［33］李侠.小康住宅厨卫设计探讨 [J].淮北职业技术学院学报，2003(3)：87-88.

［34］苗青，周静敏，郝学.内装工业化体系的应用评价研究——雅世合金公寓居住实态和满意度调查分析 [J].建筑学报，2014(7)：40-46.

［35］中华人民共和国住房和城乡建设部.装配式整体厨房应用技术标准：JGJ/T 477—2018[S].北京：中国建筑工业出版社，2018.

［36］中华人民共和国住房和城乡建设部.装配式整体卫生间应用技术标准：JGJ/T 467—2018[S].北京：中国建筑工业出版社，2018.

［37］国家建筑材料局.人造玛瑙及人造大理石卫生洁具：JC/T 644—1996[S].北京：中国标准出版社，1996.

［38］中华人民共和国住房和城乡建设部.住宅整体厨房：JG/T 184—2011[S].北京：中国标准出版社，2011.

［39］中华人民共和国国家质量监督检验检疫总局，中国国家标准化管理委员会.建筑材料放射性核素限量：GB 6566—2010[S].北京：中国标准出版社，2010.

［40］中华人民共和国国家质量监督检验检疫总局，中国国家标准化管理委员会.建筑材料及制品燃烧性能分级：GB 8624—2012[S].北京：中国标准出版社，2012.

［41］中国石油和化学工业协会.塑料 用氧指数法测定燃烧行为第 2 部分：室温试验：GB/T 2406.2—2009[S].北京：中国标准出版社，2009.

［42］国家技术监督局.纺织品 燃烧性能试验 氧指数法：GB/T 5454—1997[S].北京：中国标准出版社，1997.

［43］Yee A. New precast prestressed system saves money in Hawaii Hotel[J].PCI Journal，1973，18(3)：10-13.

［44］陈建伟，苏幼坡.预制装配式剪力墙结构及其连接技术 [J].世界地震工程，2013(1)：38-48.

［45］ACI Committee 439. Mechanical connections of reinforcement bars[R].Farmington Hills：ACI，1983.

［46］李晓明.装配式混凝土结构关键技术在国外的发展与应用 [J].住宅产业，2011(6)：16-18.

［47］Splice Sleeve North America Inc.NMB Splice-sleeve systems historical events[EB/OL].[2007-7-2]. http：//www.Splicesleeve.com/history.html.

［48］黄小坤，田春雨.预制装配式混凝土结构研究 [J].住宅产业，2010(9)：28-32.

［49］Ling J H，Abd Rahman A B，Mirasa A K. Performance of CS-sleeve under direct tensile load：Part 1：Failure modes[J]. Malaysian Journal of Civil Engineering. 2008，20(1)：89-106.

［50］Ling J H，Rahman A B A，Mirasa A K，et al. Performance of cs-sleeve under direct tensile load：Part II：Structural performance[J]. Malaysian Journal of Civil Engineering，2008.20(1):107-127.

［51］Henin E，Morcous G. Non-proprietary bar splice sleeve for precast concrete construction[J]. Engineering Structures，2015，83：154-162.

［52］Zuo J，Darwin D. Splice strength of conventional and high relative rib area bars in normal and high-strength concrete[J]. ACI Structural Journal，2000，97(4)：630-641.

［53］吴小宝，林峰，王涛. 龄期和钢筋种类对钢筋套筒灌浆连接受力性能影响的试验研究 [J]. 建筑结构，2013(14)：77-82.

［54］陈洪，张竹芳. 钢筋套筒灌浆连接技术有限元分析 [J]. 佳木斯大学学报 (自然科学版)，2014(3)：341-344.

［55］卫冕，方旭. 钢筋套筒浆锚连接的预制柱试验性能研究 [J]. 佳木斯大学学报 (自然科学版)，2013(3)：352-357.

［56］张臻. 高层钢筋混凝土结构中预制拼装柱的抗震性能研究 [D]. 哈尔滨：哈尔滨工业大学，2013.

［57］钱稼茹，彭媛媛，秦珩等. 竖向钢筋留洞浆锚间接搭接的预制剪力墙抗震性能试验 [J]. 建筑结构，2011(2)：7-11.

［58］钱稼茹，彭媛媛，张景明等. 竖向钢筋套筒浆锚连接的预制剪力墙抗震性能试验 [J]. 建筑结构 .2011(2)：1-6.

［59］彭媛媛. 预制钢筋混凝土剪力墙抗震性能试验研究 [D]. 北京：清华大学，2010.

［60］张兴虎，王建，等. 套筒浆锚连接柱的抗震性能试验研究 [J]. 西安建筑科技大学学报 (自然科学版)，2013(2)：164-170.

［61］中华人民共和国国家质量监督检验检疫总局，中国国家标准化管理委员会. 水泥胶砂流动度测定方法：GB/T 2419—2005[S]. 北京：中国标准出版社，2005.

［62］江柏红，于士章. 基于工业 CT 的多层环状缠绕复合材料层厚检测方法研究 [J]. 玻璃钢 / 复合材料，2019(2)：96-101.

［63］崔士起，刘文政，石磊，刘传卿，张全旭. 装配式混凝土结构套筒灌浆饱满度检测试验研究 [J]. 建筑结构，2018，48(2)：40-47.

［64］孙彬，毛诗洋，王霓，张晋峰，顾盛. 预成孔法检测装配式结构套筒灌浆饱满度的试验研究 [J]. 建筑结构，2018，48(23)：7-10.

［65］李向民，高润东，许清风，王卓琳，张富文，谢莹. 基于 X 射线数字成像的预制剪力墙套筒灌浆连接质量检测技术研究 [J]. 建筑结构，2018，48(7)：57-61.

［66］赵培. 约束浆锚钢筋搭接连接试验研究 [D]. 哈尔滨：哈尔滨工业大学，2011.

［67］ 江苏省住房和城乡建设厅.装配式结构工程施工质量验收规程：DGJ32/J184—2016[S].南京：江苏凤凰科学技术出版社，2016.

［68］ 江苏省住房和城乡建设厅.预制装配整体式剪力墙结构体系技术规程：DGJ32/TJ125—2011[S].南京：江苏凤凰科学技术出版社，2011

［69］ 吴涛，刘全威.预制混凝土构件钢筋约束浆锚连接技术发展展望[J].西安建筑科技大学学报(自然科学版)，2015，47(6)：776-780.

［70］ 陈云钢，刘家彬.预制混凝土结构波纹管浆锚钢筋锚固性能试验研究[J].建筑技术，2014，45(1)：65-67.

［71］ 姜洪斌，张海顺.预制混凝土结构插入式预留孔灌浆钢筋锚固性能[J].哈尔滨工业大学学报，2011，43(4)：28-31+36.

［72］ 马军卫，尹万云，刘守城，刘体锋，潘金龙.钢筋约束浆锚搭接连接的试验研究[J].建筑结构，2015，45(2)：32-35+79.

［73］ 管乃彦，陈昕.两种成孔方式下约束浆锚搭接的预制剪力墙抗震性能研究[J].混凝土，2015(6)：1-4.

［74］ 刘家彬，陈云钢.螺旋箍筋约束波纹管浆锚装配式剪力墙的抗震性能[J].华南理工大学学报(自然科学版)，2014，42(11)：92-98.

［75］ 许志远，余琼.四种灌浆连接节点的静力性能及比较分析[J].佳木斯大学学报(自然科学版)，2015，33(5)：715-719.

［76］ 陈俊，肖岩.纵筋浆锚连接预制柱的抗震性能试验研究[J].土木工程学报，2016，49(5)：63-73.

［77］ 吴东岳.浆锚连接装配式剪力墙结构抗震性能评价[D].南京：东南大学，2016.

［78］ 邰晓峰.预制混凝土剪力墙抗震性能试验及约束浆锚搭接极限研究[D].哈尔滨：哈尔滨工业大学，2012.

［79］ 张海顺.预制混凝土结构插入式预留孔灌浆钢筋锚固搭接试验研究[D].哈尔滨：哈尔滨工业大学，2009.

［80］ 赵培.约束浆锚钢筋搭接连接试验研究[D].哈尔滨：哈尔滨工业大学，2011.

［81］ 应一辉.装配整体式浆锚插筋连接混凝土柱抗震性能试验研究[D].西安：西安建筑科技大学，2012.

［82］ 张敬彬.冲击回波法在预应力混凝土结构无损检测中的应用研究[D].北京：北京交通大学，2017.

［83］ 田威，党发宁，陈厚群.混凝土CT图像的3维重建技术[J].四川大学学报(工程科学版)，2010，42(6)：12-16.

［84］ 郝景宏，姜袁，梅世强，雷敏.基于CT图像处理技术的混凝土损伤演化研究[J].人民

长江，2010，41(17)：79-83.

［85］周旺华，现代混凝土叠合板 [M].北京：中国建筑工业出版社，1998.

［86］杨万庆，周烨.螺旋肋筋预应力叠合板的试验研究 [J].武汉理工大学学报，2001(3)：69-72.

［87］王书圣 .SPD 叠合预应力混凝土空心板的应用 [J].建筑科学，2005(6)：80-83.

［88］孙冰，曾晟，石建军 .预应力轻骨料混凝土叠合板非线性有限元分析 [J].水利与建筑工程学报，2006(2)：34-36+54.

［89］宇秉训，徐有邻，姜红等 .GRC 叠合板工程应用的试验研究 [J].建筑科学，1994(3)：38-43.

［90］高云 .混凝土叠合板叠合面抗剪承载力研究 [D].济南：山东大学，2016.

［91］侯建国，贺采旭 .预应力混凝土叠合板的叠合面受力性能研究 [J].武汉水利电力大学学报，1993，26(3)：307-316.

［92］聂建国，陈必磊，陈戈，等 .钢筋混凝土叠合板的试验研究 [J].工业建筑，2003，33(12)：43-46+33.

［93］刘轶 .自承式钢筋桁架混凝土叠合板性能研究 [D].杭州：浙江大学，2006.

［94］周玉成 .新型钢筋桁架混凝土叠合板力学性能研究 [D].郑州：郑州大学，2016.

［95］姚利君，李华良，管文 .相控阵超声成像法检测钢筋混凝土叠合构件缺陷研究 [J].施工技术，2017，46(17)：20-22.

［96］中华人民共和国住房和城乡建设部 .桁架钢筋混凝土叠合板：15G366-1[S].北京：中国计划出版社，2015.

［97］中华人民共和国住房和城乡建设部 .混凝土强度检验评定标准：GB/T 50107—2010[S].北京：中国建筑工业出版社，2010.

［98］吴博祎 .实例分析建筑工程项目管理中的质量控制与管理策略 [J].科技经济导刊，2019，27(1)：59+61.

［99］中华人民共和国住房和城乡建设部 .建筑工程施工质量验收统一标准：GB 50300—2013[S].北京：中国建筑工业出版社，2013.

［100］中华人民共和国住房和城乡建设部 .钻芯法检测混凝土强度技术规程：JGJ/T 384—2016[S].北京：中国建筑工业出版社，2016.

［101］中华人民共和国住房和城乡建设部 .民用建筑隔声设计规范：GB 50118—2010[S].北京：中国建筑工业出版社，2010.

［102］中华人民共和国国家质量监督检验检疫总局，中国国家标准化管理委员会 .建筑密封胶分级和要求：GB/T 22083—2008[S].北京：中国标准出版社，2008.

［103］中华人民共和国国家质量监督检验检疫总局 .建筑密封材料试验方法：GB/T 13477—

2002[S].北京：中国标准出版社，2002.

［104］中华人民共和国住房和城乡建设部.建筑门窗工程检测技术规程：JG/T 205—2010[S].北京：中国建筑工业出版社，2010.

［105］中华人民共和国住房和城乡建设部.建筑节能工程施工质量验收标准．GB 50411—2019[S].北京：中国建筑工业出版社，2019.

［106］中华人民共和国建设部.建筑外窗气密、水密、抗风压性能现场检测方法：JG/T 211—2007[S].北京：中国标准出版社，2007.

［107］中华人民共和国国家质量监督检验检疫总局，中国国家标准化管理委员会.建筑外门窗气密、水密、抗风压性能分级及检测方法：GB/T 7106—2008[S].北京：中国标准出版社，2008.

［108］中华人民共和国住房和城乡建设部，中华人民共和国国家质量监督检验检疫总局.民用建筑工程室内环境污染控制规范：GB 50325—2010[S].北京：中国计划出版社，2011.

［109］国家技术监督局，中华人民共和国卫生部.建筑物表面氡析出率的活性炭测量方法：GB/T 16143—1995[S].北京：中国标准出版社，1995.

［110］国家质量技术监督局.公共场所卫生检验方法　第 1 部分 物理因素：GB/T 18204.1—2013[S].北京：中国标准出版社，2013.

［111］国家质量技术监督局.公共场所卫生检验方法 第 2 部分化学污染物：GB/T 18204.2—2014[S].北京：中国标准出版社，2014.

［112］中华人民共和国住房和城乡建设部.建筑红外热像检测要求：JGT 269—2010[S].北京:中国标准出版社，2010.

［113］中华人民共和国住房和城乡建设部.红外热像法检测建筑外墙饰面粘结质量技术规程：JGJ/T 277—2012[S].北京：中国建筑工业出版社，2012.